普通高等教育"十二五"规划教材

AutoCAD 2012 实用教程

顾　锋　左晓明　编著

张建润　主审

机 械 工 业 出 版 社

本书系统地介绍了利用 AutoCAD 2012 中文版进行计算机绘图的方法。本书共分 11 章，分别介绍了 AutoCAD 2012 入门、绘制二维图形、精确绘制二维图形及数据查询、编辑二维图形、图案填充和面域、标注文本和表格、标注图形尺寸、图块和设计中心、绘制机械图样、图形的输出和绘制三维图形基础。

本书作者长期从事 AutoCAD 教学与开发工作，深知初学者常见的问题，本书编写由浅入深，循序渐进，所用实例都精心考虑，将要求掌握的要点编排在精心考虑的实例中，便于读者快速掌握 AutoCAD 2012 的操作方法和技巧。书中配有大量的难度适中、与所学内容紧密结合的练习，便于读者上机练习。

本书的主要读者对象是 AutoCAD 初学者，尤其是高等院校机械、电子、建筑、化工等相关专业的学生。本书可作为高等院校工程制图课程 AutoCAD 的实践教材和计算机绘图课程的教材及 AutoCAD 2012 培训教材，也可作为相关专业设计人员的参考书。

图书在版编目（CIP）数据

AutoCAD 2012 实用教程/顾锋，左晓明编著．—北京：机械工业出版社，2012.8（2023.7 重印）
普通高等教育“十二五”规划教材
ISBN 978-7-111-39390-0

Ⅰ.①A…　Ⅱ.①顾…②左…　Ⅲ.①AutoCAD 软件—高等学校—教材
Ⅳ.①TP391.72

中国版本图书馆 CIP 数据核字（2012）第 201086 号

机械工业出版社（北京市百万庄大街 22 号　邮政编码 100037）
策划编辑：舒　恬　责任编辑：舒　恬　吴超莉　任正一
版式设计：霍永明　责任校对：张晓蓉
封面设计：张　静　责任印制：常天培
北京中科印刷有限公司印刷
2023 年 7 月第 1 版第 13 次印刷
184mm×260mm · 13.25 印张 · 333 千字
标准书号：ISBN 978-7-111-39390-0
定价：36.00 元

电话服务　　　　　　　　　　网络服务
客服电话：010-88361066　　机　工　官　网：www.cmpbook.com
　　　　　010-88379833　　机　工　官　博：weibo.com/cmp1952
　　　　　010-68326294　　金　　书　　网：www.golden-book.com
　机工教育服务网：www.cmpedu.com

前　言

随着科学技术的飞速发展，计算机在各个领域都得到广泛的应用。计算机绘图作为计算机应用的一个重要分支，在科学研究、电子、机械、建筑、纺织等行业发挥着越来越重要的作用。

AutoCAD 是计算机辅助设计与绘图的通用软件包，是一个功能极强的绘图软件，是业界公认的优秀二维绘图软件，有着广泛的客户群。自从 1982 年美国 Autodesk 公司首推 R1.0 版的 AutoCAD 软件包以来，经过不断维护与发展，已进行了多次升级，其最新版本为 AutoCAD 2012。该版本在运行速度、编辑功能、三维建模、打印、网络功能和帮助功能等方面有很大的改善，充分体现了快捷方便、实用高效的特点，能满足网络时代的需要，也满足了工程设计合作性的需要。

本书是在编者总结了多年 AutoCAD 教学经验和科研成果的基础上编写而成的。书中全面、翔实地介绍了 AutoCAD 2012 的功能和使用方法。在编写本书过程中，编者用较短的篇幅由浅入深、循序渐进，结合实例介绍命令的运用，所用实例都精心考虑，将要求掌握的要点编排在实例中，便于读者快速掌握 AutoCAD 2012 的操作方法和技巧。本书中配有难度适中、与所学内容紧密结合的练习，便于读者上机练习。方便初学者掌握 AutoCAD 2012 的绘图方法，能快速运用 AutoCAD 2012 软件绘制工程图样。

本书共分 11 章，主要内容包括 AutoCAD 2012 入门、绘制二维图形、精确绘制二维图形及数据查询、编辑二维图形、图案填充和面域、标注文本和表格、标注图形尺寸、图块和设计中心、绘制机械图样、图形的输出和绘制三维图形基础。

本书可作为高等院校机械、电子、建筑、化工等相关专业工程制图课程 AutoCAD 2012 的实践教材和计算机绘图课程的教材及 AutoCAD 2012 培训教材，也可作为相关专业设计人员参考用书。

本书由顾锋、左晓明编著。其中，第 1、3、7、10 章由左晓明编写，其余部分由顾锋编写并完成最终统稿。

本书由东南大学的张建润教授主审，他认真地审阅了本书，提出了许多宝贵的修改意见，对提高本书质量起了很大的作用，特此表示衷心的感谢。

由于编者能力和学识有限，书中难免错漏和不当之处，恳请广大读者批评指正。

编　者

目　录

前言

第1章　AutoCAD 2012 入门 …… 1

1.1　了解 AutoCAD 2012 …… 1

1.2　AutoCAD 2012 的启动与退出 …… 1

1.3　AutoCAD 2012 的工作空间 …… 2

1.4　AutoCAD 2012 的工作界面 …… 4

1.5　命令调用的方法 …… 8

1.6　图形文件操作 …… 9

1.7　综合实例——文件基本操作 …… 11

习题与上机训练 …… 12

第2章　绘制二维图形 …… 13

2.1　设置绘图环境 …… 13

2.2　绘制二维平面图形 …… 21

2.3　综合实例——绘制简单平面图形 …… 40

习题与上机训练 …… 43

第3章　精确绘制二维图形及数据查询 …… 45

3.1　AutoCAD 2012 的坐标系 …… 45

3.2　控制图形显示 …… 45

3.3　绘图辅助工具 …… 51

3.4　参数化约束对象 …… 59

3.5　图形的数据查询 …… 64

3.6　综合实例——精确绘制三视图 …… 67

习题与上机训练 …… 69

第4章　编辑二维图形 …… 71

4.1　选择对象 …… 71

4.2　生成相同的图形对象 …… 75

4.3　图形对象位置改变 …… 79

4.4　图形对象删除和恢复 …… 81

4.5　图形对象位置和形状改变 …… 82

4.6　对象的夹点编辑 …… 94

4.7　对象属性的改变 …… 97

4.8　对象特性匹配 …… 98

4.9　综合实例——绘制复杂平面图形 …… 99

习题与上机训练 …… 104

第5章　图案填充和面域 …… 106

5.1　图案填充 …… 106

5.2　编辑填充图案 …… 111

5.3　创建边界和面域 …… 111

5.4　使用二维填充命令 …… 114

5.5　综合实例——绘制剖视图 …… 114

习题与上机训练 …… 116

第6章　标注文本和表格 …… 118

6.1　文本样式的设置 …… 118

6.2　创建单行文字和使用文字控制符 …… 119

6.3　创建多行文字 …… 121

6.4　编辑文字 …… 122

6.5　创建表格样式和表格 …… 123

6.6　综合实例——使用表格绘制机械图样中的标题栏 …… 126

习题与上机训练 …… 127

第7章　标注图形尺寸 …… 128

7.1　尺寸标注的规则与组成 …… 128

7.2　创建与设置标注样式 …… 129

7.3　标注各种类型尺寸 …… 135

7.4　多重引线标注 …… 142

7.5　标注形位公差 …… 147

7.6　编辑标注尺寸 …… 148

7.7　综合实例——标注剖视图尺寸 …… 150

习题与上机训练 …… 152

第8章　图块和设计中心 …… 153

8.1　创建与编辑块 …… 153

8.2　AutoCAD 设计中心 …… 159

8.3　综合实例——标注零件图表面粗糙度符号 …… 162

习题与上机训练 …… 164

第9章　绘制机械图样 …… 165

9.1　绘制机械模板图 …… 165

9.2　绘制零件图 …… 168

9.3　绘制装配图 …… 170

习题与上机训练 …… 173

第10章　图形的输出 …… 177

10.1　打印设备的设置 …… 177

10.2　创建打印样式表 …… 178

10.3　设置打印页面 …………………… 180
10.4　打印图样 ………………………… 182
习题与上机训练 …………………………… 183
第 11 章　绘制三维图形基础 ………… 184
11.1　绘制二维轴测图 ………………… 184
11.2　建模空间与模型显示 …………… 187
11.3　三维实体建模 …………………… 192
11.4　综合实例——绘制三维模型 ……… 201
习题与上机训练 …………………………… 203
参考文献 ……………………………………… 204

第 1 章　AutoCAD 2012 入门

1.1　了解 AutoCAD 2012

AutoCAD 是美国 Autodesk 公司开发的通用计算机辅助绘图和设计软件包，自 1982 年推出 R1.0 版至今 30 年的发展过程中，Autodesk 公司不断丰富和完善 AutoCAD 系统，使之广泛应用于机械、电子、建筑、化工、冶金等各个行业，是应用最为广泛和普及的 CAD 图形软件之一。

AutoCAD 2012 是 AutoCAD 系列软件中的最新版本，具有强大的图形文件管理功能，主要体现在以下几个方面。

1）强大的二维绘图功能。

2）灵活的图形编辑功能。

3）实用的三维建模功能。

4）开放的二次开发功能。

5）幻灯片演示和批量执行命令功能。

6）用户定制功能。

7）网络支持功能。

8）图形输出功能。

9）完善友好的帮助功能。

1.2　AutoCAD 2012 的启动与退出

在使用 AutoCAD 2012 前，必须按照软件说明书的安装步骤正确安装。

若用户想利用 AutoCAD 2012 绘图，必须先打开它。通常，启动 AutoCAD 2012 的方法有如下几种。

1）正确安装 AutoCAD 2012 后，在 Windows 桌面上会自动建立 AutoCAD 2012 的快捷图标，双击该快捷图标即可启动系统。如图 1-1 所示为 AutoCAD 2012 的快捷图标。

图 1-1　AutoCAD 2012 的快捷图标

2）在 Windows 资源管理器中双击 AutoCAD 2012 的文档文件。

3）选择“开始”→“程序”→“Autodesk”→“AutoCAD 2012-Simplified Chinese”→“AutoCAD 2012-Simplified Chinese”命令。

AutoCAD 2012 启动之后，将出现如图 1-2 所示的 AutoCAD 2012 工作界面。

退出 AutoCAD 2012 的方法如下。

1）选择下拉菜单“文件”→“关闭”。

2）在命令行中输入 Quit。

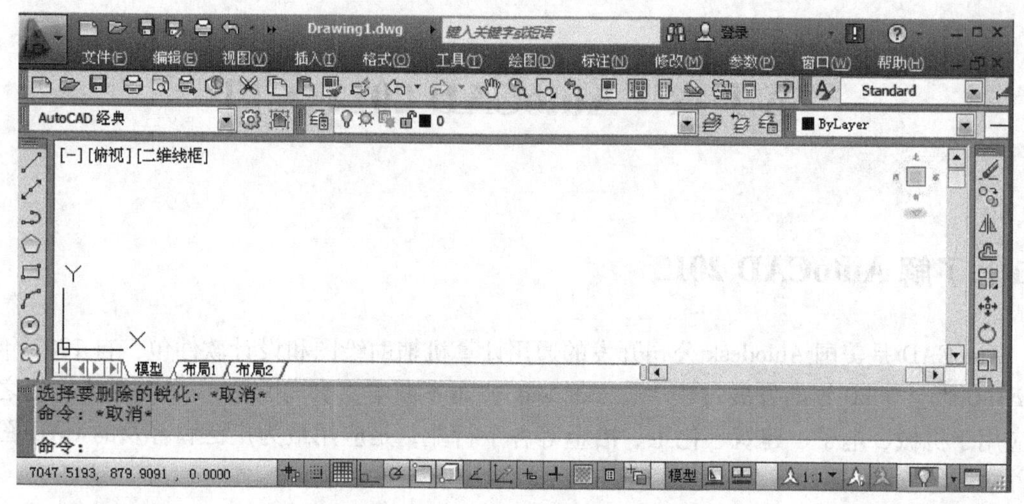

图 1-2　AutoCAD 2012 工作界面

3）单击标题栏中的“关闭”按钮。

4）同时按下【Ctrl】和【F4】键。

若用户对图形所做的修改尚未保存，则会出现如图 1-3所示的系统警告对话框。用鼠标单击“是”按钮，系统将保存文件后退出；单击“否”按钮，系统将不保存文件而退出；单击“取消”按钮，则重新进入绘图及等待命令状态。

图 1-3　系统警告对话框

1.3　AutoCAD 2012 的工作空间

1.3.1　选择工作空间

AutoCAD 2012 提供了“草图与注释”、“三维基础”、“三维建模”和“AutoCAD 经典”4 种工作空间模式。每种模式都有“菜单浏览器”按钮、“快速访问”工具栏、标题栏、绘图窗口、文本窗口和状态栏等。

单击状态栏中的“切换工作空间”按钮，在弹出的菜单中选择相应的工作空间，即可进行工作空间的切换，如图 1-4 所示。

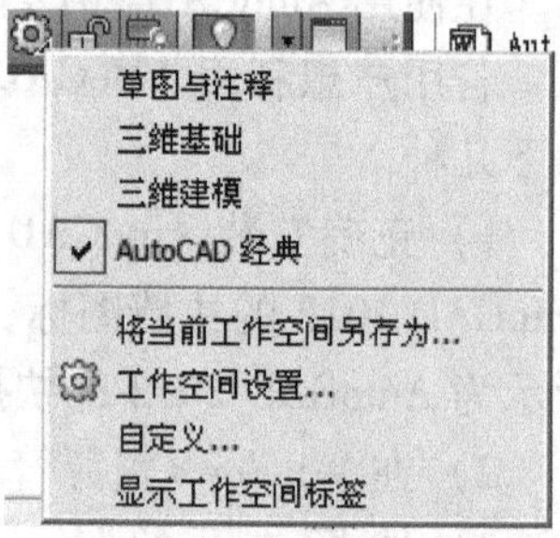

图 1-4　工作空间模式

1.3.2　“草图与注释”工作空间

在图 1-4 中选择“草图与注释”命令，打开 AutoCAD 2012 的“草图与注释”工作空间，如图 1-5 所示。该空间可以使用“绘图”、“修改”、“图层”、“注释”、“块”等面板绘制二维图形。

1.3.3　“三维基础”工作空间

在图 1-4 中选择“三维基础”命令，打开 AutoCAD 2012 的“三维基础”工作空间，如

图 1-6 所示。该空间可以使用“创建”、“编辑”、“绘图”、“修改”等面板绘制简单的三维实体模型。

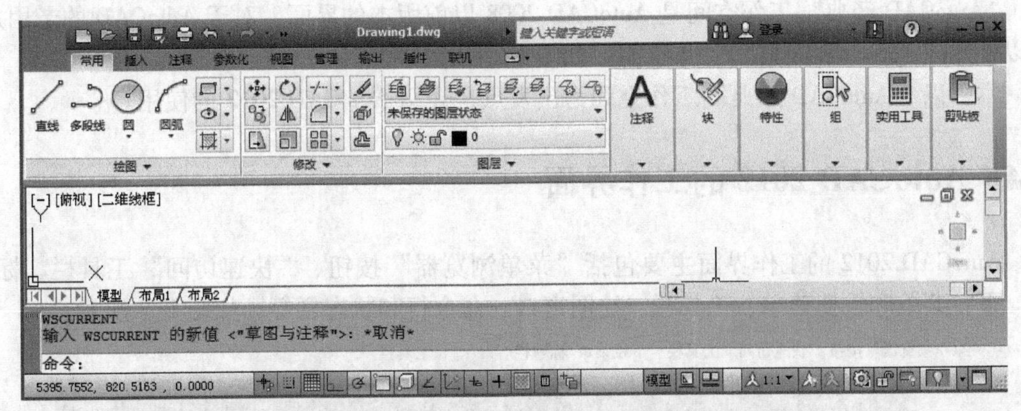

图 1-5 “草图与注释”工作空间

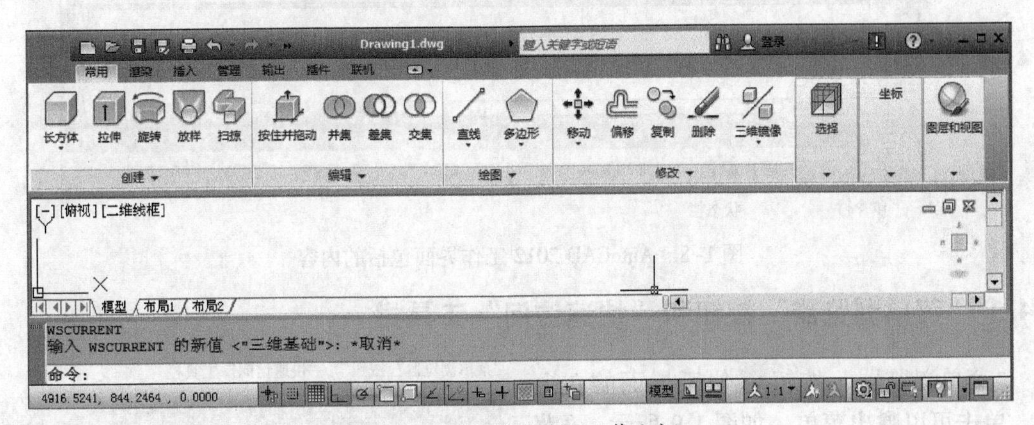

图 1-6 “三维基础”工作空间

1.3.4 “三维建模”工作空间

在图 1-4 中选择“三维建模”命令，打开 AutoCAD 2012 的“三维建模”工作空间，如图 1-7 所示。该空间可以使用“建模”、“网格”、“实体编辑”、“绘图”、“修改”、“截面”等面板绘制曲面和复杂的三维实体模型。

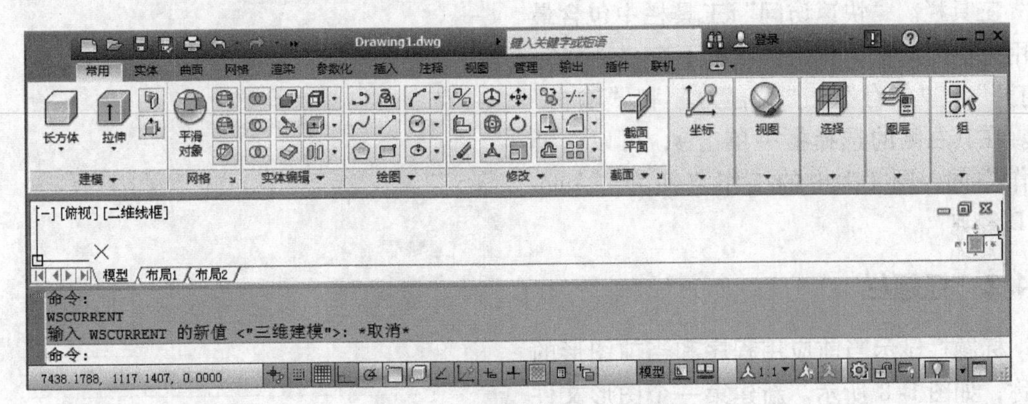

图 1-7 “三维建模”工作空间

1.3.5 “AutoCAD 经典”工作空间

“AutoCAD 经典”工作空间是 AutoCAD 2008 以前版本的界面，对于 AutoCAD 的老用户，可以使用“AutoCAD 经典”工作空间，如图 1-2 所示。

本书以“AutoCAD 经典”工作空间为出发点，介绍 AutoCAD 2012 的使用。

1.4 AutoCAD 2012 的工作界面

AutoCAD 2012 的工作界面主要包括“菜单浏览器”按钮、“快速访问”工具栏、标题栏、下拉菜单和快捷菜单、工具栏、绘图窗口、命令行和状态栏等，如图 1-8 所示。

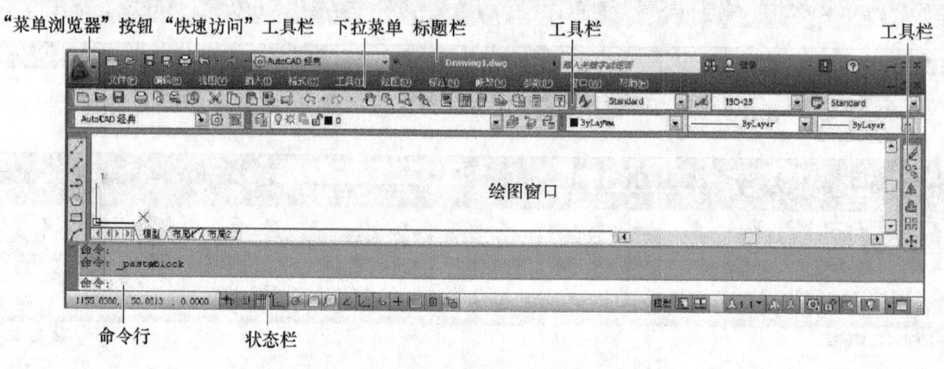

图 1-8　AutoCAD 2012 工作界面包括的内容

1.4.1 “菜单浏览器”按钮和“快速访问”工具栏

“菜单浏览器”按钮位于界面的左上角。单击可以弹出菜单，如图 1-9 所示，“菜单浏览器”可以方便地访问不同的项目，包括命令和文档。其右下方显示最近使用的文档，并且可以选择排列的要求和显示最近使用文档的图标形式。

“菜单浏览器”按钮右侧是“快速访问”工具栏。“快速访问”工具栏中包含最常用的快捷按钮，在默认状态下有“新建”、“打开”、“保存”、“另存为”和“输出”等。在其右侧的选择框中单击，可以选择工作空间，图 1-9 中的工作空间为“AutoCAD 经典”。

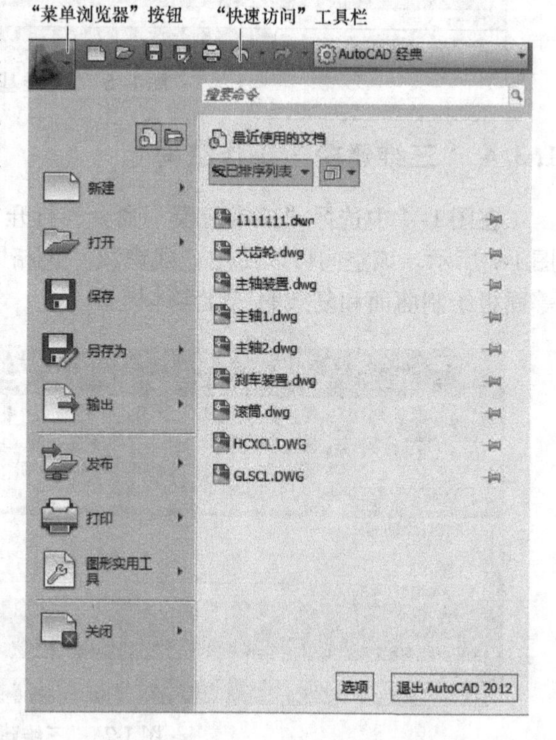

图 1-9　“快速访问”按钮和工具栏

1.4.2 标题栏

标题栏显示当前应用程序和当前图形的名称，如图 1-8 所示。新建第一个图形文件若未命名，则默认为“Drawing1. dwg”；命名了，则显示图形文件的保存路径和文件名。第二个图形文件默认为“Drawing2. dwg”，依次类推。

1.4.3 下拉菜单和快捷菜单

1. 下拉菜单

典型的下拉菜单如图 1-10 所示，下拉菜单中包含绝大部分 AutoCAD 命令。用鼠标左键单击下拉菜单标题时，会在标题下出现菜单项列表。要选择某个菜单项，先将光标移到该菜单项上，使它醒目显示，然后用鼠标左键单击它即可。有时，某些菜单项是灰暗色，表明在当前特定的条件下这些功能不能使用。

菜单项后面跟有“…”符号的，表示选中该菜单项时将会弹出一个对话框。菜单项右边有一黑色小三角符号的，表示该菜单项有一个下一级子菜单。把光标放在该菜单项上，然后单击就可引出下一级子菜单。

2. 快捷菜单

AutoCAD 2012 提供快捷菜单，为用户的快速操作提供了极大的方便。可以用单击鼠标右键的方法弹出快捷菜单。快捷菜单上显示的命令是上下文相关的，其决定于用户当前的操作和右击鼠标时光标的位置。若操作不同、右击鼠标时光标的位置不同，弹出的快捷菜单的内容也就不同。

AutoCAD 2012 规定右击鼠标弹出快捷菜单的位置有：绘图区域、命令行、对话框和窗口（如 AutoCAD 设计中心）、工具栏、状态栏、“模型”选项卡和“布局”选项卡。如图 1-11所示为在绘图区域右击鼠标弹出的快捷菜单。

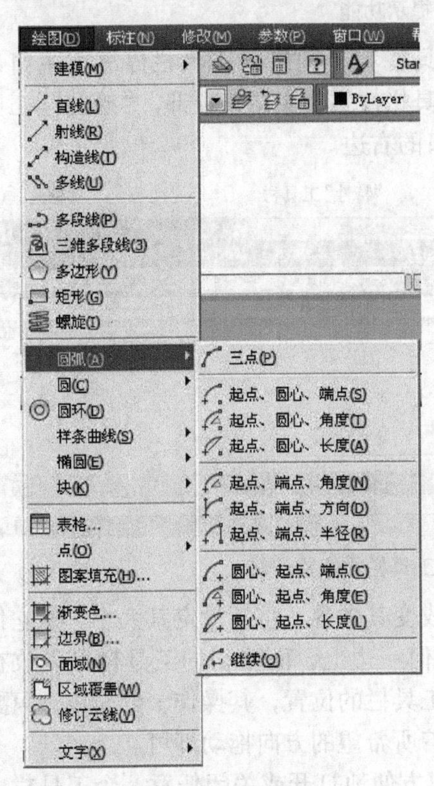

图 1-10 下拉菜单

图 1-11 绘图区域的快捷菜单

1.4.4　工具栏

工具栏中包含许多由按钮表示的工具。单击这些按钮就可激活相应的 AutoCAD　命令。如果把光标放在某个按钮上并停留一会，屏幕上就会显示出该工具按钮的名称，这称为工具提示，再停留一会，就会给出该命令功能的简要描述。如图 1-12 所示为光标放在“多段线”按钮上停留片刻所弹出的提示。

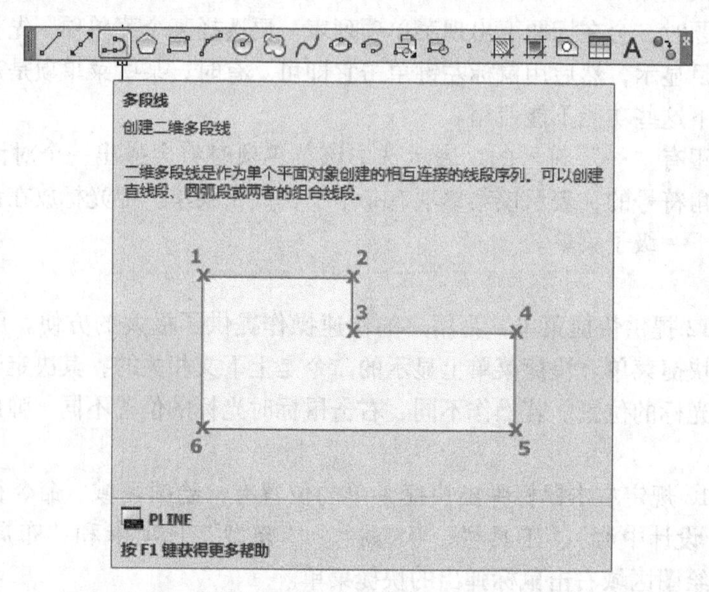

图 1-12　工具栏提示功能

默认状态下，“标准” 工具栏、“特性” 工具栏和 “图层” 工具栏停靠在主窗口的顶部。在图 1-13 中，“标准” 工具栏和 “特性” 工具栏停靠在主窗口顶部，“绘图” 工具栏停靠在主窗口的左边，“修改” 工具栏停靠在主窗口的右边。

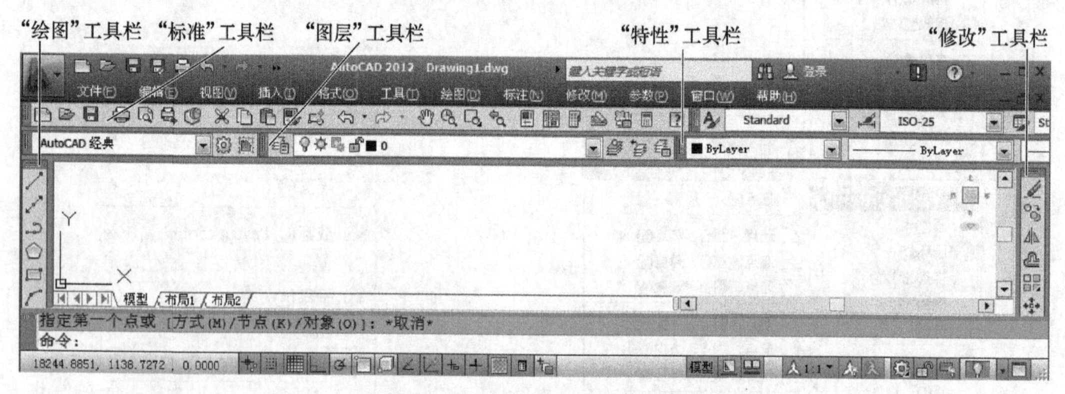

图 1-13　默认状态下工具栏的位置

可以在屏幕上同时显示多个工具栏，也可以改变其内容，重新设定其大小，使它们停靠或浮动。停靠的工具栏靠在 AutoCAD 主窗口的任何一边上，而浮动的工具栏可以放在屏幕上任何位置并可改变其大小和形状。若改变浮动工具栏的位置，其操作十分简单，只要将光标放在工具栏边界上的任何地方，然后单击它沿着所希望的方向拖动即可。

AutoCAD 2012 提供了 51 个工具栏。用户可以方便地打开或关闭任意一个工具栏。常用的打开或关闭工具栏的方法有两种：

1）只要将光标移到任一工具栏上的任何地方，然后单击鼠标右键，将出现快捷菜单，如图 1-14 所示。单击这个快捷菜单中的命令，就可以打开或关闭相应的工具栏。

2）选择下拉菜单“工具”→“工具栏”→“AutoCAD”，可以显示所有的工具栏，如图 1-15 所示。菜单中工具栏前有“√”，表明打开的工具栏，如要打开或关闭某一个工具栏，在菜单中选择该工具栏即可。

对已打开的工具栏，只要用鼠标单击工具栏右上角的“×”按钮即可将其关闭。

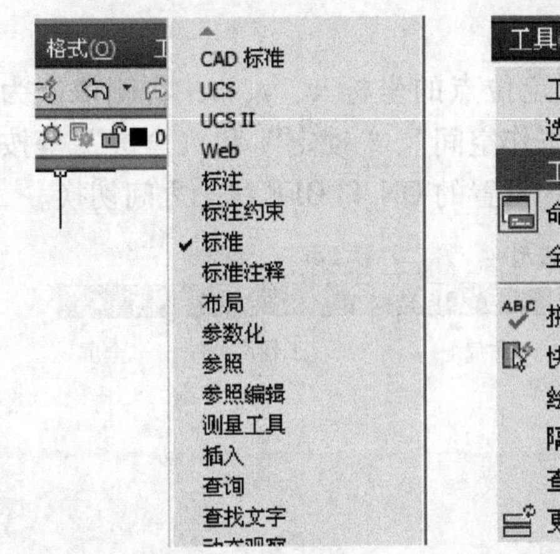

图 1-14　快捷菜单

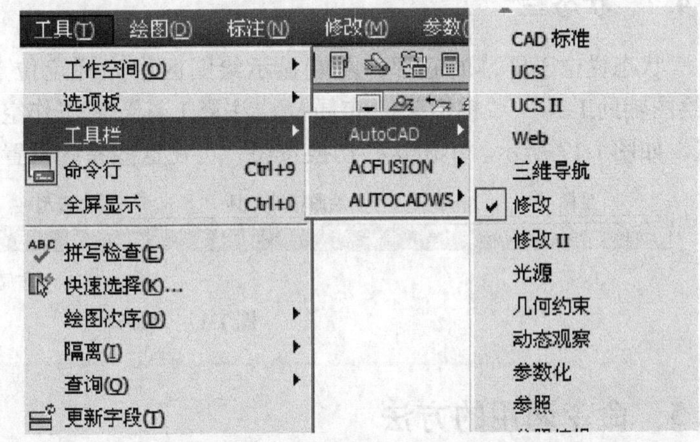

图 1-15　在下拉菜单中打开或关闭工具栏

1.4.5　绘图窗口

绘图窗口是显示、编辑图线的区域。AutoCAD 将在此窗口中显示表示当前工作点的光标。当移动鼠标时，光标将“跟随”鼠标的移动。光标在不同的状态下，将分别显示为十字、拾取框、虚线框和箭头等样式。当 AutoCAD 提示选择一个点时，光标便成为十字光标。当需要在屏幕上拾取一个目标时，光标变为一个小的拾取框。

AutoCAD 2012 的绘图窗口类似于 Excel 窗口，在绘图窗口的底部有“模型”选项卡和“布局”选项卡，通过这些选项卡，用户可以非常方便、快捷地在模型空间和图纸空间之间切换绘图。通常，用户应该在模型空间中进行绘图，在图纸空间中创建布局以输出图形。

1.4.6　命令窗口和文本窗口

命令窗口是用户输入命令和 AutoCAD 显示提示符和信息的地方。命令窗口是一个浮动窗口，用户可以将它移动到屏幕上的任何地方并可改变窗口的大小。用鼠标左键拖动命令区域可放大或缩小该窗口，单击右侧滚动条可翻看以前执行过的命令。

命令窗口分为两个部分：AutoCAD 提示用户输入信息的单行命令区以及显示命令记录的区域，如图 1-16 所示。

要看到命令窗口的更多信息，可以按【F2】键切换到文本窗口。

文本窗口和命令窗口相似，可以显示当前 AutoCAD 进程中命令的输入和执行过程。在执行 AutoCAD 某些命令时，会自动切换到文本窗口，列出相关的信息。

```
命令: _line 指定第一点:
指定下一点或 [放弃(U)]:
指定下一点或 [放弃(U)]:
指定下一点或 [闭合(C)/放弃(U)]:
指定下一点或 [闭合(C)/放弃(U)]: *取消*
命令:
10602.2814, 825.3384 , 0.0000
```

图 1-16　命令窗口

1.4.7　状态栏

状态栏位于屏幕的底部，左端显示绘图区中光标定位点的坐标 x、y、z，右侧依次为“绘图辅助工具”、“模型”、“布局”、“注释工具”、“工作空间”、“锁定”和“全屏”等按钮，如图 1-17 所示。单击这些切换按钮，可在这些系统设置的 ON 和 OFF 状态之间切换。

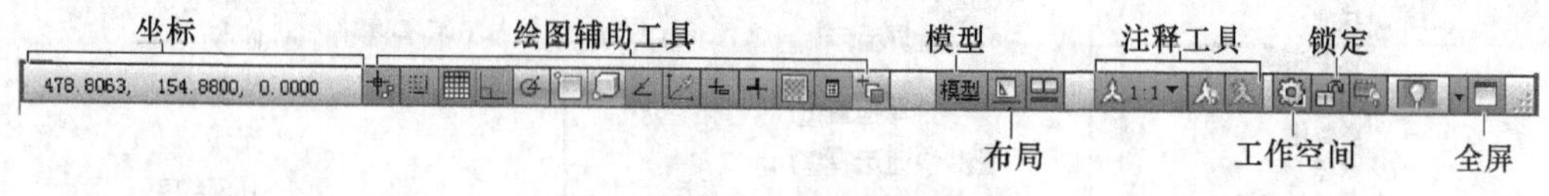

图 1-17　状态栏

1.5　命令调用的方法

1.5.1　命令调用

在 AutoCAD 中要绘制图形，必须要执行命令。命令的激活主要有以下几种方法（以画直线为例）。

1）在命令行输入命令名。即在命令行的“命令:”提示后输入命令的字符串，命令字符可不区分大小写，如：

命令：LINE

2）在命令行输入命令缩写字。如 L（直线）、C（圆）、A（圆弧）、Z（缩放）、CO（复制）、PL（多段线）、E（删除）等，如：

命令：L

3）单击下拉菜单中的菜单选项。如图 1-10 所示，单击“绘图”→“直线”。

4）单击工具栏中的“直线”按钮。

5）单击屏幕菜单中的对应选项（少用）。

1.5.2　命令的取消

在命令执行的任何时刻都可以按【Esc】键取消和终止命令的执行。

1.5.3　命令的重复使用

1）在命令行中命令提示时，按键盘上的【Enter】键或空格键，可重复调用上一个命令，不管上一个命令是完成了还是被取消了。

2）在命令行中命令提示时，在绘图窗口中单击鼠标右键，弹出快捷菜单，快捷菜单中的第一个命令就是前一次使用的命令。

1.5.4　透明命令的使用

有的命令不仅可直接在命令行中使用，而且还可以在其他命令的执行过程中插入执行，该命令结束后系统继续执行原命令，输入透明命令时要加前缀单撇号“'”。

例如：

命令：arc（执行圆弧命令）

指定圆弧的起点或［圆心（C）］：'ZOOM ↙（透明使用缩放命令）

> >…（执行缩放命令）

正在恢复执行圆弧命令。

指定圆弧的起点或［圆心（C）］：（继续执行原命令）

1.5.5　命令选项

当输入命令后，AutoCAD 会出现对话框或命令行提示，在命令行提示中常会出现命令选项，如：激活多边形命令。

命令：　polygon 输入侧面数 <4>：6

指定正多边形的中心点或［边（E）］：

输入选项［内接于圆（I）/外切于圆（C）］<I>：

指定圆的半径：

在命令提示下前面不带中括号的提示为默认选项，可直接输入正多边形的中心点坐标。若要选择其他选项，则应先输入中括号内该选项的标识字符，如输入选项的“E”；若有多个选项，则各个选项之间用“/”分界，然后按系统提示输入数据。

若选项提示行的最后带有尖括号，则尖括号中的数值为默认值，以上第一句若直接按【Enter】键，则绘制的多边形为正四边形。

1.6　图形文件操作

在使用 AutoCAD 绘图之前，应掌握对 AutoCAD 文件的管理，如新建、打开、保存等操作。

1.6.1　创建新图形文件

选择下拉菜单“文件”→“新建”或在“标准”工具栏上单击“新建”按钮或单击“菜单浏览器”按钮，选择“新建”　→“图形”或在命令行输入 New 或按快捷键【Ctrl + N】，可以出现如图 1-18 所示的“选择样板”对话框。在该对话框中，用户可以选择某一样板作为模型创建新图形，通常选择“acad. dwt”或“acadiso. dwt”样板。

若用户要根据系统默认设置创建新图形，单击“打开”按钮右侧的“▼”按钮，选择“无样板打开 - 英制”或“无样板打开 - 公制”即可。

1.6.2　打开已有图形文件

如果用户想在原有的图形文件基础上继续进行有关的操作，则可以选择下拉菜单“文

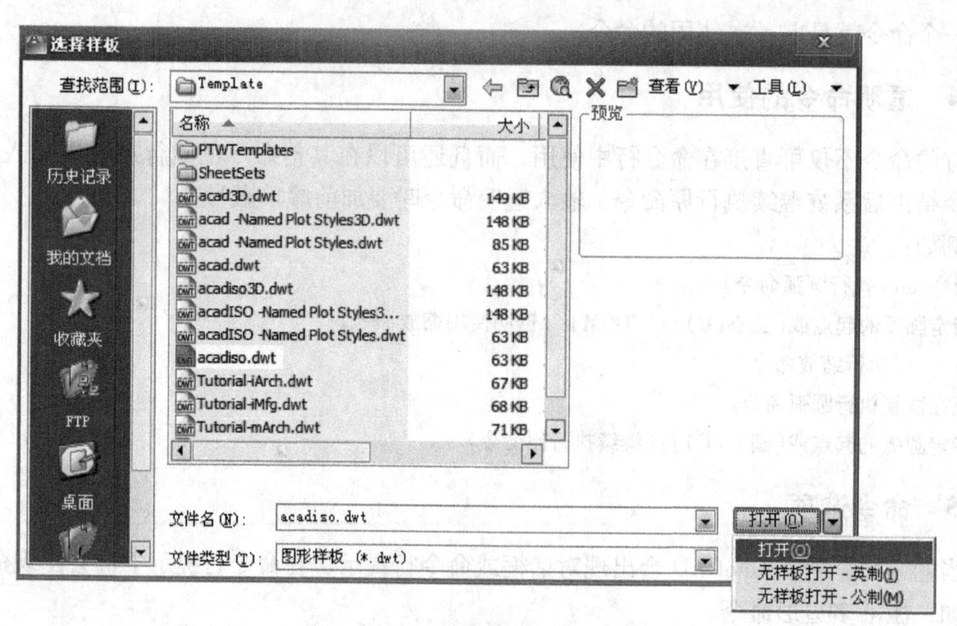

图 1-18 “选择样板”对话框

件”→“打开”或单击“菜单浏览器”按钮，选择“打开”→“图形”或在“标准”工具栏上单击“打开”按钮或在命令行输入 Open 或按快捷键【Ctrl + O】，出现如图 1-19 所示的“选择文件”对话框。

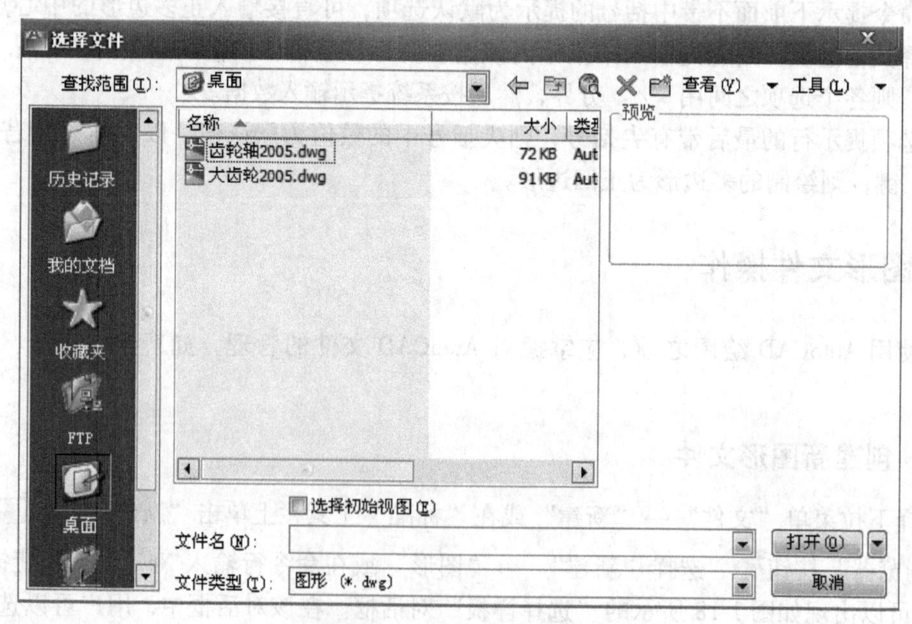

图 1-19 “选择文件”对话框

在该对话框中，用户可以在输入框中直接输入要打开的图形文件的文件名来打开该图形文件，也可以在文本框中双击要打开的文件名打开已有的图形，还可用查找、预览等方式找到要打开的文件。

AutoCAD 可以打开不同类型的文件，在“选择文件”对话框的“文件类型”下拉列表框中可以选择“. dwg”、“. dwt”、“. dxf”等类型的文件。

1.6.3　保存图形文件

选择下拉菜单“文件”→“保存”或在“标准”工具栏上单击“保存”按钮或单击“菜单浏览器”按钮，选择“保存”或在命令行输入 Save 或 Qsave 或按快捷键【Ctrl + S】，出现如图 1-20 所示的“图形另存为”对话框。

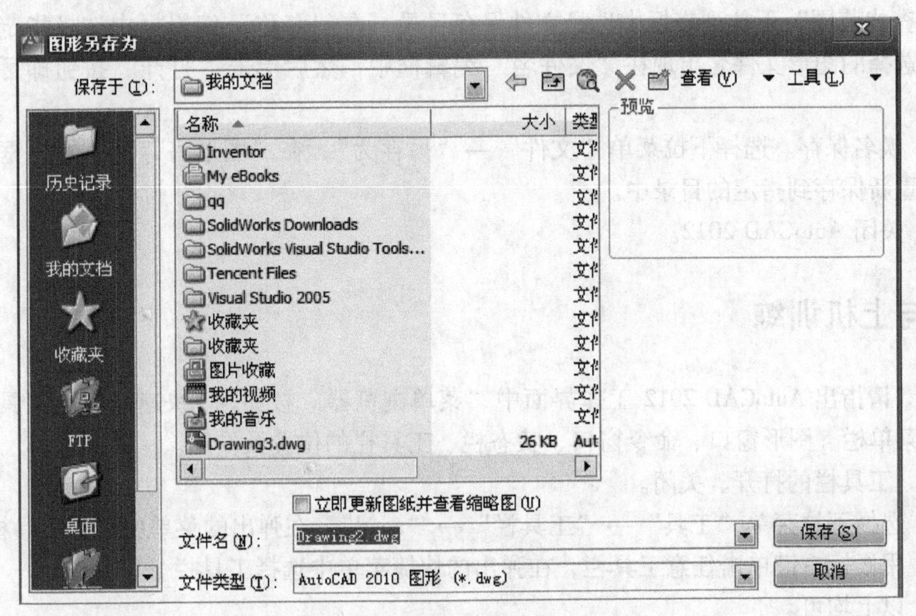

图 1-20　“图形另存为”对话框

用户可利用“图形另存为”对话框，将当前的文件以默认的名字或以其他名字保存，保存的类型及所属目录也可同时设定。

文件的保存可以使用“保存”和“另存为”命令。当新建文件没有命名时，使用“保存”和“另存为”命令时都会出现“图形另存为”对话框；若文件已经命名保存了，则使用“保存”命令时将不出现“图形另存为”对话框。

AutoCAD 2012 默认的保存文件的扩展名为“. dwg”。用户建立新文件时打开的是系统默认的“acadiso. dwt”样板文件，这个文件相当于一张白纸，用户每次建立新文件时，图样上的所有内容必须绘制出。为了提高绘图效率，用户可以建立自己的样板文件，先绘制出每张图样的共性部分，例如绘制出图样的标题栏、设置好图层、文字样式和尺寸样式等，只要保存文件时在“文件类型”下拉列表框中选择图形样板文件，即扩展名为“. dwt”，再指定保存目录即可。在建立新文件时，只要打开用户自定义的图形样板文件即可。

1.7　综合实例——文件基本操作

文件基本操作包括文件的新建、保存、打开和重命名等。

具体操作如下：

1）启动 AutoCAD 2012，进入绘图界面。

2）创建一个新的图形文件。在“标准”工具栏上单击“新建”按钮，选择“选择样板”对话框中的“acadiso. dwt”样板文件。

3）保存图形文件。在“标准”工具栏上单击“保存”按钮，在“图形另存为”对话框的“保存于”下拉列表框中选择或新建文件保存目录，在“文件名”文本框中输入指定的文件名。

4）关闭图形文件。选择下拉菜单“文件”→“关闭”，关闭图形文件。

5）打开图形文件。在“标准”工具栏上单击“打开”按钮，在“选择文件”对话框的“查找范围”下拉列表框中选择文件保存目录，在“名称”编辑框中选择指定的文件名，则选择的图形文件名出现在“文件名”编辑框中，然后单击“打开”按钮即可打开图形文件。

6）换名保存。选择下拉菜单“文件”→“另存为”，在“图形另存为”对话框中修改文件名重新保存到指定的目录中。

7）关闭 AutoCAD 2012。

习题与上机训练

1-1. 请指出 AutoCAD 2012 工作界面中“菜单浏览器”按钮、“快速访问”工具栏、标题栏、菜单栏、图形窗口、命令窗口、状态栏、工具栏的位置及作用。

1-2. 工具栏的打开、关闭。

1）选择下拉菜单“工具”→“工具栏”→“acad”，在弹出的菜单中选择工具栏。

2）用鼠标右键单击任意工具栏，在弹出的快捷菜单中选择工具栏。

3）以上均可。

1-3. 调用 AutoCAD 命令的方法有：

1）在命令行输入命令。

2）在命令行输入命令缩写字。

3）单击下拉菜单中的菜单选项。

4）单击工具栏中的对应按钮。

5）单击屏幕菜单中的对应选项。

6）以上均可。

1-4. 请用上题中的 5 种方法调用 AutoCAD 的画圆命令。

1-5. 对于 AutoCAD 中的命令选项，可以：

1）在选项提示行输入选项的缩写字母。

2）单击鼠标右键，在弹出的快捷菜单中用鼠标选取。

3）以上均可。

1-6. 图形文件操作。操作包括文件的新建、指定目录保存、打开、重命名、关闭等。

第 2 章　绘制二维图形

本章主要介绍绘制图形时绘图环境的设置和绘图命令的基本操作。

2.1 设置绘图环境

通常情况下，安装好中文版 AutoCAD 2012 后可以在其默认设置下采用 1∶1 的比例真实大小绘制图形，需要打印时，再将图形按图纸大小进行缩放。但有时为了使用特殊的设备、用自己喜欢的绘图界面和颜色、提高绘图效率等，需要在绘图前对系统的参数、绘图环境作必要的设置。

2.1.1 设置图形单位

在 AutoCAD 中，用户可以用不同的单位进行绘图，我国习惯用公制单位。

选择下拉菜单“格式”→“单位”，或在命令行输入 Units，按空格键或【Enter】键，出现“图形单位”对话框，如图 2-1 所示。在“图形单位”对话框中可控制长度的单位及精度、角度的单位和精度以及角度的正方向。

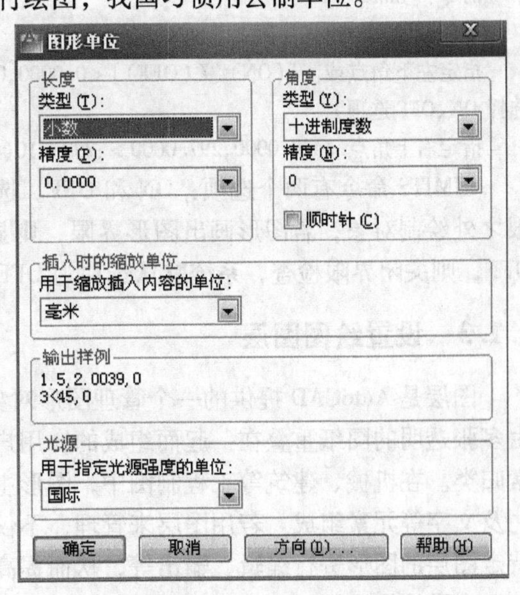

图 2-1 “图形单位”对话框

1. 长度单位

在“图形单位”对话框的“长度”选项区域可以改变长度单位，从“类型”下拉列表框中选择适当格式，有分数、工程、建筑、科学、小数，从该选项区域中的“精度”下拉列表框中选择单位的精度，默认值是保留 4 位小数。

2. 角度单位

“角度”选项区域可以改变角度单位，从“类型”下拉列表框中选择适当格式，有百分度、度/分/秒、弧度、勘测单位和十进制度数，从该选项区域中的“精度”下拉列表框中选择单位的精度，默认值是保留到个位。默认以逆时针方向为正方向，若选中“顺时针”复选框，则以顺时针方向为正方向。

3. 插入时的缩放单位

在“插入时的缩放单位”区域的“用于缩放插入内容的单位”下拉列表框中，可选择设计中心在当前图形中插入块时的图形单位，默认为“毫米”。

4. 方向

在“图形单位”对话框中单击“方向”按钮，可以打开“方向控制”对话框，如图 2-2所示。可以设置起始角（0°）的方向，默认 0°的方向为正东方向，逆时针方向为角度增加的正方向。可选择“东”、“北”、“西”、“南”、“其他”单选按钮来改变角度测量的起始角，当选择“其他”单选按钮时，可直接在“角度”文本框中输入角度，或单击按钮切换到图形窗口，通过拾取两点确定起始角0°的方向。

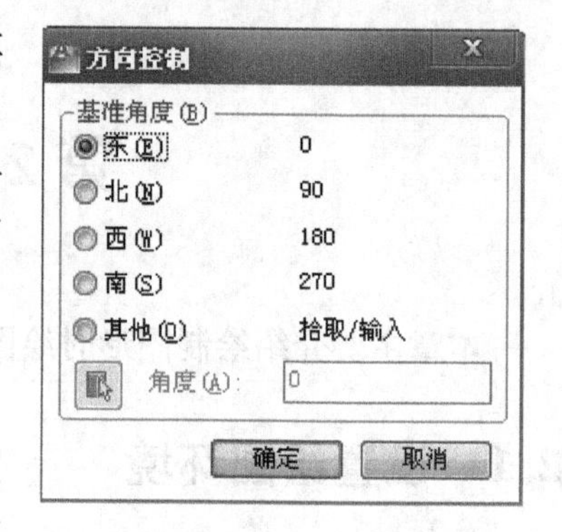

图 2-2 “方向控制”对话框

2.1.2 设置绘图界限

用户绘图时可将 AutoCAD 的绘图区看成无穷大的图纸，选择下拉菜单“格式”→“图形界限”，或在命令行输入 Limits 命令可以设置一个矩形绘图区，称为图形界限。用户用默认的“acadiso. dwt”模板文件建立的新文件的图形界限为一张 A3 图纸。选择下拉菜单“视图”→“缩放”→“全部”可整屏显示图形界限。

在世界坐标系中，图形界限由一对二维点确定，即左下角点和右上角点。

例 设置一张 A4 图纸的图形界限。

选择下拉菜单“格式”→“图形界限”，命令行提示如下：

命令:'_limits

重新设置模型空间界限:

指定左下角点或[开(ON)/关(OFF)] <0.0000,0.0000 >:(按【Enter】键接受默认值或指定左下角点,可选择 ON、OFF 选项)

指定右上角点 <420.0000,297.0000 >:297,210(指定右上角点)

LIMITS 命令有两个选项：ON 和 OFF。选择 ON，则打开界限检查，用户不能在图形界限之外绘制对象，若图形画出图形界限，则显示“* * 超出图形界限 * *”的警告。选择 OFF，则关闭界限检查，系统默认选项为 OFF。

2.1.3 设置绘图图层

图层是 AutoCAD 提供的一个管理图形对象的工具，它的应用使得 AutoCAD 图形好像是由多张透明的图纸重叠在一起而组成的，用户可根据图层对图形几何对象、文字、标注等元素归类。在机械、建筑等工程制图中，图形主要由基准线、轮廓线、虚线、剖面线、尺寸标注及文字等元素组成。若用图层来管理，不仅使图形的各种信息清晰、有序，而且可方便对特定图层的图形进行编辑、输出等，从而提高绘图的效率和准确性。

在默认情况下，AutoCAD 自动创建一个 0 图层，用户要使用图层绘制图形，必须创建新图层。

选择下拉菜单“格式”→“图层”，或在命令行输入 Layer 命令，或单击“图层”工具栏（见图 2-3）中的“图层特性管理器”按钮，系统弹出“图层特性管理器”对话框，如图 2-4所示。

图 2-3 “图层”工具栏

1. 新建图层

单击“图层特性管理器”对话框中的“新建”按钮，在图层列表中出现一个名称为

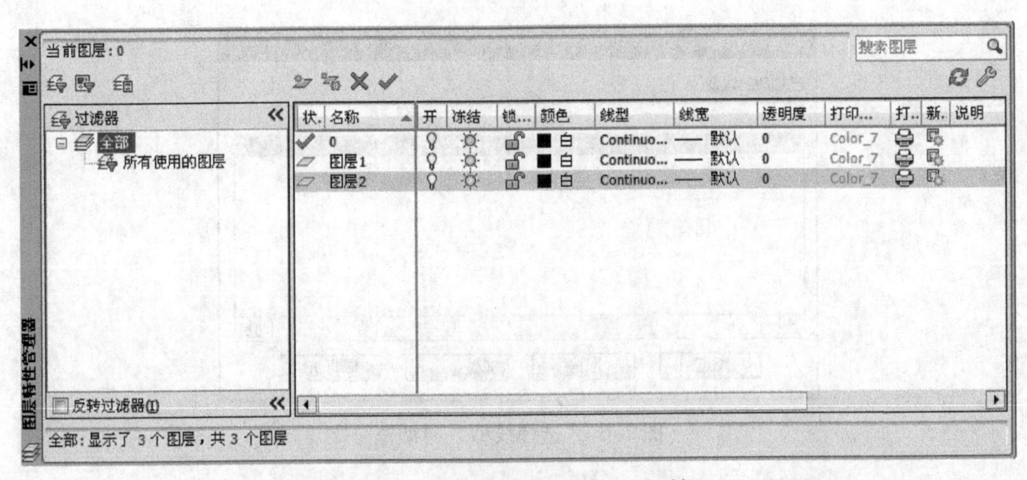

图 2-4 “图层特性管理器”对话框

“图层 1”的新图层。新建的图层和当前层的状态、颜色、线型和线宽等设置均相同，如图 2-4所示。

(1) 设置图层名称　创建图层后，用户可马上输入新图层名，若建了多个图层再重命名，则用鼠标先选择修改的图层，再单击图层名进行重命名。

注意：图层命名时，图层名中不能包含通配符（＊和?）和空格，也不能和其他图层重名。

(2) 设置图层颜色　颜色在图形中具有重要的作用，可表示不同组件、功能和区域。默认情况下，新创建的图层颜色为 7 号颜色，该颜色相对于黑色背景显示白色，相对于白色背景显示黑色。若要修改某图层的颜色，只要用鼠标单击图层名称右侧的颜色标记“■白”，即可打开如图 2-5 所示的“选择颜色”对话框，在该对话框中选择合适的颜色即可。

注意：在默认情况下，若改变某图层的颜色，则该层上所有对象的颜色也随之改变。

(3) 设置线型　在 AutoCAD 中，系统默认的线型是 Continuous，线宽为 0 单位，该线型是连续线。在绘图过程中，如果用户要绘制点画线、虚线等其他类型线型或改变线的宽度，就需要设置图层的线型和线宽。

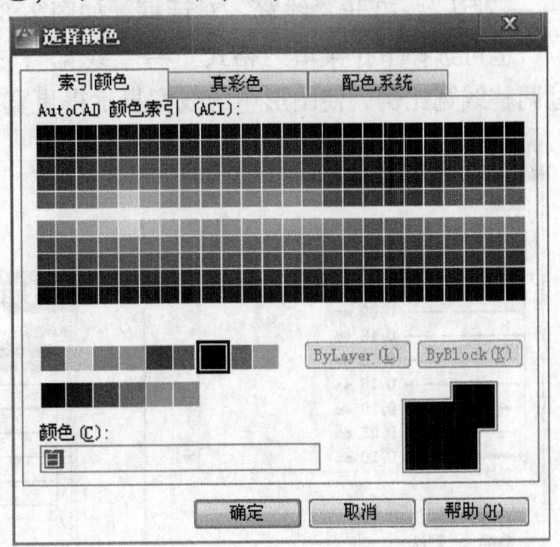

图 2-5 “选择颜色”对话框

要为图层设置线型，可在图层列表区单击某图层的线型名称 Continuous，打开“选择线型”对话框，如图 2-6 所示。默认情况下，该对话框中只有 Continuous 一种线型，若要使用其他线型，必须单击“加载”按钮，打开“加载或重载线型”对话框，如图 2-7所示，选择需要的线型，单击“确定”按钮添加到“选择线型”对话框中，然后在“选择线型”对话框中选择图层所需要的线型。

(4) 设置图层线宽　在“图层特性管理器”对话框的“线宽”列中单击某图层的线宽

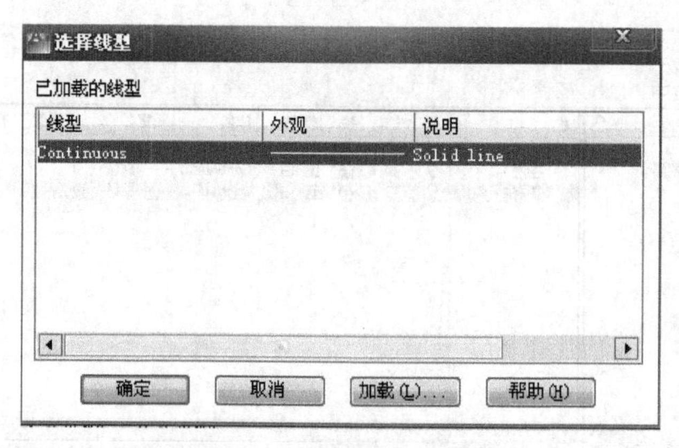

图 2-6 “选择线型”对话框

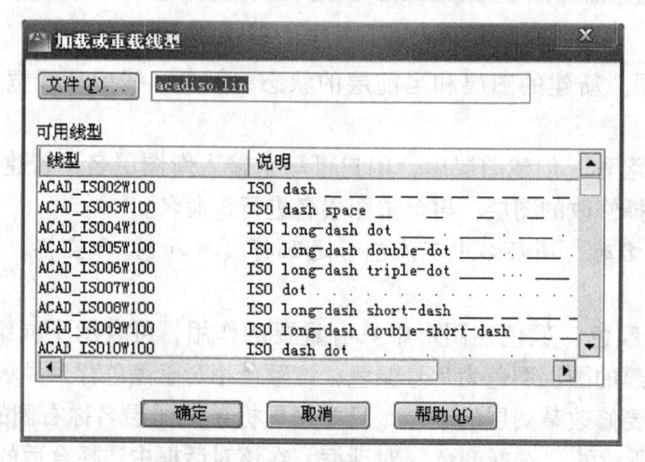

图 2-7 “加载或重载线型”对话框

“——默认”，打开“线宽”对话框，如图 2-8 所示，从中选择所需的线宽即可。

也可选择下拉菜单“格式”→“线宽”，打开“线宽设置”对话框，如图 2-9 所示，通过调整线宽比例，使图形中的线宽显示得更宽或更窄。

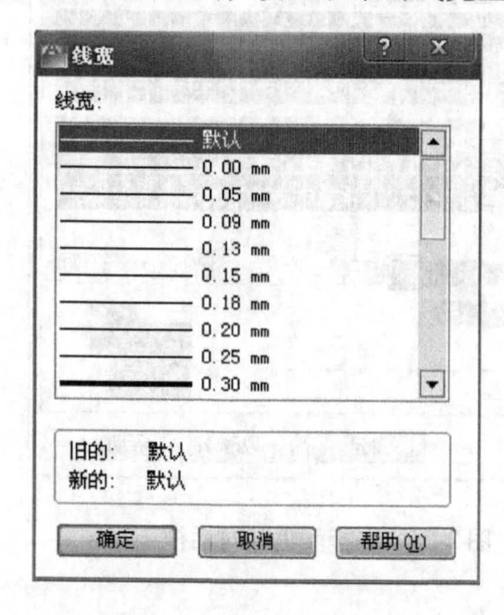

图 2-8 “线宽”对话框

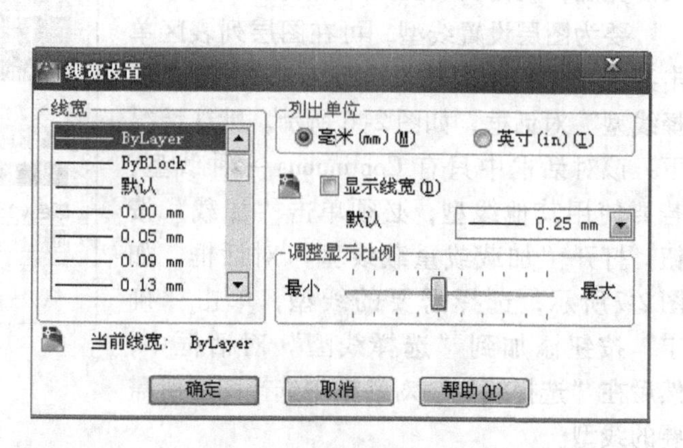

图 2-9 “线宽设置”对话框

注意：在图形中显示线宽，必须单击状态栏中的“显示/隐藏线宽”按钮，或在“线宽设置”对话框中选择“显示线宽”复选框。

（5）打印样式和打印　要改变图层打印样式，在“图层特性管理器”对话框的“打印样式”列确定各图层的打印样式。单击“打印”列中的“打印机”按钮，可以设置图层是否能够打印，若“打印机”按钮为状态，则该层不能打印，这样可以在保持图形可见性不变的前提下控制图形的输出。

注意：图层打印只对可见图形起作用，对关闭或冻结的图层不起作用。

（6）设置线型比例　若某图层采用非连续性的线型（如点画线、虚线等），当图形尺寸不同时，图形中绘制的非连续性线型的外观不同。在 AutoCAD 中，可通过设置线型比例来改变非连续性线型的外观。选择下拉菜单“格式”→“线型”，打开“线型管理器”对话框，设置线型比例，如图 2-10 所示。

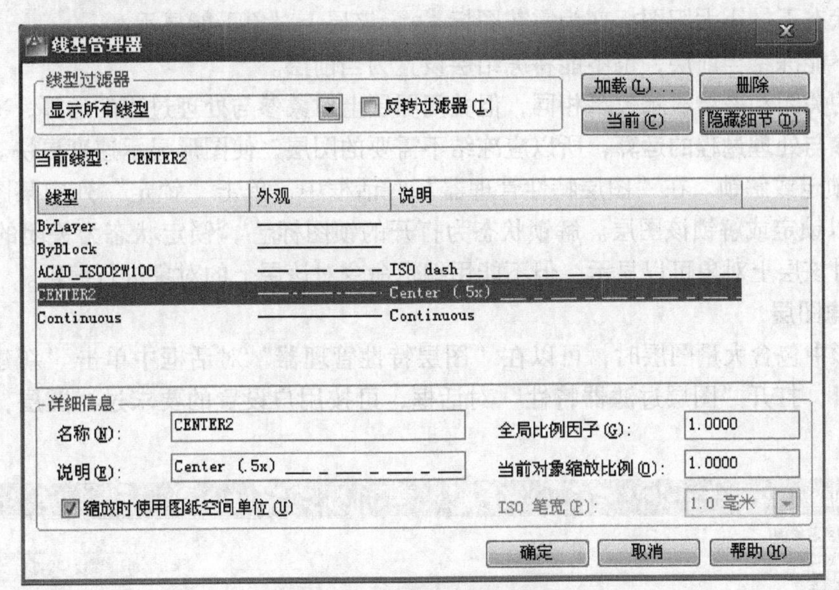

图 2-10　“线型管理器”对话框

“线型管理器”对话框中显示用户当前使用的线型和可选择的线型。选择某一线型后，单击“显示细节”按钮，可在“详细信息”选项区域设置线型比例，“全局比例因子”用于设置图中的所有线型比例，“当前对象缩放比例”用于设置选中线型的比例。

2. 设置当前层

AutoCAD 绘制的图形都是在当前层绘制的。

设置当前层的方法如下。

1）在“图层特性管理器”对话框中，先选择要设置为当前层的图层，再单击按钮，即可将该图层设置为当前层。

2）在不选择图形时，在“图层”工具栏中单击右侧的下拉条，在下拉条中选择某图层，则该图层设置为当前层；若选择了图形中的某对象，单击“图层”工具栏右侧的“将对象的图层设置为当前层”按钮，则将选择的对象所在的图层设置为当前图层。

3. 删除图层

在“图层特性管理器”对话框中选择要删除的图层，然后单击按钮，即可删除不使用的图层。

注意：不能删除 0 图层和 Defpoints、当前层、包含有对象的图层和依赖外部参照的图层。

4. 图层状态设置

图层的状态可以是关闭或打开、解冻或冻结、锁定或解锁。

（1）关闭或打开　在“图层特性管理器”对话框中，单击“开”列中某图层中小灯泡图标，可以关闭或打开该图层。打开状态下，灯泡颜色为黄色，该层上对象可以显示；关闭状态下，灯泡颜色为灰色，该层上对象不能显示。

当关闭当前层时，系统会出现一个警示对话框，警告关闭当前层。

（2）解冻或冻结　在“图层特性管理器”对话框中，单击“冻结”列中某图层中小太阳图标，可以解冻或冻结该图层。解冻状态下，太阳颜色为黄色，该层上对象可以显示；冻结状态下，小太阳图标变为雪花图标，该层上对象不能显示。

用户不能冻结当前层，也不能将冻结层设置为当前层。

图层的关闭和冻结显示效果相同，但关闭图层上对象参与处理过程的运算，冻结的图层上对象不参与处理过程的运算，所以应冻结不需要的图层，使图形显示速度更快。

（3）锁定或解锁　在“图层特性管理器”对话框中，单击“锁定”列中某图层中锁图标，可以锁定或解锁该图层。解锁状态为打开的锁图标，锁定状态为关闭的锁图标。锁定状态时该层上对象可以显示，但不能用编辑命令对该层上的对象进行编辑。

5. 过滤图层

当图形中包含大量图层时，可以在“图层特性管理器”对话框中单击“新建特性过滤器”按钮，打开“图层过滤器特性”对话框，可按用户设置的要求过滤图层，如图 2-11 所示。

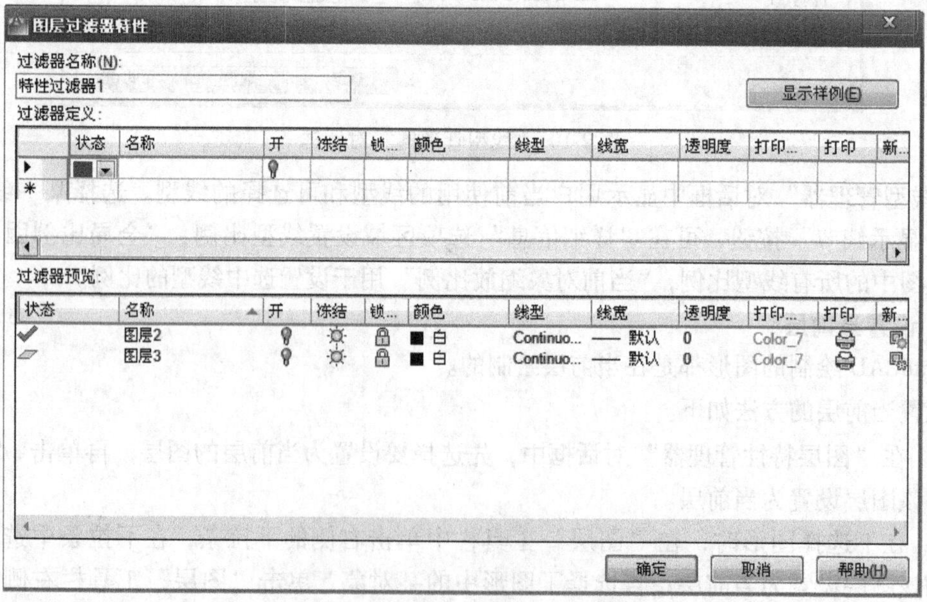

图 2-11　“图层过滤器特性”对话框

在该对话框中，用户可在“过滤器定义”列表框中设置图层名称、状态、颜色、线型及线宽等过滤条件。当指定图层的名称、颜色、线型、线宽、打印样式时，可用“?”和“＊”

等多种通配符，其中“*”表示替代任意多个字符，“?”表示替代任意一个字符。符合条件的图层在“过滤器预览”列表框中显示。图2-11为显示设置“关闭”的所有图层。

2.1.4　设置参数选项

在绘制图形前，用户可以对系统选项进行设置，改变这些设置可以改变系统的一些操作界面、属性和文件配置等。

选择下拉菜单“工具”→“选项”，或在命令行输入 Options 命令，打开“选项”对话框，如图2-12所示。

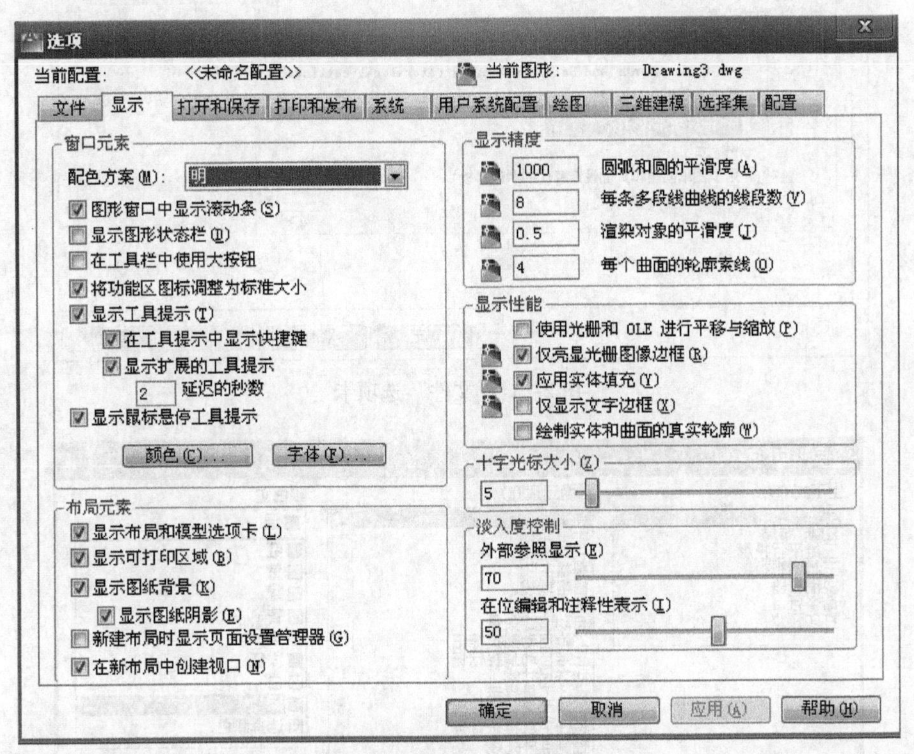

图2-12　“选项”对话框

（1）“文件”选项卡　用于确定 AutoCAD 搜索图形支持文件、设备驱动程序文件、自动保存文件的位置，样板文件的位置，搜索默认打开的样板文件、菜单文件和其他文件的路径及用户的一些设置，如图2-13所示。

（2）“显示”选项卡　用于设置窗口元素、布局元素、显示精度、显示性能、十字光标大小和参照编辑的淡入度等显示属性。例如要改变绘图区的背景色，单击“窗口元素”选项区域中的“颜色”按钮，打开“图形窗口颜色”对话框，如图2-14所示，在“颜色”下拉列表框中选择其他颜色，例如白色，再单击“应用并关闭”按钮，则将背景色改变。

（3）“打开和保存”选项卡　用于控制 AutoCAD 中与保存文件相关的设置。有设置时间间隔自动保存图形、保存图形时是否创建图形的备份副本的设置、控制与编辑加载外部参照有关的设置、避免数据丢失以及检测错误的设置等。

（4）“打印和发布”选项卡　用于设置 AutoCAD 的输出设备，包括新图形的默认打印设置、基本打印选项、打印到图形的默认位置等设置。

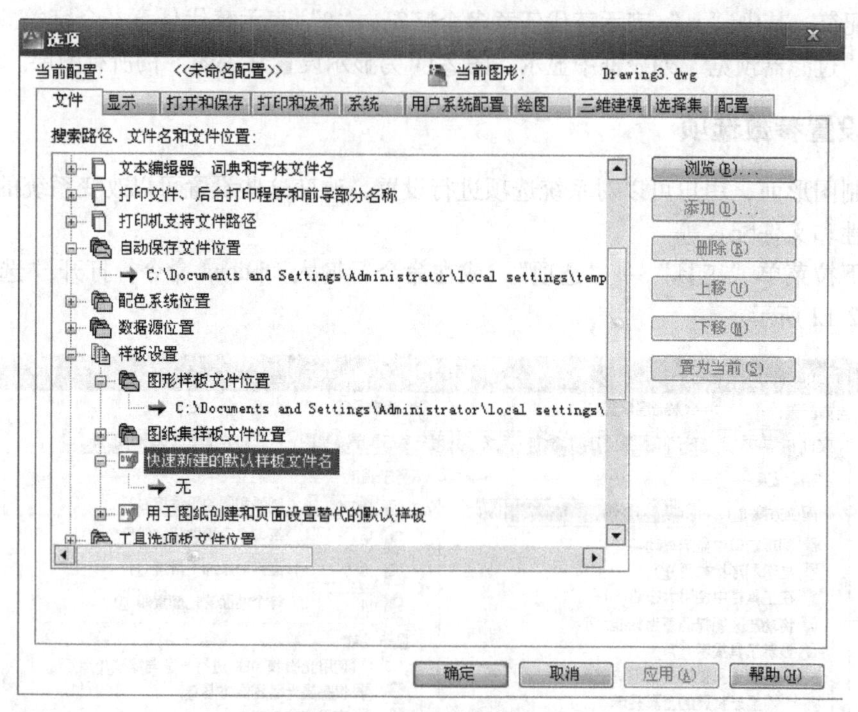

图 2-13 “文件”选项卡

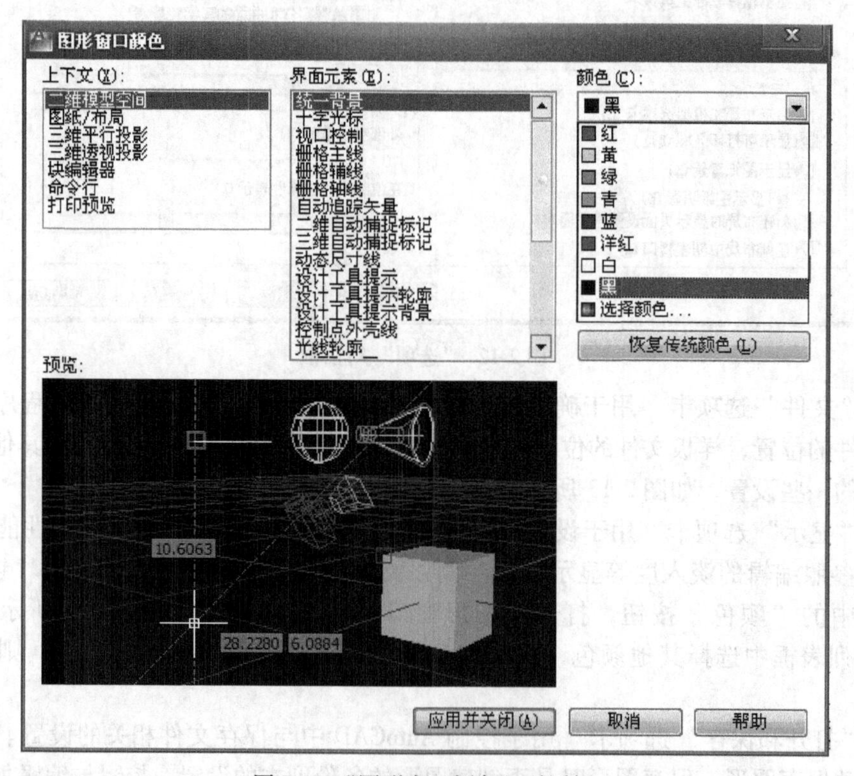

图 2-14 “图形窗口颜色”对话框

（5）“系统”选项卡　用于设置当前三维性能，设置定点设备、是否显示 OLE 特性对话框、数据库连接选项、联机访问内容和浏览器的选择等。

（6）“用户系统配置”选项卡　用于设置是否使用快捷菜单和坐标数据输入的优先级等。

（7）“绘图”选项卡　用于设置自动捕捉、自动追踪、自动捕捉标记框颜色和大小、靶框大小。

（8）“三维建模”选项卡　用于设置三维光标的显示、创建三维对象时的视觉样式、三维导航等。

（9）“选择集”选项卡　用于设置选择集模式、拾取框大小和夹点大小等。

（10）“配置”选项卡　用于建立、重命名、删除系统配置文件，将配置输入、输出为扩展名为“. arg”的文件，以便其他用户共享该文件。

2.2　绘制二维平面图形

AutoCAD 2012 提供了丰富的基本绘图命令。用户可以使用“绘图”工具栏（见图2-15）或“绘图”下拉菜单（见图2-16）或命令输入等方法调用绘图的各个命令绘制图形。

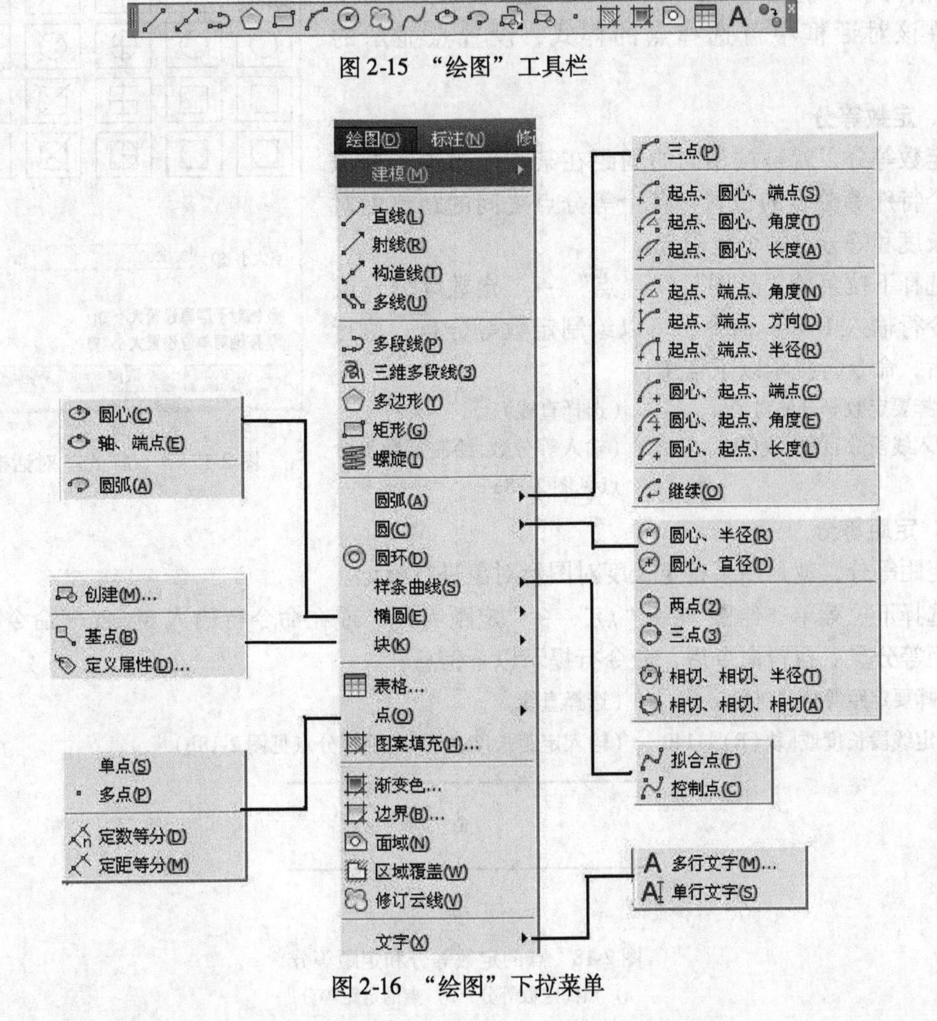

图2-15　“绘图”工具栏

图2-16　“绘图”下拉菜单

2.2.1 绘制点

在 AutoCAD 中，用点命令在指定的位置画点，可以用坐标值或鼠标来输入。

1. 绘制单点

选择下拉菜单“绘图”→“点”→“单点”或在命令行输入 Point 命令可以绘制单点。执行命令后，命令行提示以下信息：

当前点模式： PDMODE = 0 PDSIZE = 0.0000

指定点：（输入坐标点或用鼠标点取）

提示信息第一行说明当前点的模式和大小。用户指定一点后，在绘图区绘制一个点，命令结束。

2. 绘制多点

选择下拉菜单“绘图”→“点”→“多点”或在“绘图”工具栏上单击“点”按钮 ，可以绘制多点。命令行提示信息和绘制单点相同，要结束绘制，按【Esc】键即可。

3. 设置点样式

可以设置不同的点的样式。选择下拉菜单“格式”→“点样式”，打开“点样式”对话框，如图 2-17 所示。在该对话框中可选择点的样式，设置点显示的大小。

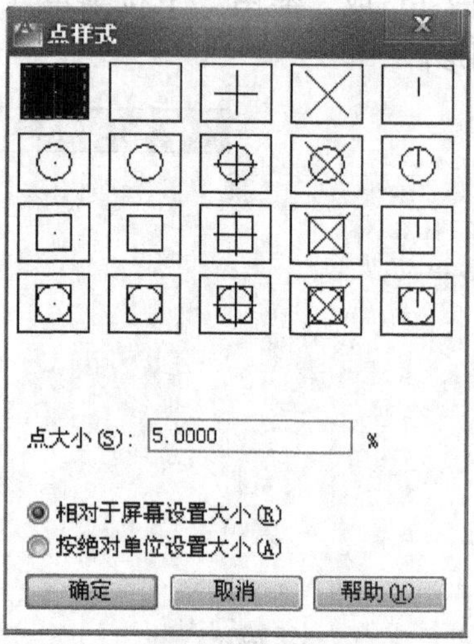

图 2-17 “点样式”对话框

4. 定数等分

定数等分，就是按相同的间距在某图形对象上标识出多个特殊等分点的位置，各个等分点之间的距离由对象的长度和等分点的个数确定。

选择下拉菜单“绘图”→“点”→“定数等分”或在命令行输入 Divide 命令，可以绘制定数等分点。执行命令后，命令行提示以下信息：

选择要定数等分的对象：　（选择直线）

输入线段数目或[块(B)]:6　（输入等分数，绘制定数等分点见图 2-18a）

5. 定距等分

定距等分，就是用某特定长度对图形对象进行标记。

选择下拉菜单“绘图”→“点”→“定距等分”或在命令行输入 Measure 命令可以绘制定距等分点。执行命令后，命令行提示以下信息：

选择要定距等分的对象：　（选择直线）

指定线段长度或[块(B)]:140　（输入定距长度，绘制定距等分点见图 2-18b）

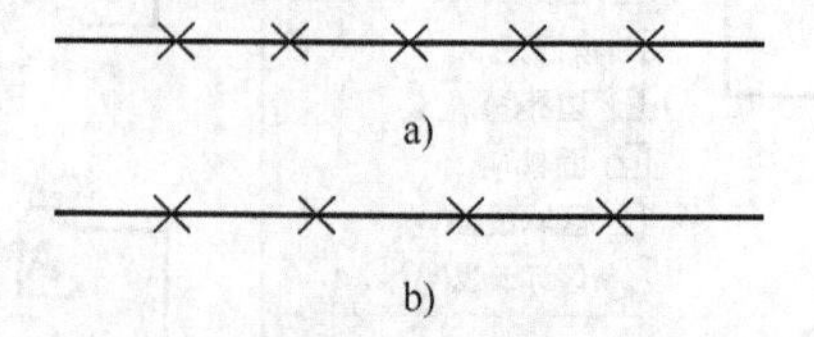

图 2-18　点的定数等分和定距等分

a）点的定数等分　b）点的定距等分

2.2.2　绘制直线、多段线

1. 绘制直线

直线是绘图过程中使用最频繁的，是组成图形的基本对象。

选择下拉菜单“绘图”→“直线”或在“绘图”工具栏上单击“直线”按钮或在命令行输入 Line 命令，可以绘制直线。执行命令后，命令行提示以下信息：

_line 指定第一点:20,20　　(输入 A 点)
指定下一点或[放弃(U)]:80,20　　(输入 B 点)
指定下一点或[放弃(U)]:20,80　　(输入 C 点)
指定下一点或[闭合(C)/放弃(U)]:20,20　　(输入 A 点)
指定下一点或[闭合(C)/放弃(U)]:　　(单击鼠标右键或按【Enter】键结束命令,见图 2-19)

在命令行提示的信息的含义如下：

“放弃（U）”：取消上一步的操作。例如在提示输入 C 点坐标时输入 U，然后按【Enter】键，则取消 AB 线段，命令行提示重新输入 B 点坐标。

“闭合（C）”：绘制封闭多边形，从直线命令的最后一点画到第一点，直线命令结束。例如输入 C 点后，提示输入下一点时，输入 C 并按【Enter】键，则由 C 点画到 A 点，形成三角形，直线命令结束。

任何图形都有大小、有确定的尺寸，因此，可使用直线端点的坐标绘制直线。绘制直线用坐标值输入，可以用二维坐标（x，y）或三维坐标（x，y，z），如果输入二维坐标，AutoCAD 用当前高度作为 z 坐标值（默认值是 0）。常用的坐标有以下 3 种：

（1）绝对坐标　绝对坐标用于确定直线端点的坐标是相对世界坐标系原点的坐标，输入 x，y。

（2）相对坐标　相对坐标用于确定直线端点的坐标是以上一点为原点的直角坐标，输入@ x，y。

（3）极坐标　极坐标用于确定直线端点的坐标是以上一点为原点，根据直线的长度和相对 X 轴角度确定，输入@ L < α。

这 3 种坐标的使用如图 2-20 所示，具体操作如下：

_line 指定第一点:20,20(用绝对坐标输入 A 点)
指定下一点或[放弃(U)]:80,20　(用绝对坐标输入 B 点)

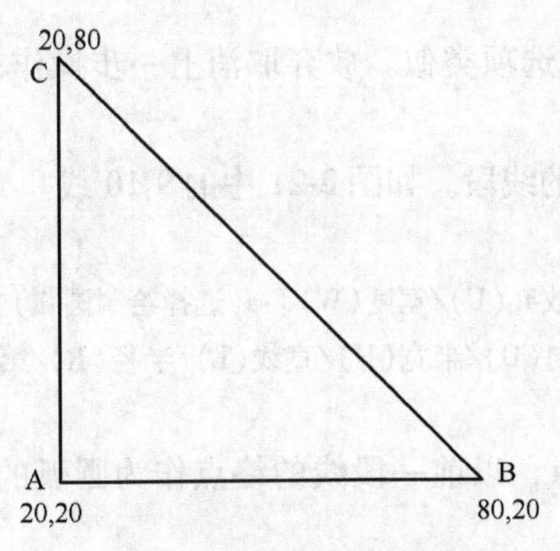

图 2-19　直线命令使用

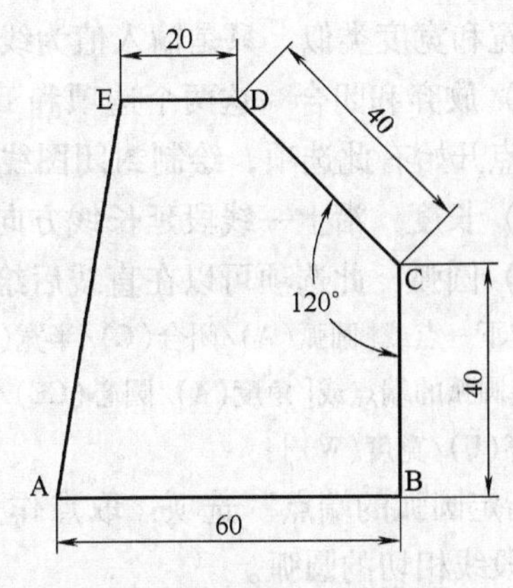

图 2-20　3 种坐标的使用

指定下一点或[放弃(U)]:@0,40（用相对坐标输入 C 点）

指定下一点或[闭合(C)/放弃(U)]:@40<150(用极坐标输入 D 点,注意 0°角位置的确定)

指定下一点或[闭合(C)/放弃(U)]:@ -20,0(用相对坐标输入 E 点)

指定下一点或[闭合(C)/放弃(U)]:c(封闭绘制的直线段)

绘制直线除用直线的端点绘制外，还可以用直线的长度绘制，具体操作如下：

- line 指定第一点:(输入起点坐标)

指定下一点或[放弃(U)]:100(绘制从起点到鼠标连线长度为 100 的直线)

指定下一点或[放弃(U)]:(单击鼠标右键或按【Enter】键结束)

2. 绘制多段线

多段线是由多条直线或圆弧相连成的一个单一实体。它可以绘制不同线型和宽度的直线、渐变的直线、圆弧及填充的圆。

选择下拉菜单“绘图”→“多段线”或在“绘图”工具栏上单击“多段线”按钮或在命令行输入 Pline 命令，可以绘制多段线。执行命令后，命令行提示以下信息：

命令:_pline

指定起点:

当前线宽为 0.0000

指定下一个点或[圆弧(A)/半宽(H)/长度(L)/放弃(U)/宽度(W)]:

（1）指定下一个点　此选项为默认项，连续提示输入点，画多线段的单一实体，直到按空格键或【Enter】键，结束命令，和 Line 命令用法类似。如图 2-21 中的 34、45 段直线。

（2）半宽和宽度　绘制有宽度的线。其中，宽度指定起点和终点的线宽；半宽指定起点和终点线的半宽。

指定下一点或[圆弧(A)/闭合(C)/半宽(H)/长度(L)/放弃(U)/宽度(W)]:w(选择绘制宽线)

指定起点宽度 <0.0000 >:4(指定起点的宽度)

指定端点宽度 <4.0000 >:4(指定终点的宽度)

指定下一点或[圆弧(A)/闭合(C)/半宽(H)/长度(L)/放弃(U)/宽度(W)]:(绘制宽线)

AutoCAD 的默认线宽为 0，设置起点和终点的线宽，可以相同即为等宽线，可以不同即为渐变线宽线段或箭头，终点线的宽度为后续线段的默认宽度，直到重新设置。如图 2-21 中的 12、23 线。

半宽和宽度类似，只是输入值为线的半宽。

（3）放弃和闭合　这两个选项和 Line 命令相应选项类似。放弃取消上一步操作；闭合从第三点开始有此选项，绘制封闭图线。

（4）长度　沿上一线段延长线方向画指定长度的线段。如图 2-21 中的 9 10 线。

（5）圆弧　此选项可以在直线后绘制圆弧。

指定下一点或[圆弧(A)/闭合(C)/半宽(H)/长度(L)/放弃(U)/宽度(W)]:a(选择绘制圆弧)

指定圆弧的端点或[角度(A)/圆心(CE)/闭合(CL)/方向(D)/半宽(H)/直线(L)/半径(R)/第二个点(S)/放弃(U)/宽度(W)]:

“指定圆弧的端点”选项：取点作为圆弧的终点，以前一段线的终点作为圆弧的起点，且和前段线相切的圆弧。

“角度”选项：以前一段线的终点作为圆弧的起点，要求输入包含角和圆弧的终点、圆心或半径。

“圆心”选项：以前一段线的终点作为圆弧的起点，要求输入圆弧圆心坐标和圆弧终点、包含角或弦长。

“方向”选项：取代上一线段的方向，取点作为圆弧方向的起点，再输入圆弧终点。

“半径”选项：以前一段线的终点作为圆弧的起点，要求输入圆弧半径和终点或包含角。

“第二个点”选项：以前一段线的终点作为圆弧的起点，要求输入第二点和第三点，三点画圆。

“半宽、宽度、闭合”选项：此三项选项和主提示中的选项类似。

“直线”选项：返回画直线。

例　用多段线绘制如图2-21所示的图形。

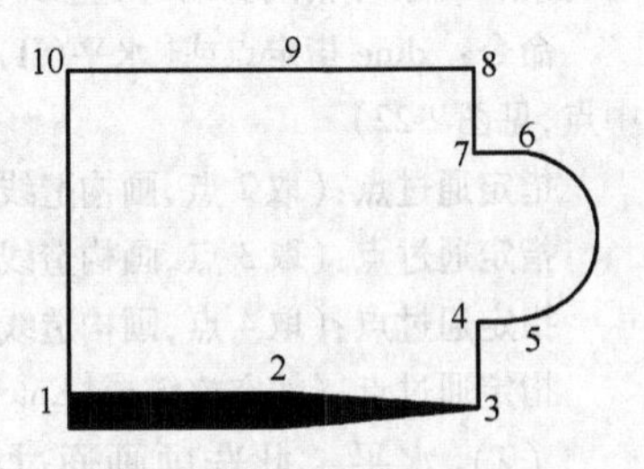

图2-21　多段线的应用

命令:_pline

指定起点:(拾取点1,指定起点)

当前线宽为0.0000

指定下一个点或[圆弧(A)/半宽(H)/长度(L)/放弃(U)/宽度(W)]:w(选择设置线宽)

指定起点宽度 <0.0000>:4

指定端点宽度 <4.0000>:4

指定下一个点或[圆弧(A)/半宽(H)/长度(L)/放弃(U)/宽度(W)]:@25,0(拾取点2,绘制12线)

指定下一点或[圆弧(A)/闭合(C)/半宽(H)/长度(L)/放弃(U)/宽度(W)]:w(选择设置线宽)

指定起点宽度 <4.0000>:4

指定端点宽度 <4.0000>:0

指定下一点或[圆弧(A)/闭合(C)/半宽(H)/长度(L)/放弃(U)/宽度(W)]:@25,0(拾取点3,绘制23线)

指定下一点或[圆弧(A)/闭合(C)/半宽(H)/长度(L)/放弃(U)/宽度(W)]:@0,10(拾取点4,绘制34线)

指定下一点或[圆弧(A)/闭合(C)/半宽(H)/长度(L)/放弃(U)/宽度(W)]:@5,0(拾取点5,绘制45线)

指定下一点或[圆弧(A)/闭合(C)/半宽(H)/长度(L)/放弃(U)/宽度(W)]:a(选择绘制圆弧)

指定圆弧的端点或[角度(A)/圆心(CE)/闭合(CL)/方向(D)/半宽(H)/直线(L)/半径(R)/第二个点(S)/放弃(U)/宽度(W)]:@0,20(拾取点6,绘制圆弧56)

指定圆弧的端点或[角度(A)/圆心(CE)/闭合(CL)/方向(D)/半宽(H)/直线(L)/半径(R)/第二个点(S)/放弃(U)/宽度(W)]:l(选择绘制直线)

指定下一点或[圆弧(A)/闭合(C)/半宽(H)/长度(L)/放弃(U)/宽度(W)]:@-5,0(拾取点7,绘制67线)

指定下一点或[圆弧(A)/闭合(C)/半宽(H)/长度(L)/放弃(U)/宽度(W)]:@0,10(拾取点8,绘制78线)

指定下一点或[圆弧(A)/闭合(C)/半宽(H)/长度(L)/放弃(U)/宽度(W)]:@-25,0(拾取点9,绘制89线)

指定下一点或[圆弧(A)/闭合(C)/半宽(H)/长度(L)/放弃(U)/宽度(W)]:l(选择用长度绘制)

指定直线的长度:25(沿89线延长25,到10点)

指定下一点或[圆弧(A)/闭合(C)/半宽(H)/长度(L)/放弃(U)/宽度(W)]:c(封闭图形,结束命令)

2.2.3 绘制构造线和射线

1. 构造线

构造线命令可以绘制无限长直线。选择下拉菜单“绘图”→“构造线”或在“绘图”工具栏上单击“构造线”按钮 或在命令行输入 Xline 命令，可以绘制构造线。执行命令后，命令行提示以下信息：

命令:_xline

指定点或[水平(H)/垂直(V)/角度(A)/二等分(B)/偏移(O)]:

（1）指定点　指定一点作为构造线概念中点，且不断提示输入点，AutoCAD 画通过概念中点和输入点的无限长直线，直到按空格键或【Enter】键结束命令。

命令:_xline 指定点或[水平(H)/垂直(V)/角度(A)/二等分(B)/偏移(O)]:(取 1 点作为构造线概念中点,见图 2-22)

指定通过点:(取 2 点,画构造线 12)

指定通过点:(取 3 点,画构造线 13)

指定通过点:(取 4 点,画构造线 14)

指定通过点:(按空格键或【Enter】键结束命令)

（2）水平　此选项画通过指定点且平行当前 UCS 的 X 轴的平行线，如图 2-23 所示。

命令:_xline 指定点或[水平(H)/垂直(V)/角度(A)/二等分(B)/偏移(O)]:h (选择水平选项)

指定通过点:(取 1 点,绘制过点 1 且平行 X 轴的构造线)

指定通过点:(取 2 点,绘制过点 2 且平行 X 轴的构造线)

指定通过点:(按空格键或【Enter】键结束命令)

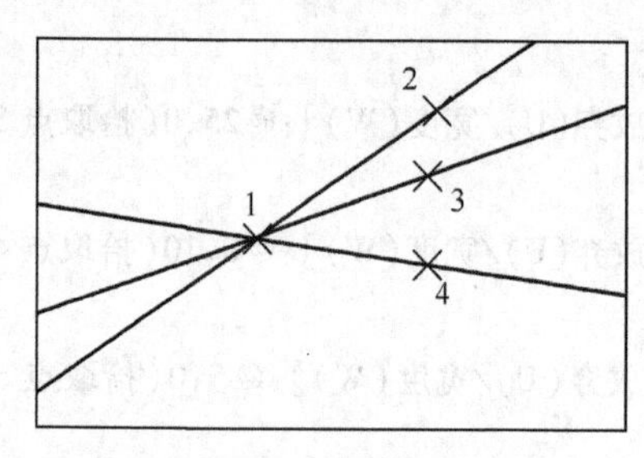

图 2-22　指定点绘制构造线

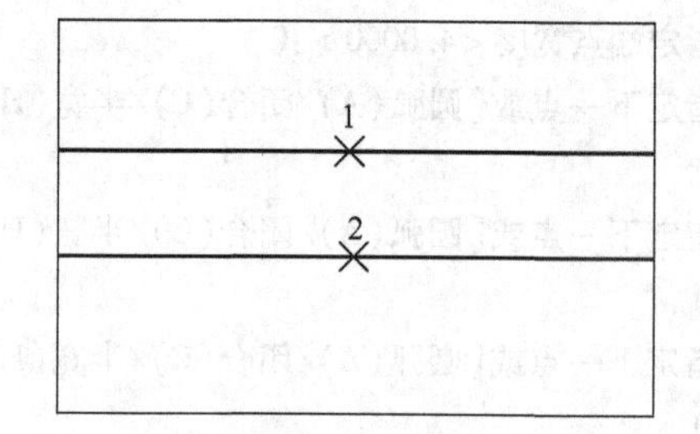

图 2-23　绘制水平构造线

（3）垂直　此选项画通过指定点且平行当前 UCS 的 Y 轴。具体使用和水平选项类似。

（4）角度　此选项指定角度画构造线，角度设置可以直接给定或选择参照线设置，如图 2-24 所示。

xline 指定点或[水平(H)/垂直(V)/角度(A)/二等分(B)/偏移(O)]:a(选择角度选项)

输入构造线的角度(0)或[参照(R)]:45(指定和 X 轴的角度,设置角度)

指定通过点:(取 1 点,绘制过点 1 且角度为 45°的构造线)

指定通过点:(取 2 点,绘制过点 2 且角度为 45°的构造线)

指定通过点:(按空格键或【Enter】键结束命令)

采用参照线设置角度，选择的参照线为 0°角。

命令:xline 指定点或[水平(H)/垂直(V)/角度(A)/二等分(B)/偏移(O)]:a(选择角度选项)

输入构造线的角度(0)或[参照(R)]:　r(选择参照方式设置角度)

选择直线对象:(取 3 点,用拾取点选择参照线,设置该参照线为 0°线)

输入构造线的角度 <0>:45(指定和参考线的角度)

指定通过点:(取点4,绘制过点4且和参照线角度为45°的构造线)
指定通过点:(取点5,绘制过点5且和参照线角度为45°的构造线)
指定通过点:(按空格键或【Enter】键结束命令)

(5) 二等分　此选项画一条通过第一点的构造线，它平分以第一点为顶点、与第二点和第三点组成的夹角，即可以绘制某角的角平分线，如图2-25所示。

注意：构造线只画角平分线，角的两边不画。

_xline 指定点或[水平(H)/垂直(V)/角度(A)/二等分(B)/偏移(O)]:b(选择二等分选项)
指定角的顶点:(取1点,拾取某角的顶点)
指定角的起点:(取2点,拾取某角的一边的端点)
指定角的端点:(取3点,拾取某角的另一边的端点,则绘制出此角的平分线)
指定角的端点:(按空格键或【Enter】键结束命令)

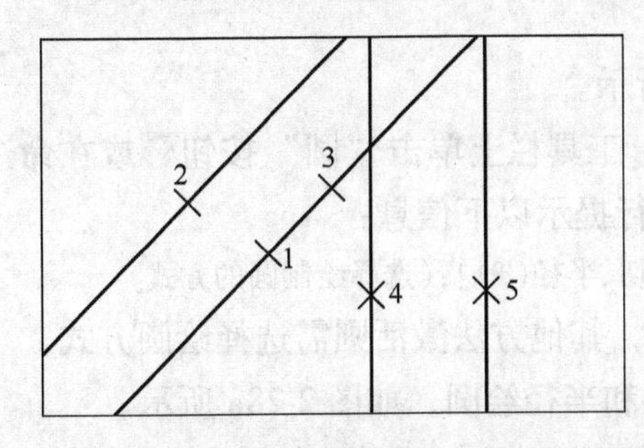

图2-24　指定角度绘制构造线

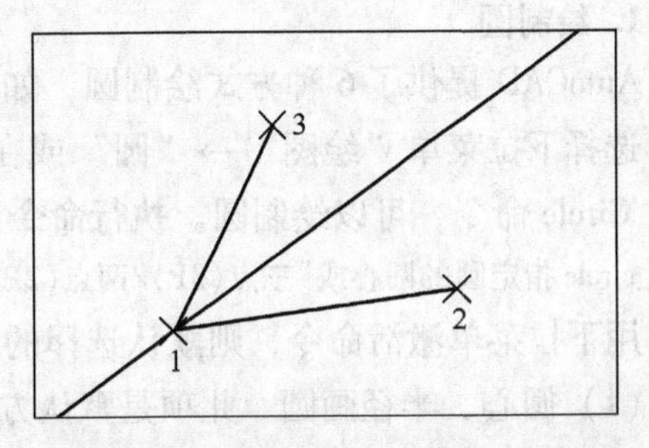

图2-25　绘制指定角度的角平分构造线

(6) 偏移　此选项画和已知直线平行的构造线。有两种方法绘制：一是设置距离，指定在直线某一侧；二是过指定点作与某指定直线平行的构造线，如图2-26所示。

注意：已知直线必须先画出。

命令:_xline 指定点或[水平(H)/垂直(V)/角度(A)/二等分(B)/偏移(O)]:o(选择偏移选项)
指定偏移距离或[通过(T)] <通过>:5(选择偏移距离或通过方式,此处指定距离)
选择直线对象:(取1点,用拾取点选择一已知直线)
指定向哪侧偏移:(确定在直线的哪一侧画平行的构造线,在直线的一侧取2点,绘制构造线)
选择直线对象:(按空格键或【Enter】键结束命令)
命令:　XLINE 指定点或[水平(H)/垂直(V)/角度(A)/二等分(B)/偏移(O)]:o(选择偏移选项)
指定偏移距离或[通过(T)] <5.0000>:t(选择通过方式)
选择直线对象:(取3点,用拾取点选择一已知直线)
指定通过点:(取4点,通过该点画平行于选定直线的平行构造线)
选择直线对象:(按空格键或【Enter】键结束命令)

2. 射线

射线命令可以绘制一条指定点的单向无限长直线。

选择下拉菜单“绘图”→“射线”或在命令行输入Ray命令可以绘制射线，如图2-27所示。执行命令后，命令行提示以下信息：

命令:_ray 指定起点:(取点1,为射线的端点)
指定通过点:(取2点,画构造线12)
指定通过点:(取3点,画构造线13)
指定通过点:(取4点,画构造线14)
指定通过点:(按空格键或【Enter】键结束命令)

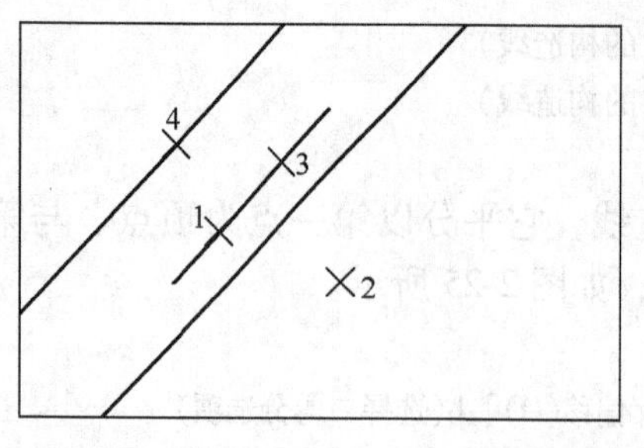

图 2-26　绘制指定直线的平行构造线

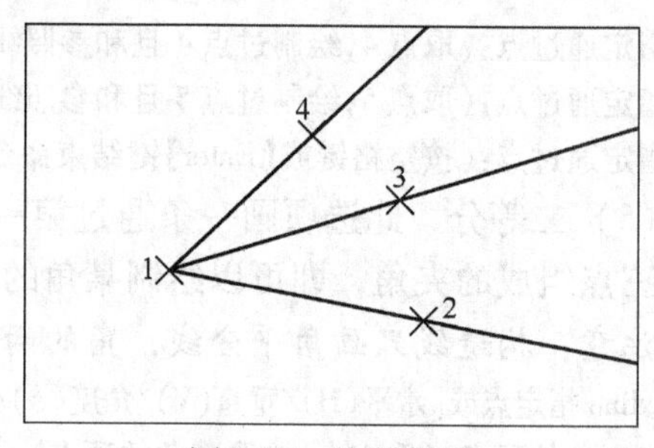

图 2-27　绘制射线

2.2.4　绘制圆、圆弧、椭圆、椭圆弧和圆环

1. 绘制圆

AutoCAD 提供了 6 种方式绘制圆，如图 2-16 所示。

选择下拉菜单“绘图”→“圆”或在“绘图”工具栏上单击“圆”按钮或在命令行输入 Circle 命令，可以绘制圆。执行命令后，命令行提示以下信息：

_circle 指定圆的圆心或[三点(3P)/两点(2P)/相切、相切、半径(T)]:(选择绘制圆的方式)

用下拉菜单激活命令，则默认选择的绘圆方式，其他方法激活则需选择绘圆方式。

(1) 圆心、半径画圆　此项是默认方式，圆心和半径绘圆，如图 2-28a 所示。

_circle 指定圆的圆心或[三点(3P)/两点(2P)/相切、相切、半径(T)]:(取第一点,确定圆心位置)
指定圆的半径或[直径(D)]:(取第二点,由两点确定的长度为半径或直接输入半径长度)

(2) 圆心、直径画圆　此项如图 2-28b 所示。

circle 指定圆的圆心或[三点(3P)/两点(2P)/相切、相切、半径(T)]:(取第一点,确定圆心位置)
指定圆的半径或[直径(D)]<80>:d(选择直径绘制圆)
指定圆的直径<160>:(取第二点,由两点确定的长度为直径或直接输入直径长度)

(3) 两点画圆　此两点是圆直径的两端点，如图 2-28c 所示。

circle 指定圆的圆心或[三点(3P)/两点(2P)/相切、相切、半径(T)]:2p(选择两点绘制圆)
指定圆直径的第一个端点:(取第一点,确定圆直径的第一个端点)
指定圆直径的第二个端点:(取第二点,确定圆直径的另一个端点)

(4) 三点画圆　圆周上三点绘圆，如图 2-28d 所示。

circle 指定圆的圆心或[三点(3P)/两点(2P)/相切、相切、半径(T)]:3p(选择 3 点绘制圆)
指定圆上的第一个点:(取第一点,确定圆周上一个点)
指定圆上的第二个点:(取第二点,确定圆周上第二个点)
指定圆上的第三个点:(取第三点,确定圆周上第三个点)

(5) 相切、相切、半径画圆　和两个指定对象（直线、圆弧、圆）相切，且给定半径的圆，如图 2-28e 所示。

circle 指定圆的圆心或[三点(3P)/两点(2P)/相切、相切、半径(T)]:t(选择相切、相切、半径绘制圆)
指定对象与圆的第一个切点:(取第一点,选择第一个相切对象)
指定对象与圆的第二个切点:(取第二点,选择第二个相切对象)
指定圆的半径<89.9202>:80(给定圆半径)

注意：指定相切的对象和指定的位置一般无关，但在指定情况下可以绘制多个圆时，画出切点离指定点近的圆。

(6) 相切、相切、相切画圆 该选项在下拉菜单中有，绘制与指定的三个对象（直线、圆弧、圆）相切的圆，如图 2-28f 所示。

circle 指定圆的圆心或[三点(3P)/两点(2P)/相切、相切、半径(T)]:3p(选择相切、相切、相切绘制圆)

指定圆上的第一个点:_tan 到(取第一点,选择第一个相切对象)

指定圆上的第二个点:_tan 到(取第二点,选择第二个相切对象)

指定圆上的第三个点:_tan 到(取第三点,选择第三个相切对象)

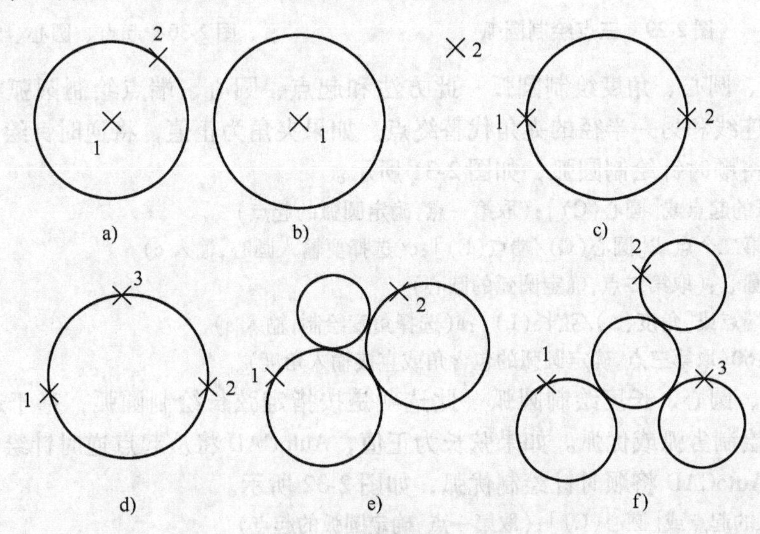

图 2-28 绘制圆的方式

a) 圆心、半径画圆 b) 圆心、直径画圆 c) 两点画圆 d) 三点画圆

e) 相切、相切、半径画圆 f) 相切、相切、相切画圆

2. 绘制圆弧

AutoCAD 提供了 11 种方式绘制圆，如图 2-16 所示。

选择下拉菜单“绘图”→“圆弧”或在“绘图”工具栏上单击“圆弧”按钮或在命令行输入 Arc 命令，可以绘制圆弧。执行命令后，命令行提示以下信息：

arc 指定圆弧的起点或[圆心(C)]:

用下拉菜单激活命令，则默认选择的绘制圆弧方式，其他方法激活则需选择绘制圆弧方式。

(1) 三点绘制圆弧 圆周上三点绘制圆弧，此项是默认选项，可顺时针或逆时针绘制圆弧，取决于第三点位置，如图 2-29 所示。

arc 指定圆弧的起点或[圆心(C)]:(取第一点,确定圆弧的起点)

指定圆弧的第二个点或[圆心(C)/端点(E)]:(取第二点,确定圆弧上的一个点)

指定圆弧的端点:(取第三点,确定圆弧的端点)

(2) 起点、圆心、端点绘制圆弧 此选项第一点是圆弧的起点，第二点是圆弧的圆心，第三点是圆弧端点，按逆时针方向绘制，若指定终点不在圆弧上，则圆弧画到终点和圆心的连线上，如图 2-30 所示。

arc 指定圆弧的起点或[圆心(C)]:(取第一点,确定圆弧的起点)

指定圆弧的第二个点或[圆心(C)/端点(E)]:c(选择要输入圆心,输入 c)

指定圆弧的圆心:(取第二点,确定圆弧的圆心)

指定圆弧的端点或[角度(A)/弦长(L)]:(取第三点,确定圆弧的端点)

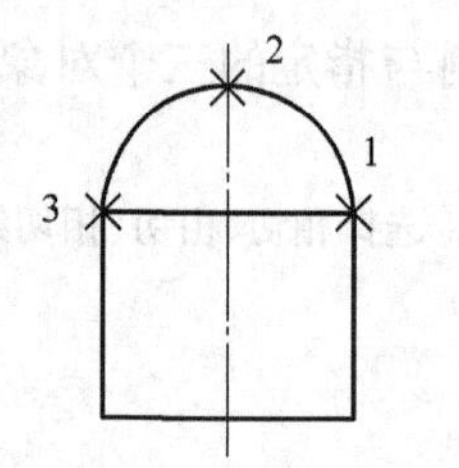

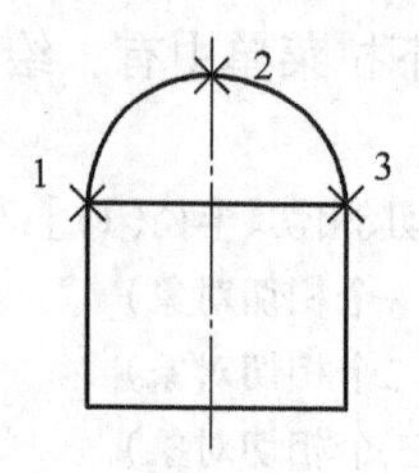

图 2-29　三点绘制圆弧

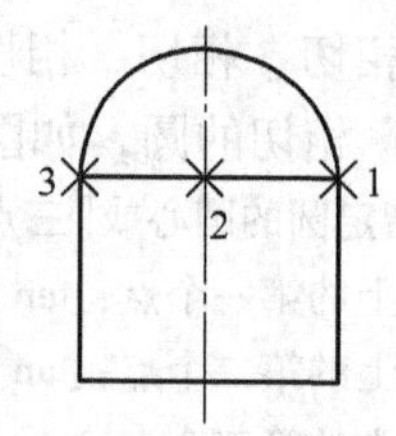

图 2-30　起点、圆心、端点绘制圆弧

（3）起点、圆心、角度绘制圆弧　此方法和起点、圆心、端点绘制圆弧类似，只是用起点和圆心的连线和另一半径的夹角代替终点。如果夹角为正值，将逆时针绘制圆弧；如果夹角为负值，将顺时针绘制圆弧，如图 2-31 所示。

arc 指定圆弧的起点或[圆心(C)]:(取第一点,确定圆弧的起点)

指定圆弧的第二个点或[圆心(C)/端点(E)]:c(选择要输入圆心,输入 c)

指定圆弧的圆心:(取第二点,确定圆弧的圆心)

指定圆弧的端点或[角度(A)/弦长(L)]:a(选择角度绘制,输入 a)

指定包含角:60(取第三点,确定圆弧的包含角或直接输入角度)

（4）起点、圆心、长度绘制圆弧　此选项是按指定弦长绘制圆弧，基于起点和端点之间的直线距离绘制劣弧或优弧。如果弦长为正值，AutoCAD 将从起点逆时针绘制劣弧；如果弦长为负值，AutoCAD 将顺时针绘制优弧，如图 2-32 所示。

arc 指定圆弧的起点或[圆心(C)]:(取第一点,确定圆弧的起点)

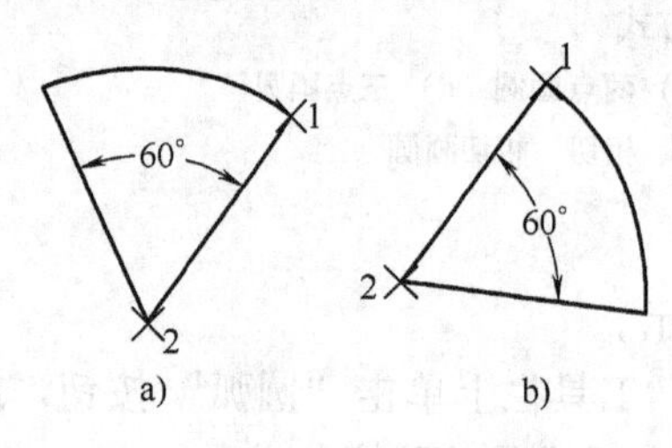

图 2-31　起点、圆心、角度绘制圆弧
a）夹角为正值　b）夹角为负值

图 2-32　起点、圆心、长度绘制圆弧
a）弦长为正值　b）弦长为负值

指定圆弧的第二个点或[圆心(C)/端点(E)]:c(选择要输入圆心,输入 c)

指定圆弧的圆心:(取第二点,确定圆弧的圆心)

指定圆弧的端点或[角度(A)/弦长(L)]:l(选择弦长绘制,输入 l)

指定弦长:(输入弦长值,正值绘制小圆弧,负值绘制大圆弧)

（5）起点、端点、角度绘制圆弧　此选项是根据圆弧的起点、端点及起点、端点和圆心连线的夹角绘制圆弧。如果夹角为正值，将逆时针绘制；如果夹角为负值，将顺时针绘制，如图 2-33 所示。

arc 指定圆弧的起点或[圆心(C)]:(取第一点,确定圆弧的起点)

指定圆弧的第二个点或[圆心(C)/端点(E)]:e(选择端点绘制,输入 e)

指定圆弧的端点:(取第二点,确定圆弧的端点)

指定圆弧的圆心或[角度(A)/方向(D)/半径(R)]:a(选择端点绘制,输入 a)

指定包含角:(输入角度值,正值逆时针,负值顺时针)

（6）起点、端点、方向绘制圆弧　此选项绘制圆弧时，圆弧的起始方向和给定的方向相切。可逆时针或顺时针绘制，取决于方向点的位置，如图2-34所示。

arc 指定圆弧的起点或[圆心(C)]:(取第一点,确定圆弧的起点)
指定圆弧的第二个点或[圆心(C)/端点(E)]:e(选择端点绘制,输入e)
指定圆弧的端点:(取第二点,确定圆弧的端点)
指定圆弧的圆心或[角度(A)/方向(D)/半径(R)]:d(选择方向绘制,输入d)
指定圆弧的起点切向:(取第三点,第一和第三点连线的方向为圆弧的切线方向)

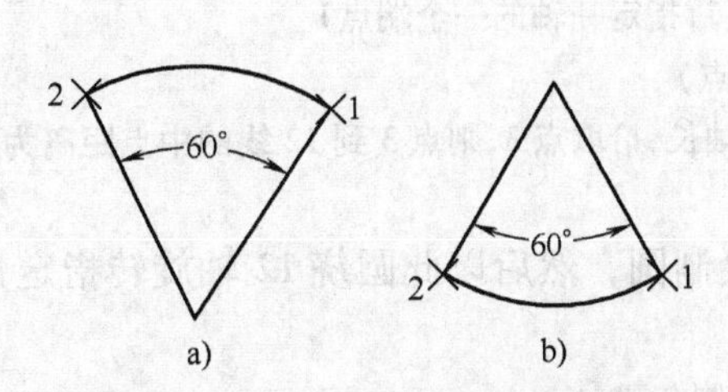

图2-33　起点、端点、角度绘制圆弧
a) 夹角为正值　b) 夹角为负值

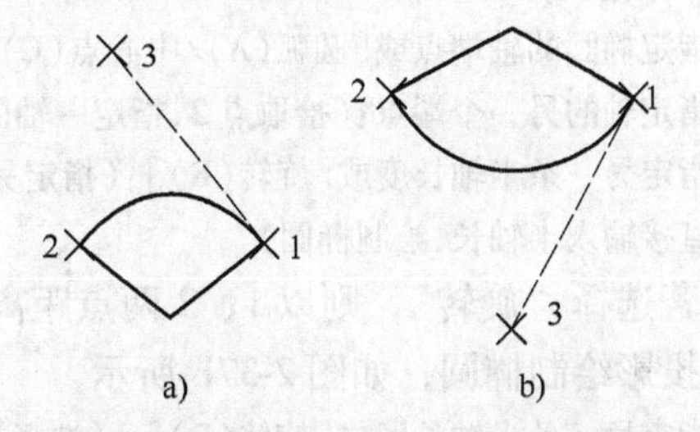

图2-34　起点、端点、方向绘制圆弧
a) 逆时针绘制　b) 顺时针绘制

（7）起点、端点、半径绘制圆弧　此选项按逆时针绘制圆弧，半径为正值绘制小圆弧，为负值绘制大圆弧，如图2-35所示。

注意：若半径给太小，则提示信息： 无效 *。*

arc 指定圆弧的起点或[圆心(C)]:(取第一点,确定圆弧的起点)
指定圆弧的第二个点或[圆心(C)/端点(E)]:e(选择端点绘制,输入e)
指定圆弧的端点:(取第二点,确定圆弧的端点)
指定圆弧的圆心或[角度(A)/方向(D)/半径(R)]:r(选择半径绘制,输入r)
指定圆弧的半径:(输入半径值,正值绘制小圆弧,负值绘制大圆弧)

（8）继续　此选项可以绘制和已有直线或圆弧终点相连且相切的圆弧。用下拉菜单或在命令行提示输入起点时，按空格键或【Enter】键则以上一直线或圆弧的终点为要画圆弧的起点，如图2-36所示。

_arc 指定圆弧的起点或[圆心(C)]:(按空格键或【Enter】键响应)
指定圆弧的端点:(取第三点,确定圆弧的端点)

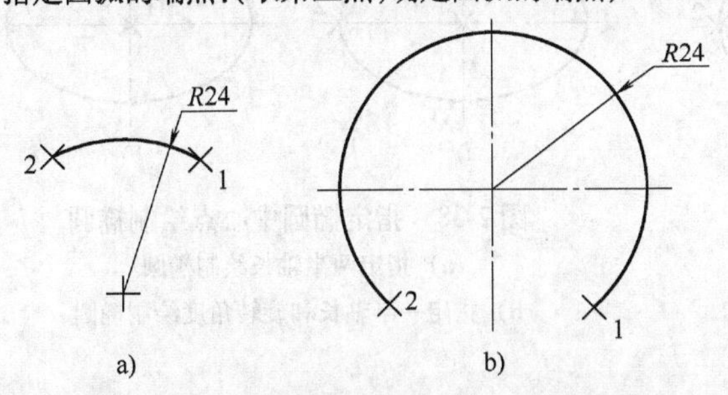

图2-35　起点、端点、半径绘制圆弧
a) 半径为正值　b) 半径为负值

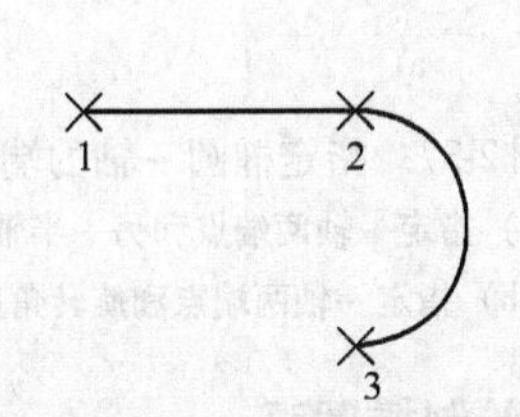

图2-36　继续方式绘制圆弧

（9）其余选项　其余各选项和前面讲述的类似，只是顺序不同。

3. 绘制椭圆

选择下拉菜单“绘图”→“椭圆”或在“绘图”工具栏上单击“椭圆”按钮 或在命令行输入 Ellipse 命令，可以绘制椭圆。执行命令后，命令行提示以下信息：

命令:_ellipse

指定椭圆的轴端点或[圆弧(A)/中心点(C)]:

(1) 指定椭圆的某轴端点绘制椭圆　此选项是先指定椭圆的一条轴的两端点，然后指定第三点，此点到椭圆中心点的距离或直接输入长度作为椭圆另一轴的半轴长绘制椭圆，如图 2-37a 所示。

命令:_ellipse

指定椭圆的轴端点或[圆弧(A)/中心点(C)]:(拾取点 1,指定一轴的一个端点)

指定轴的另一个端点:(拾取点 2,指定一轴的另一个端点)

指定另一条半轴长度或[旋转(R)]:(指定另一轴的半轴长,拾取点 3,则点 3 到 12 线的中点距离为半轴长或直接输入半轴长,绘制椭圆)

若选择"旋转"，则以 1、2 两点距离为直径绘制圆，然后以此圆绕 12 轴旋转指定角度后的投影绘制椭圆，如图 2-37b 所示。

指定另一条半轴长度或[旋转(R)]:r(选择旋转方式绘制椭圆)

指定绕长轴旋转的角度:45(指定旋转角度,绘制椭圆)

(2) 指定椭圆中心点绘制椭圆　此选项是先指定椭圆的中心点，要求指定两点，则此两点到中心点的距离分别为椭圆的两个半轴长，如图 2-38a 所示。

命令:_ellipse

指定椭圆的轴端点或[圆弧(A)/中心点(C)]:c(选择用中心点绘制椭圆)

指定椭圆的中心点:(拾取点 1,指定中心点)

指定轴的端点:(拾取点 2,指定一轴的端点,确定半轴长 12)

指定另一条半轴长度或[旋转(R)]:(指定另一轴的半轴长,拾取点 3,则点 3 到点 1 的距离为半轴长或直接输入半轴长)

若选择"旋转"，则以 1、2 两点距离为半径绘制圆，然后以此圆绕 12 轴旋转指定角度后的投影绘制椭圆，如图 2-38b 所示。

指定另一条半轴长度或[旋转(R)]:r(选择旋转方式绘制椭圆)

指定绕长轴旋转的角度:45(指定旋转角度,绘制椭圆)

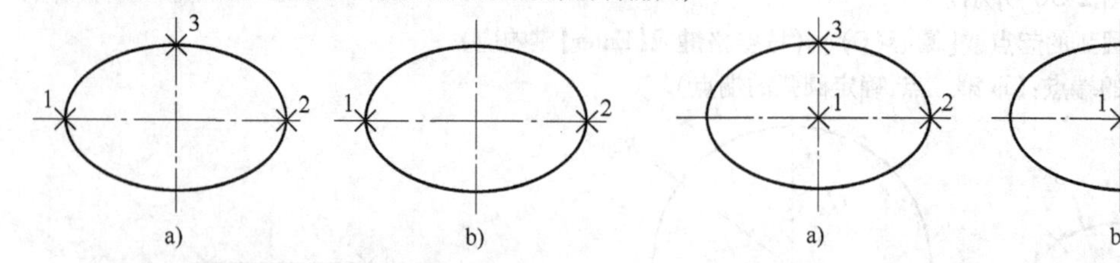

图 2-37　指定椭圆一轴的端点绘制椭圆

a) 指定一轴两端点和另一半轴长绘制椭圆

b) 指定一轴两端点和旋转角度绘制椭圆

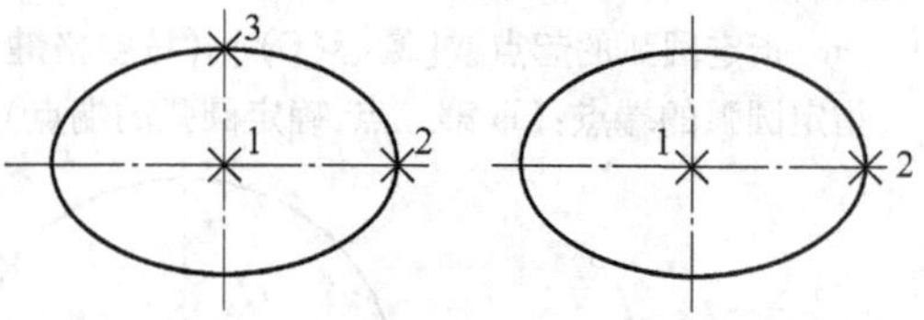

图 2-38　指定椭圆中心点绘制椭圆

a) 指定两半轴长绘制椭圆

b) 指定一半轴长和旋转角度绘制椭圆

4. 绘制椭圆弧

选择下拉菜单"绘图"→"椭圆"→"圆弧"或在"绘图"工具栏上单击"椭圆弧"按钮或在命令行输入 Ellipse 命令，可以绘制椭圆弧。

绘制椭圆弧时，首先是绘制椭圆（绘制椭圆方法和前述相同），指定椭圆弧的起始角和终止角绘制椭圆弧。指定椭圆弧的起始角和终止角时，可以在屏幕上拾取点，也可以在命令行输入。角度的确定以指定轴的第一个端点开始，以中心点为基准，正值逆时针方向绘制，负值顺时针方向绘制，如图 2-39 所示，图中的双点画线椭圆为先绘制的椭圆，再在椭圆上取椭圆弧。执行命令后，命令行提示以下信息：

命令:_ellipse
指定椭圆的轴端点或[圆弧(A)/中心点(C)]:_a
指定椭圆弧的轴端点或[中心点(C)]:(拾取点1,指定一轴的一个端点)
指定轴的另一个端点:(拾取点2,指定一轴的另一个端点)
指定另一条半轴长度或[旋转(R)]:(拾取点3,指定另一轴的半轴长,绘制完整的一个椭圆)
指定起始角度或[参数(P)]:0(指定起始角,取0°)
指定终止角度或[参数(P)/包含角度(I)]:90(指定终止角,取90°)

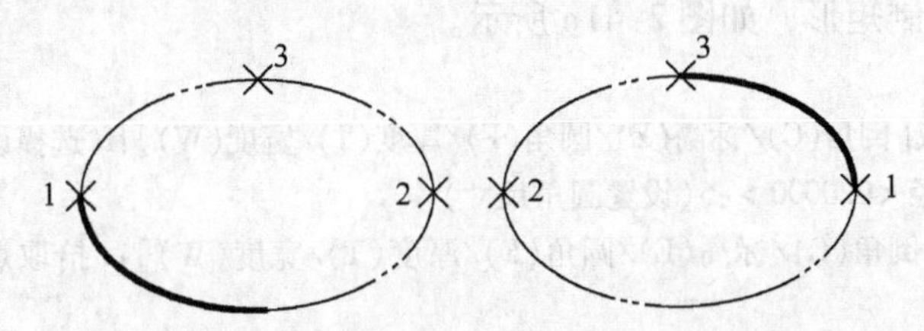

图2-39　确定轴的第一点不同，绘制不同的椭圆弧

在输入起始角时，可以选择参数方式绘制椭圆弧。

在输入终止角时，可选择椭圆弧的包含角，即起始角到终止角的夹角。

5. 绘制圆环

选择下拉菜单“绘图”→“圆环”或在命令行输入Donut命令，可以绘制圆环，如图2-40所示。执行命令后，命令行提示以下信息：

命令： _donut
指定圆环的内径<0.5000>:40(输入圆环内径尺寸)
指定圆环的外径<1.0000>:80(输入圆环外径尺寸)
指定圆环的中心点或<退出>:(指定圆环中心点)
指定圆环的中心点或<退出>:(按空格键或【Enter】键结束命令)

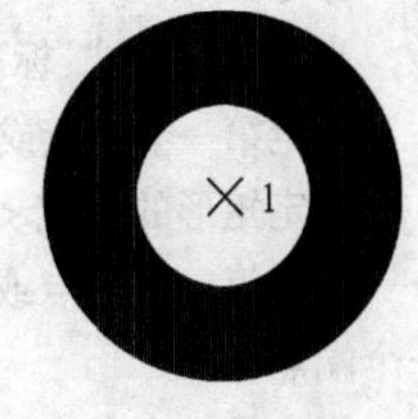

图2-40　绘制圆环

2.2.5　绘制矩形和正多边形

1. 绘制矩形

AutoCAD 2012提供绘制矩形命令，绘制矩形时，只要指定矩形的对角线的两端点。

选择下拉菜单“绘图”→“矩形”或在“绘图”工具栏上单击“矩形”按钮□或在命令行输入Rectang命令，可以绘制矩形，如图2-41a所示。执行命令后，命令行提示以下信息：

命令:_rectang
指定第一个角点或[倒角(C)/标高(E)/圆角(F)/厚度(T)/宽度(W)]:(拾取点1,确定矩形对角线的一个端点)
指定另一个角点或[面积(A)/尺寸(D)/旋转(R)]:(拾取点2,确定矩形对角线的另一个端点,绘制矩形,命令结束)

“面积”选项：由矩形面积和矩形的一边绘制矩形。

“尺寸”选项：由矩形的长和宽绘制矩形。

“旋转”选项：绘制旋转一定角度的矩形。

(1) 倒角　可以绘制指定距离的倒角矩形，如图2-41b所示。

命令:rectang
指定第一个角点或[倒角(C)/标高(E)/圆角(F)/厚度(T)/宽度(W)]:c(选择设置倒角)

指定矩形的第一个倒角距离 <0.0000 >:4(设置倒角一边距离)

指定矩形的第二个倒角距离 <4.0000 >:4(设置倒角另一边距离)

指定第一个角点或[倒角(C)/标高(E)/圆角(F)/厚度(T)/宽度(W)]:(拾取点 1,确定矩形对角线的一个端点)

指定另一个角点或[面积(A)/尺寸(D)/旋转(R)]:(拾取点 2,确定矩形对角线的另一个端点,绘制矩形,命令结束)

（2）标高　可以绘制指定标高的矩形，此选项一般用于三维绘图。

（3）圆角　可以在矩形四个顶点绘制指定半径的圆角，应用和“倒角”选项类似，先设置圆角尺寸，再绘制矩形，如图 2-41c 所示。

命令:_rectang

当指定第一个角点或[倒角(C)/标高(E)/圆角(F)/厚度(T)/宽度(W)]:f(选择设置圆角)

指定矩形的圆角半径 <0.0000 >:5(设置圆角尺寸)

指定第一个角点或[倒角(C)/标高(E)/圆角(F)/厚度(T)/宽度(W)]:(拾取点 1,确定矩形对角线的一个端点)

指定另一个角点或[面积(A)/尺寸(D)/旋转(R)]:(拾取点 2,确定矩形对角线的另一个端点,绘制矩形,命令结束)

（4）厚度　可以绘制具有厚度的矩形，此选项一般用于三维绘图。

（5）宽度　可以设置矩形的宽度，如图 2-41d 所示。

命令:rectang

当前矩形模式:标高 =4.0000　宽度 =3.0000

指定第一个角点或[倒角(C)/标高(E)/圆角(F)/厚度(T)/宽度(W)]:w(选择设置线宽)

指定矩形的线宽 <3.0000 >:2(设置线宽尺寸)

指定第一个角点或[倒角(C)/标高(E)/圆角(F)/厚度(T)/宽度(W)]:(拾取点 1,确定矩形对角线的一个端点)

指定另一个角点或[面积(A)/尺寸(D)/旋转(R)]:(拾取点 2,确定矩形对角线的另一个端点,绘制矩形,命令结束)

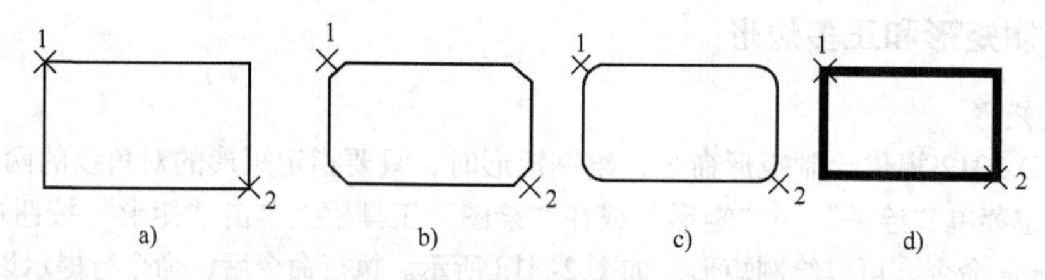

图 2-41　绘制矩形

a）普通矩形　b）倒角矩形　c）圆角矩形　d）有宽度的矩形

2. 绘制正多边形

AutoCAD 2012 提供绘制正多边形命令，可以方便地绘出 3 ~ 1024 条边的任意正多边形。

选择下拉菜单“绘图”→“正多边形”或在“绘图”工具栏上单击“正多边形”按钮⬠或在命令行输入 Polygon 命令，可以绘制正多边形。执行命令后，命令行提示以下信息：

命令:_polygon 输入侧面数 <4 >:6(确定正多边形的边数)

指定正多边形的中心点或[边(E)]:

（1）指定正多边形的中心点　此选项要求指定正多边形的中心点。AutoCAD 命令行提示：

指定正多边形的中心点或[边(E)]:(拾取点 1,确定正多边形的中心点)

输入选项[内接于圆(I)/外切于圆(C)] <I >:

指定圆的半径:(拾取点2,确定正多边形外接圆或内切圆的半径)

“内接于圆”选项：绘制内接多边形，内接多边形在一个假想的外接圆内，多边形的各顶点都在圆周上，如图2-42a所示，图中双点画线为确定正多边形的外接圆。

“外切于圆”选项：绘制外切多边形，多边形各边都在假想的圆外，且和假想的圆相切，如图2-42b所示，图中双点画线为确定正多边形的内切圆。

（2）边　此选项绘制正多边形，只要指定多边形一条边的两个端点即可，如图2-42c所示。

指定正多边形的中心点或[边(E)]:e(选择用边绘制正多边形)

指定边的第一个端点:(拾取点1,确定正多边形底边的一个端点)

指定边的第二个端点:(拾取点2,确定正多边形底边的另一个端点)

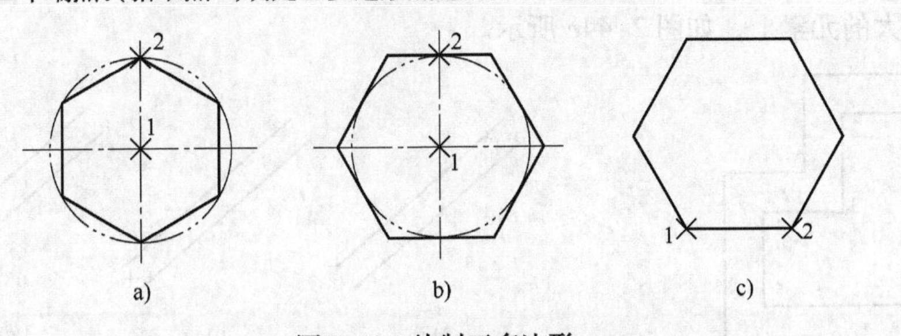

图2-42　绘制正多边形

a）绘制内接多边形　b）绘制外切多边形　c）用边绘制多边形

2.2.6　绘制多线、样条曲线

1. 绘制多线

在工程制图中，常常要绘制多重平行线，AutoCAD提供绘制多重线的命令，一次绘制多达16条平行线，且绘制的多重平行线作为单个实体，多重线中的线称为元素，每个元素具有自身的偏移位置、线型和颜色以及显示或隐藏多线的接头。接头是出现在多线元素每个顶点处的线条。多线可以使用多种端点封口，例如直线或圆弧。AutoCAD可以设定多线的样式，并定义其中每一元素的特性。

选择下拉菜单“绘图”→“多线”或在命令行输入Mline命令，可以绘制多线。执行命令后，命令行提示以下信息：

命令:_mline

当前设置:对正=上,比例=20.00,样式=STANDARD

指定起点或[对正(J)/比例(S)/样式(ST)]:

（1）指定起点　该选项为默认选项，指定多线的起点，不断提示下一点，和Line命令类似，如图2-43所示。

当前设置:对正=下,比例=20.00,样式=STANDARD

指定起点或[对正(J)/比例(S)/样式(ST)]:(拾取点1,指定起点)

指定下一点:(拾取点2,绘制12多线)

指定下一点或[放弃(U)]:(拾取点3,绘制23多线)

指定下一点或[闭合(C)/放弃(U)]:(拾取点4,绘制34多线)

指定下一点或[闭合(C)/放弃(U)]:(拾取点5,绘制45多线)

指定下一点或[闭合(C)/放弃(U)]:(拾取点6,绘制56多线)

指定下一点或[闭合(C)/放弃(U)]:c(封闭图形,结束命令)

（2）对正　此选项控制绘制的多线相对于光标拾取点的位置。

命令:_mline

当前设置:对正 = 下,比例 = 20.00,样式 = STANDARD

指定起点或[对正(J)/比例(S)/样式(ST)]:j(选择对正方式)

输入对正类型[上(T)/无(Z)/下(B)] <下>:

“上”选项：此选项是默认选项，使用此选项绘制多线时，多线在光标拾取点的下方绘制，且拾取点在多线正偏移量最大的元素上，如图 2-44a 所示。

“无”选项：使用此选项绘制多线时，多线以光标拾取点为中心绘制，且拾取点在多线偏移量为 0 的元素上，如图 2-44b 所示。

“下”选项：使用此选项绘制多线时，多线在光标拾取点的上方绘制，且拾取点在多线负偏移量最大的元素上，如图 2-44c 所示。

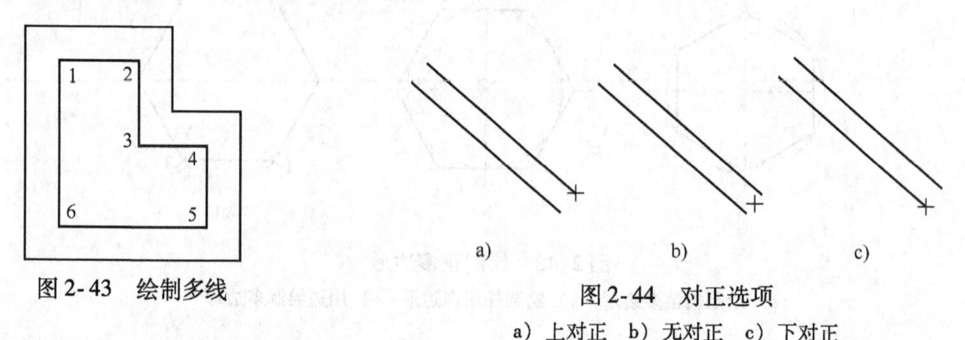

图 2-43　绘制多线

图 2-44　对正选项
a) 上对正　b) 无对正　c) 下对正

（3）比例　此选项控制多线的整体宽度，这个比例基于在多线样式定义中建立的宽度。比例因子为 2 绘制多线时，其宽度是样式定义的宽度的两倍。负比例因子将翻转偏移线的次序：当从左至右绘制多线时，偏移最小的多线绘制在顶部，负比例因子的绝对值也会影响比例。比例因子为 0 时，将使多线变为单一的直线。

（4）样式　此选项确定绘制多线的样式。如下所示：默认样式为“STANDARD”，输入“?”显示加载的多线样式。

命令:_mline

当前设置:对正 = 下,比例 = 0.00,样式 = STANDARD

指定起点或[对正(J)/比例(S)/样式(ST)]:　st

输入多线样式名或[?]:　?

已加载的多线样式:

　名称　　　说明

STANDARD

输入多线样式名或[?]:

2. 设置多线样式

多线样式用于创建多线样式或编辑已有的多线样式。可以控制多线元素的个数和元素的特性，可以指定元素的背景颜色及端部形状。

选择下拉菜单“格式”→“多线样式”或在命令行输入 MLstyle 命令，可以设置多线样式。系统打开出现如图 2-45 所示的“多线样式”对话框。

“多线样式”对话框上部显示当前多线样式，默认“STANDARD”。“样式”列表框中显示所有的多线样式。

（1）“置为当前”按钮　选择“样式”列表框中列出的已加载的多线样式，将所选择的样式设置为当前多线样式。

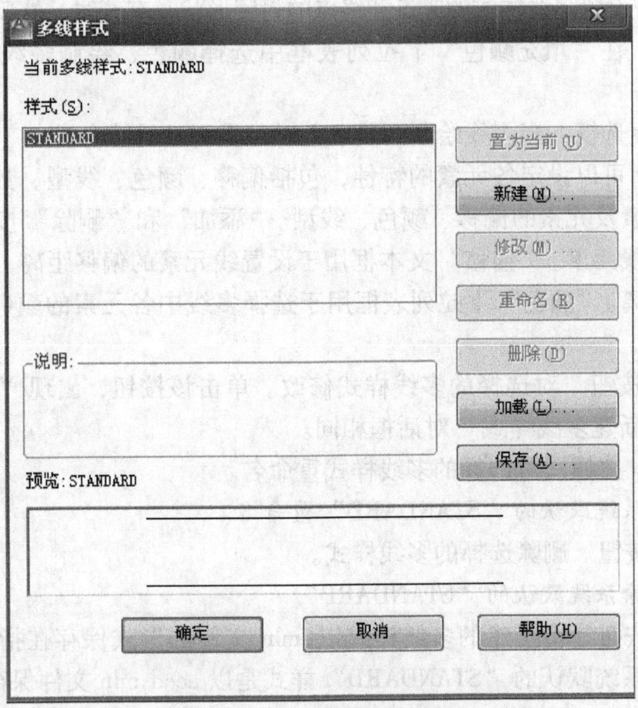

多线样式
当前多线样式：STANDARD
样式(S)：
STANDARD
置为当前(U)
新建(N)...
修改(M)...
重命名(R)
删除(D)
说明：
加载(L)...
保存(A)...
预览：STANDARD
确定
取消
帮助(H)

图 2-45 “多线样式”对话框

（2）“新建”按钮　设置新的多线样式。单击“新建”按钮，出现“创建新的多线样式”对话框。在该对话框中输入多线样式的名称，且多线的样式基础为默认的“STANDARD”。单击“继续”按钮出现“新建多线样式”对话框，如图 2-46 所示。

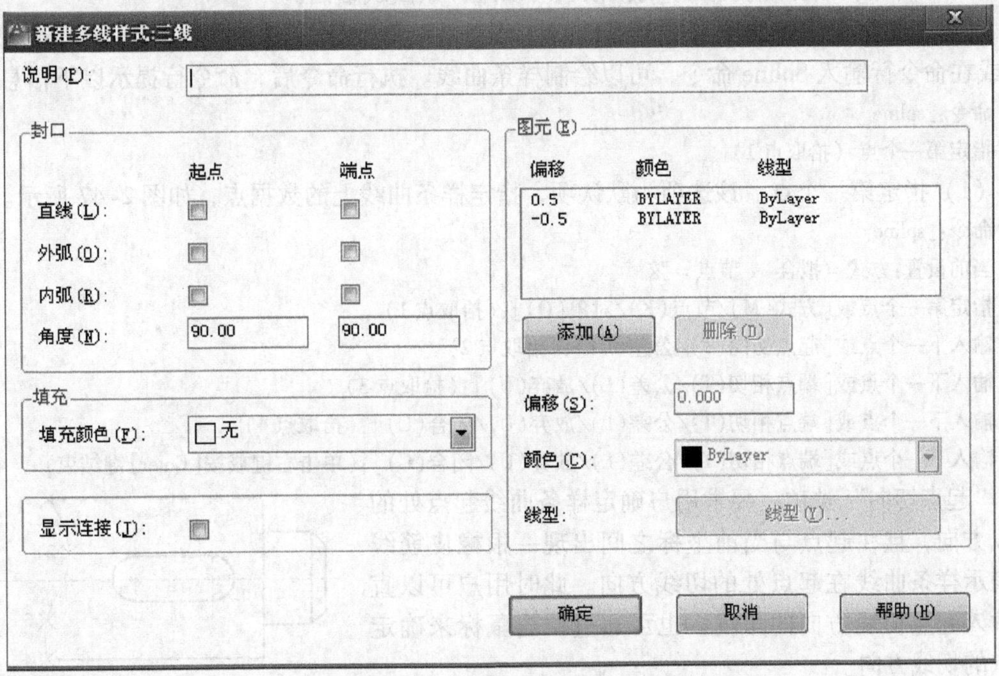

新建多线样式:三线
说明(P)：
封口
起点　端点
直线(L)：
外弧(O)：
内弧(R)：
角度(N)：　90.00　90.00
图元(E)
偏移　颜色　线型
0.5　BYLAYER　ByLayer
-0.5　BYLAYER　ByLayer
添加(A)　删除(D)
填充
填充颜色(F)：　无
偏移(S)：　0.000
颜色(C)：　ByLayer
显示连接(J)：
线型：　线型(Y)...
确定　取消　帮助(H)

图 2-46 “新建多线样式”对话框

“说明”文本框：对新建多线样式的描述，文字说明不超过255字节。

“封口”区域：设置多线样式的起点和终点的封闭形状，有直线、外弧、内弧和角度4种。

“填充”区域：在“填充颜色”下拉列表框中选择颜色，绘制多线时显示多线的背景颜色。

“显示连接”复选框：当多线绘制两段以上时，是否显示结合线。

“图元”区域：可以设定各元素的特性，包括偏移、颜色、线型、数量等。“元素”列表框中列出已有元素及元素的偏移、颜色、线型。“添加”和“删除”按钮用于从多线样式中增加或删除一个线元素。“偏移”文本框用于设置线元素的偏移距离，比例为1时，该距离为元素的偏移距离。“颜色”下拉列表框用于选择多线中各元素的颜色。“线型”按钮用于设置元素的线型。

（3）“修改”按钮　对选择的多线样式修改。单击该按钮，出现“修改多线样式”对话框，其内容和“新建多线样式”对话框相同。

（4）“重命名”按钮　对选择的多线样式重命名。

注意：不能对系统默认的“STANDARD”重命名。

（5）“删除”按钮　删除选择的多线样式。

注意：不能删除系统默认的“STANDARD”。

（6）“保存”按钮　将新建的多线样式以.mln文件的形式保存在指定目录，以便绘制其他图形时使用。系统默认的“STANDARD”样式是以acad.mln文件保存在指定目录中。

（7）“加载”按钮　建立新文件时，系统中的多线样式只有默认的“STANDARD”，若要使用在其他图形文件中建立的新的并且已保存的多线样式，必须加载已保存的多线文件。

3. 绘制样条曲线

样条曲线是通过或接近指定点的拟合线，可以绘制有不规则曲率半径的曲线。在机械制图中，局部视图、局部剖视图中的波浪线可以用样条曲线绘制。

选择下拉菜单“绘图”→“样条曲线”或在“绘图”工具栏上单击“样条曲线”按钮～或在命令行输入Spline命令，可以绘制样条曲线。执行命令后，命令行提示以下信息：

命令:_spline

指定第一个点:(拾取点1)

（1）指定第一个点　该选项为默认项，指定样条曲线上的数据点，如图2-47所示。

命令:_spline

当前设置:方式 = 拟合　节点 = 弦

指定第一个点或[方式(M)/节点(K)/对象(O)]:(拾取点1)

输入下一个点或[起点切向(T)/公差(L)]:(拾取点2)

输入下一个点或[端点相切(T)/公差(L)/放弃(U)]:(拾取点3)

输入下一个点或[端点相切(T)/公差(L)/放弃(U)/闭合(C)]:(拾取点4)

输入下一个点或[端点相切(T)/公差(L)/放弃(U)/闭合(C)]:(单击右键或按【Enter】键结束)

“起点切向”选项：要求用户确定样条曲线起点处的切线方向，且在起点与当前坐标之间出现一根橡皮筋线来表示样条曲线在起点处的切线方向。此时用户可以直接输入起点切线方向的角度，也可通过单击鼠标来确定起点的切线方向。

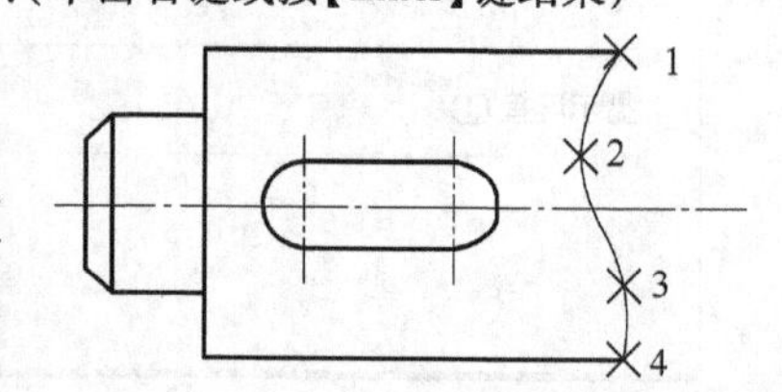

图2-47　绘制样条曲线

“端点相切”选项：要求用户确定样条曲线端点处的

切线方向。

“公差”选项：拟合公差是指样条曲线和输入点之间允许偏移的最大距离。若拟合公差为0，则绘制的样条曲线通过各个输入点；若设置了拟合公差值，则绘制的样条曲线不通过各个输入点（但始终通过起点和终止点），且最大偏移不超出设置的公差值，如图2-48所示。

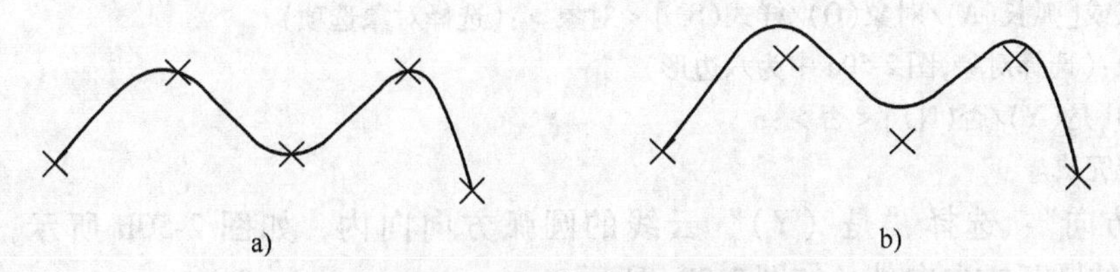

图2-48　不同拟合公差绘制样条曲线

a）拟合公差为0时绘制的样条曲线　b）拟合公差为5时绘制的样条曲线

（2）对象　将二维二次或三次样条拟合多段线转换成等价的样条曲线并删除多段线。

（3）方式　使用拟合点还是使用控制点来创建样条曲线。选择“拟合点”是通过指定样条曲线必须经过的拟合点来创建3阶（三次）B样条曲线。在公差值大于0时，样条曲线必须在各个点的指定公差距离内。选择“控制点”是通过指定控制点来创建样条曲线。使用此方法创建1阶（线性）、2阶（二次）、3阶（三次）直到最高为10阶的样条曲线。

（4）节点　指定节点参数化，它是一种计算方法，用来确定样条曲线中连续拟合点之间的零部件曲线如何过渡。

2.2.7　绘制云线

选择下拉菜单“绘图”→“修订云线”或在“绘图”工具栏上单击“修订云线”按钮或在命令行输入Revcloud命令，可以绘制云线。执行命令后，命令行提示以下信息：

命令：_revcloud

最小弧长：15　最大弧长：15　样式：普通

指定起点或[弧长(A)/对象(O)/样式(S)] <对象>：

沿云线路径引导十字光标...

修订云线完成。

1. 指定起点

指定云线的起点，然后在“沿云线路径引导十字光标...”提示下绘制云线，当起点和终点重合时，自动绘制封闭的云线，命令结束，如图2-49所示。

2. 弧长

指定云线弧线的最小长度和最大长度。默认情况下，使用当前弧线长度绘制云线。

指定起点或[弧长(A)/对象(O)/样式(S)] <对象>：a（选择设置弧长）

指定最小弧长 <15>：10（重新设置最小弧长值）

指定最大弧长 <10>：（重新设置最大弧长值）

指定起点或[弧长(A)/对象(O)/样式(S)] <对象>：（继续绘制云线）

图2-49　修订云线

3. 对象

选择一个封闭图形对象，如矩形、正多边形等，将其转换为云线对象，如图 2-50a 所示。

命令：_revcloud

最小弧长：10　　最大弧长：10　　样式：普通

指定起点或[弧长(A)/对象(O)/样式(S)] <对象>：(选择对象选项)

选择对象：(选择对象，图 2-50a 中为六边形)

反转方向[是(Y)/否(N)] <否>：n

修订云线完成。

"反转方向"：选择"是（Y）"云线的圆弧方向向内，如图 2-50b 所示；选择"否（N）"云线的圆弧方向向外，如图 2-50c 所示。

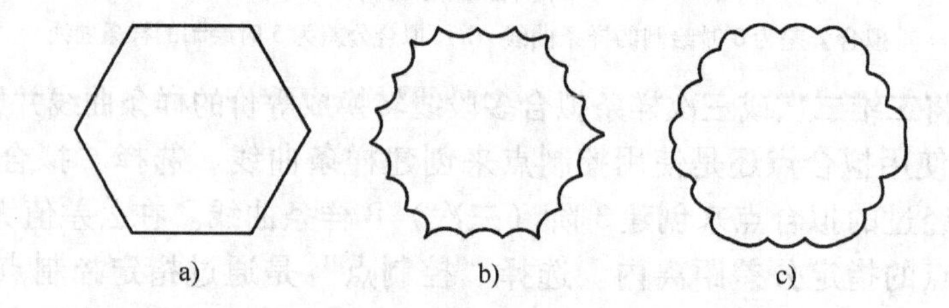

图 2-50　对象转换为云线

a）正六边形对象　b）选择反转方向"是"　c）选择反转方向"否"

4. 样式

设置圆弧的样式，有普通和手绘两种。

2.3　综合实例——绘制简单平面图形

实例 1　绘制平面图形，如图 2-51 所示。

本例主要练习直线、圆弧、圆和多段线的绘制方法。

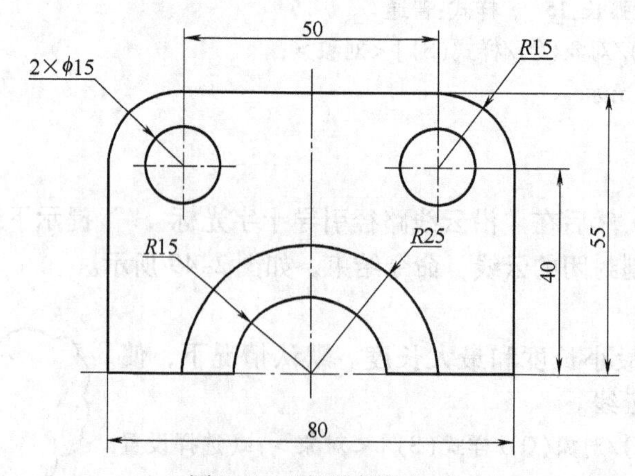

图 2-51　平面图形（一）

1）设置图层，根据图样，设置"中心线"层：名称"中心线"，颜色"红色"，"线宽" 0.25，线型"CENTER2"；"轮廓线"层：名称"轮廓线"，颜色"黑色"，"线宽" 0.50，线型"Continous"。将"中心线"层设置为当前层。

2）绘制图样中的中心线。

命令：_line 指定第一点：-45,0

指定下一点或[放弃(U)]:45,0

指定下一点或[放弃(U)]:(“直线”命令,采用绝对坐标,绘制水平中心线)

命令： LINE 指定第一点:0,-5

指定下一点或[放弃(U)]:0,60

指定下一点或[放弃(U)]:(“直线”命令,采用绝对坐标,绘制垂直中心线)

命令： LINE 指定第一点:15,40

指定下一点或[放弃(U)]:@20,0

指定下一点或[放弃(U)]:(“直线”命令,采用相对坐标,绘制右侧圆的水平中心线)

命令： LINE 指定第一点:25,30

指定下一点或[放弃(U)]:@0,20

指定下一点或[放弃(U)]:(“直线”命令,采用相对坐标,绘制右侧圆的垂直中心线,相同方法绘制左侧圆的中心线,如图 2-52a 所示)

3）绘制圆弧和圆，将“轮廓线”层设置为当前层。

命令:_arc 指定圆弧的起点或[圆心(C)]:15,0

指定圆弧的第二个点或[圆心(C)/端点(E)]:c

指定圆弧的圆心:0,0

指定圆弧的端点或[角度(A)/弦长(L)]:-15,0(绘制半径为 15 的圆弧,用相同方法绘制半径为 25 的圆弧)

命令:_circle 指定圆的圆心或[三点(3P)/两点(2P)/切点、切点、半径(T)]:25,40

指定圆的半径或[直径(D)]<7.5000>:7.5(绘制右侧直径为 15 的圆,用相同方法绘制左侧的圆,如图 2-52b所示)

4）绘制图样的轮廓线，采用“多段线”命令绘制。

命令:_pline

指定起点:15,0　　(绘制多段线,起点为 $R15$ 圆弧的右侧点)

当前线宽为 0.0000

指定下一个点或[圆弧(A)/半宽(H)/长度(L)/放弃(U)/宽度(W)]:25(用线段方法绘制水平直线,注意鼠标一定放置在该点水平方向右侧)

指定下一点或[圆弧(A)/闭合(C)/半宽(H)/长度(L)/放弃(U)/宽度(W)]:40(用线段方法绘制垂直直线)

指定下一点或[圆弧(A)/闭合(C)/半宽(H)/长度(L)/放弃(U)/宽度(W)]:a(绘制圆弧)

指定圆弧的端点或[角度(A)/圆心(CE)/闭合(CL)/方向(D)/半宽(H)/直线(L)/半径(R)/第二个点(S)/放弃(U)/宽度(W)]:ce(用“起点”、“圆心”、“端点”绘制圆弧,选择“圆心”)

指定圆弧的圆心:25,40(圆心坐标)

指定圆弧的端点或[角度(A)/长度(L)]:25,55(端点坐标)

指定圆弧的端点或[角度(A)/圆心(CE)/闭合(CL)/方向(D)/半宽(H)/直线(L)/半径(R)/第二个点(S)/放弃(U)/宽度(W)]:l(绘制直线)

指定下一点或[圆弧(A)/闭合(C)/半宽(H)/长度(L)/放弃(U)/宽度(W)]:@ -50,0(绘制水平线)

指定下一点或[圆弧(A)/闭合(C)/半宽(H)/长度(L)/放弃(U)/宽度(W)]:a(绘制圆弧)

指定圆弧的端点或[角度(A)/圆心(CE)/闭合(CL)/方向(D)/半宽(H)/直线(L)/半径(R)/第二个点(S)/放弃(U)/宽度(W)]:ce

指定圆弧的圆心:-25,40

指定圆弧的端点或[角度(A)/长度(L)]:-40,40(绘制左侧圆弧)

指定圆弧的端点或[角度(A)/圆心(CE)/闭合(CL)/方向(D)/半宽(H)/直线(L)/半径(R)/第二个点(S)/放弃(U)/宽度(W)]:l(绘制直线)

指定下一点或[圆弧(A)/闭合(C)/半宽(H)/长度(L)/放弃(U)/宽度(W)]:@0,-40(用线段方法绘制垂直直线)

指定下一点或[圆弧(A)/闭合(C)/半宽(H)/长度(L)/放弃(U)/宽度(W)]:@25,0(用线段方法绘制水平直线)

指定下一点或[圆弧(A)/闭合(C)/半宽(H)/长度(L)/放弃(U)/宽度(W)]:(结果如图2-52c所示)

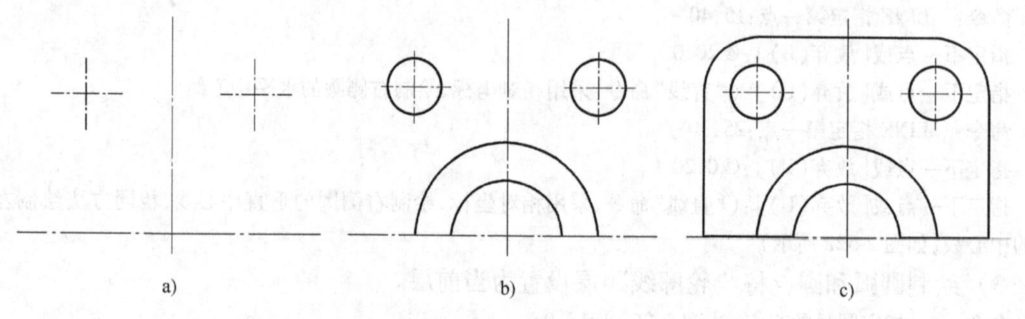

图2-52　绘制步骤

a）绘制中心线　b）绘制圆和圆弧　c）绘制轮廓线

实例2　绘制平面图形，如图2-53所示。

1）设置图层，根据图样，设置“中心线”层：名称“中心线”，颜色“红色”，“线宽”0.25，线型“CENTER2”；“轮廓线”层：名称“轮廓线”，颜色“黑色”，“线宽”0.50，线型“Continous”。将“中心线”层设置为当前层。

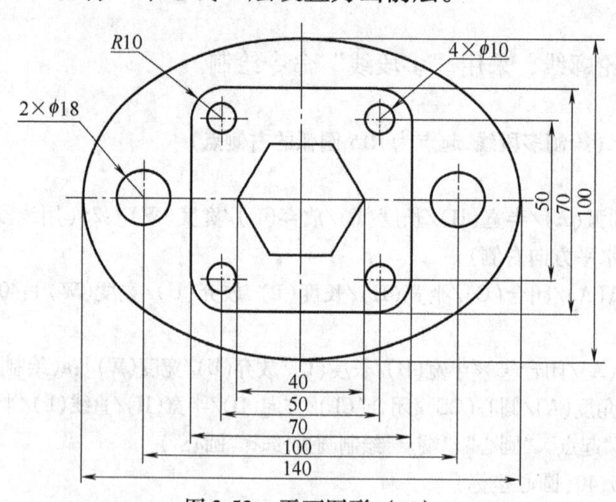

图2-53　平面图形（二）

2）绘制图样中的中心线。

命令:_line 指定第一点:-75,0

指定下一点或[放弃(U)]:75,0

指定下一点或[放弃(U)]:(绘制水平线)

命令:_line 指定第一点:0,-55

指定下一点或[放弃(U)]:0,55

指定下一点或[放弃(U)]:(绘制垂直线)

命令:_line 指定第一点:17.5,25

指定下一点或[放弃(U)]:30,25

指定下一点或[放弃(U)]:(绘制右上部 ϕ10 圆的水平中心线)

命令： line 指定第一点:25,17.5

指定下一点或[放弃(U)]:25,30

指定下一点或[放弃(U)]:(绘制右上部 ϕ10 圆的垂直中心线,用同样的方法绘制其余3个圆的中心线)

命令:_line 指定第一点:50,-10

指定下一点或[放弃(U)]:50,10

指定下一点或[放弃(U)]:(绘制右侧 ϕ18 圆的垂直中心线,用同样的方法绘制左侧的垂直中心线,如图2-54a所示)

3）绘制椭圆和圆，将“轮廓线”层设置为当前层。

命令:_ellipse

指定椭圆的轴端点或[圆弧(A)/中心点(C)]:c(用“中心点”绘制椭圆)

指定椭圆的中心点:0,0

指定轴的端点:70,0(确定长半轴)

指定另一条半轴长度或[旋转(R)]:0,50(确定短半轴,完成椭圆绘制)

命令:_circle 指定圆的圆心或[三点(3P)/两点(2P)/切点、切点、半径(T)]:50,0

指定圆的半径或[直径(D)]<7.5000>:9(绘制右侧 ϕ18 圆,用同样的方法绘制其余圆,如图2-54b所示)

4）绘制矩形和多边形。

命令:rectang

指定第一个角点或[倒角(C)/标高(E)/圆角(F)/厚度(T)/宽度(W)]:f(绘制带圆角的矩形)

指定矩形的圆角半径<0.0000>:10

指定第一个角点或[倒角(C)/标高(E)/圆角(F)/厚度(T)/宽度(W)]:-35,-35(矩形对角线点坐标)

指定另一个角点或[面积(A)/尺寸(D)/旋转(R)]:35,35(矩形对角线另一点坐标)

命令:_polygon 输入侧面数<4>:6(绘制六边形)

指定正多边形的中心点或[边(E)]:0,0(六边形中心点坐标)

输入选项[内接于圆(I)/外切于圆(C)]<I>:

指定圆的半径:20(完成六边形绘制,绘制结果如图2-54c 所示)

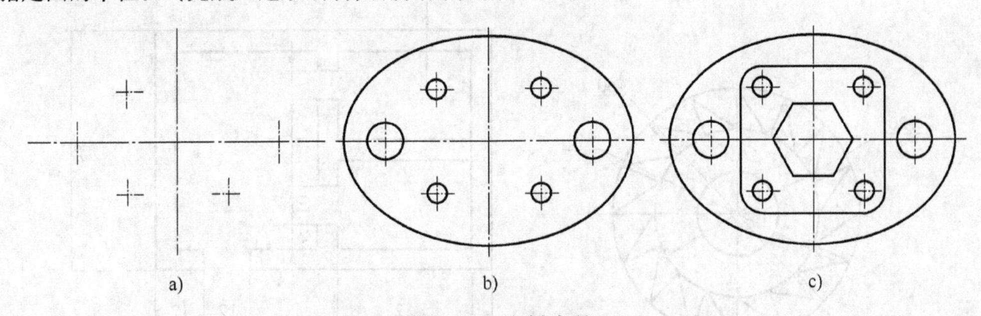

图2-54　绘制步骤

a）绘制中心线　b）绘制椭圆和圆　c）绘制矩形和六边形

习题与上机训练

2-1. 以图纸左下角点（0，0），右上角点（297，210）为图形界限范围，设置图纸的图限。

2-2. 在中文版 AutoCAD 2012 中，有哪几种方法绘制圆？

2-3．图层有哪些特性？如何设置这些特性？

2-4. 绘制多线时，如何设置多线样式？

2-5．绘制构造线有几种方法？

2-6. 样条曲线如何应用？

2-7．绘制如图 2-55 所示图形，按尺寸画，可不标注尺寸。

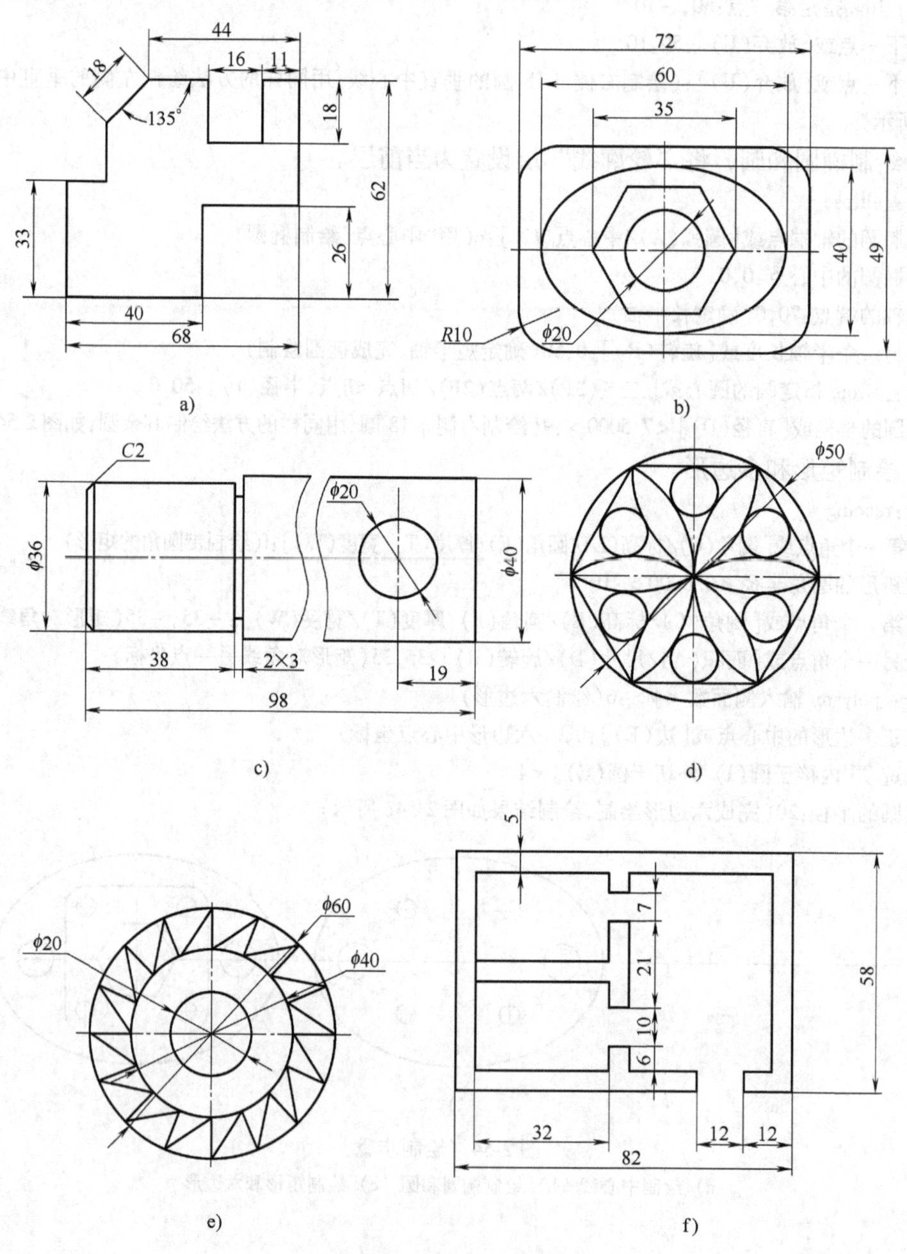

图 2-55　绘制平面图形

第 3 章　精确绘制二维图形及数据查询

3.1　AutoCAD 2012 的坐标系

在 AutoCAD 中，一般采用世界坐标系（WCS）以及用户坐标系（UCS）。在这些坐标系中，一般采用绝对坐标、相对坐标、绝对极坐标以及相对极坐标。

1. 世界坐标系（WCS）

世界坐标系（WCS）是 AutoCAD 的基本坐标系。它由 3 个相互垂直的坐标轴组成。模型空间的世界坐标系图标如图 3-1a 所示，图纸空间的世界坐标系图标如图 3-1b 所示，在绘图和编辑图形的过程中，它的坐标原点和坐标轴的方向是不变的。

图 3-1　世界坐标系

a）模型空间的世界坐标系图标　b）图纸空间的世界坐标系图标

2. 用户坐标系（UCS）

用户坐标系（UCS）是 AutoCAD 提供给用户的可变的坐标系，能方便用户绘图。在默认情况下用户坐标系（UCS）与世界坐标系（WCS）相重合。用户也可以根据自己的需要重新定义。

选择下拉菜单“工具”→“新建 UCS”或在“UCS”工具栏上单击“原点”按钮或在命令行输入 UCS，即可建立用户坐标系。

3.2　控制图形显示

3.2.1　缩放和平移视图

1. 视图缩放

在绘图过程中，有时为了方便地捕捉图形目标、准确地绘制实体，需要将当前视图的某一部分放大或缩小，但又不能改变图形目标的实际尺寸，此时用户可以使用 AutoCAD 提供的“缩放”命令。

选择下拉菜单“视图”→“缩放”命令（见图 3-2）或打开“缩放”工具栏（见图 3-3）或在命令行输入 Zoom 命令。“缩放”命令常用的几种方法在“标准”工具栏上，如图 3-3所示。执行命令后，命令行提示以下信息：

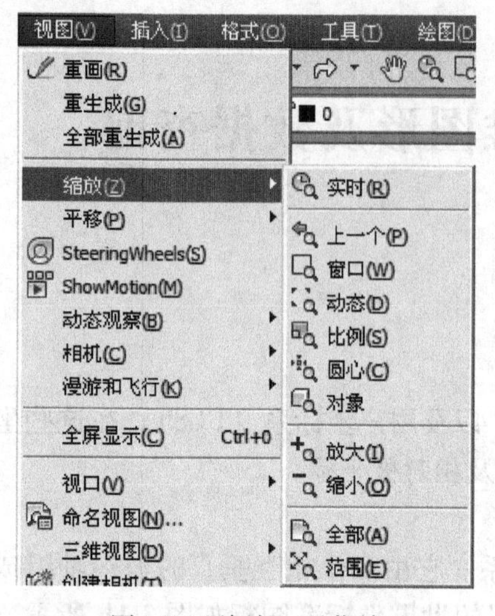

图 3-2 “缩放”子菜单

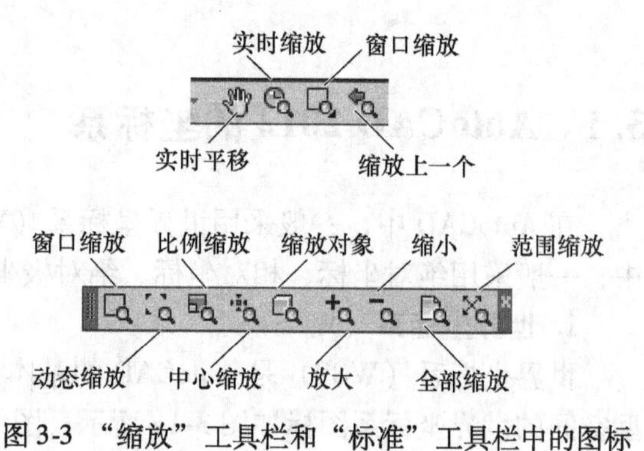

图 3-3 “缩放”工具栏和“标准”工具栏中的图标

命令:ZOOM

指定窗口的角点,输入比例因子(nX 或 nXP),或者[全部(A)/中心(C)/动态(D)/范围(E)/上一个(P)/比例(S)/窗口(W)/对象(O)]<实时>:

(1)“全部”选项　在绘图区域内显示全部图形。执行该选项时，AutoCAD 所显示的图形以图形界限与图形范围中尺寸较大的显示，如图 3-4 所示，即使绘制的图形超出图纸边界仍会显示。执行该选项时，AutoCAD 会对全部图形重新生成，若图形文件很大，则会花费很长时间。

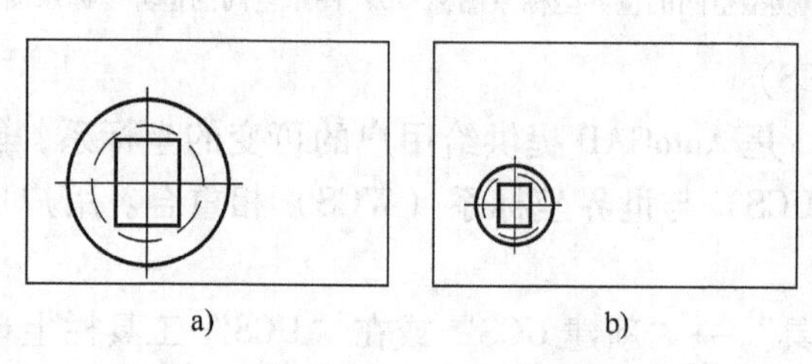

图 3-4　执行“全部”选项前后的图形

a）缩放前　b）缩放后

(2)“中心”选项　用户可通过执行该选项来重新设置图形的显示中心和放大高度。放大高度是指窗口上下间可以显示的图形高度，可以直接输入高度或在屏幕上指定两点确定高度。执行该选项的结果如图 3-5 所示。执行命令后，命令行提示以下信息：

指定中心点:(输入新的中点)

输入比例或高度<295. 9491>:100(输入新视图的高度,即屏幕显示距离为 100)

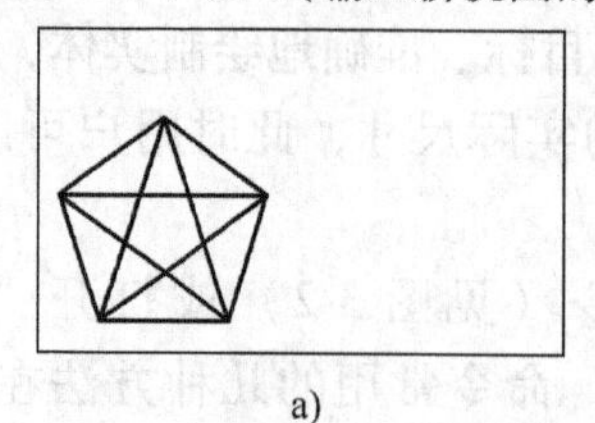

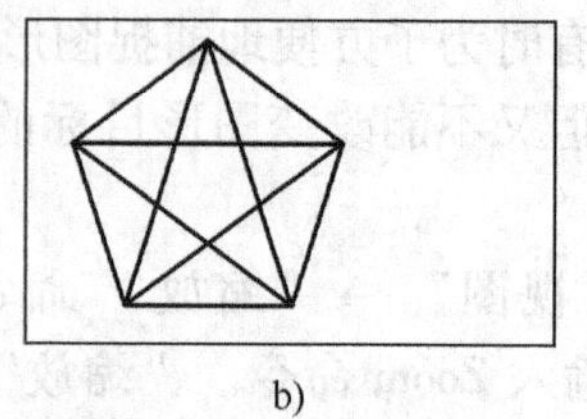

图 3-5　执行“中心”选项前后的图形

a）缩放前　b）缩放后

（3）“范围”选项　执行该选项时，AutoCAD将所有的图形全部显示在屏幕上，并最大限度地充满整个屏幕，如图3-6所示。

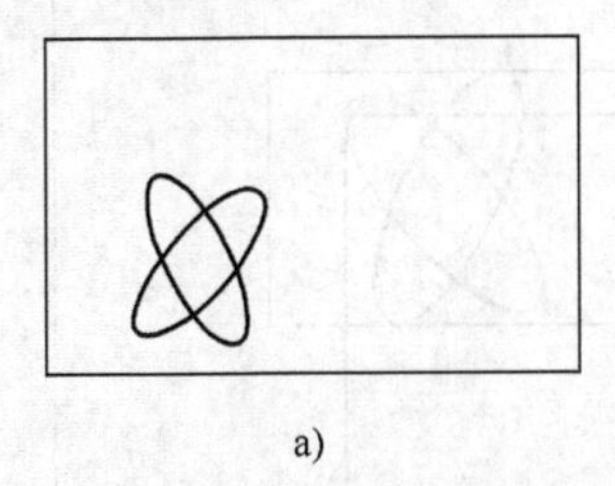
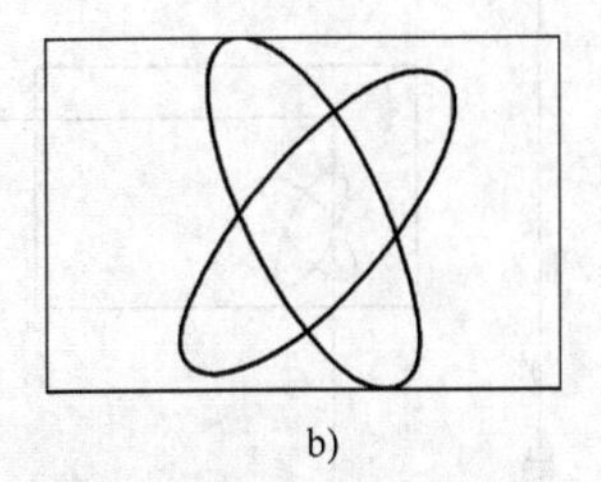

a)　b)

图3-6　执行“范围”选项前后的图形

a）缩放前　b）缩放后

（4）“上一个”选项　执行该选项时，AutoCAD将从当前视图返回至上一个视图。该选项可以连续使用，此时AutoCAD逐步返回上一级视图。但在视图中已删除的某一实体，在返回的视图中不显示。如图3-7a所示为原始视图，如图3-7b所示为当前视图，如图3-7c所示为执行“上一个”选项后的视图。

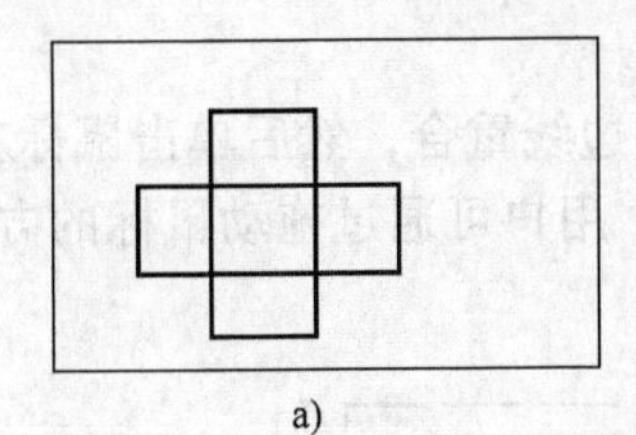
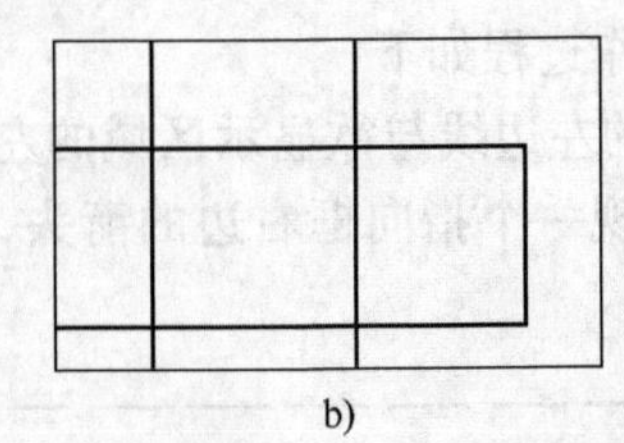
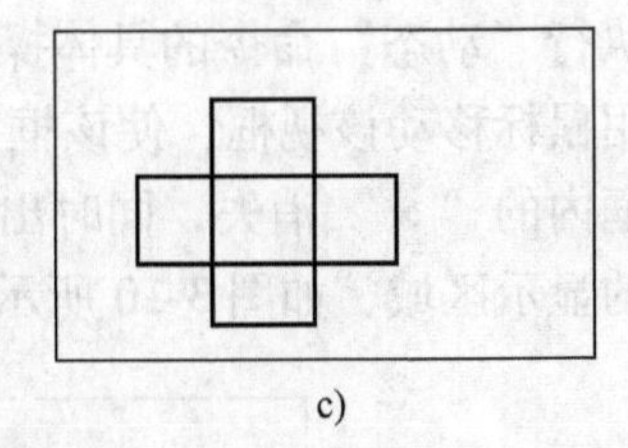

a)　b)　c)

图3-7　执行“上一个”选项前后的图形

a）原始视图　b）当前视图　c）执行“上一个”选项后的视图

（5）“窗口”选项　该选项允许用户通过窗口的方式选择要查看的区域，如图3-8所示。执行该选项时，命令行提示以下信息：

指定第一个角点：（输入窗口的顶点）

指定对角点：（输入窗口的另一个顶点）

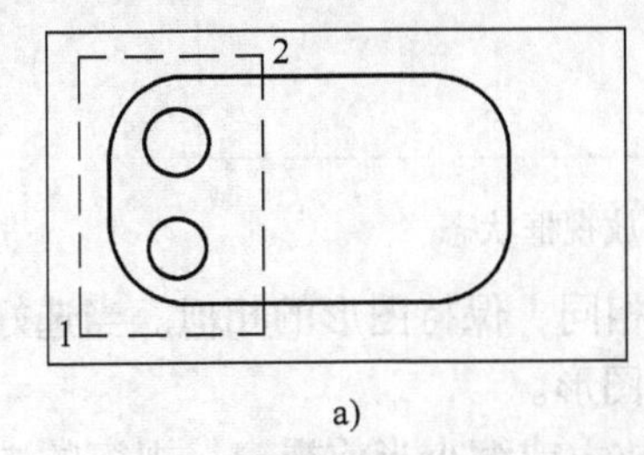

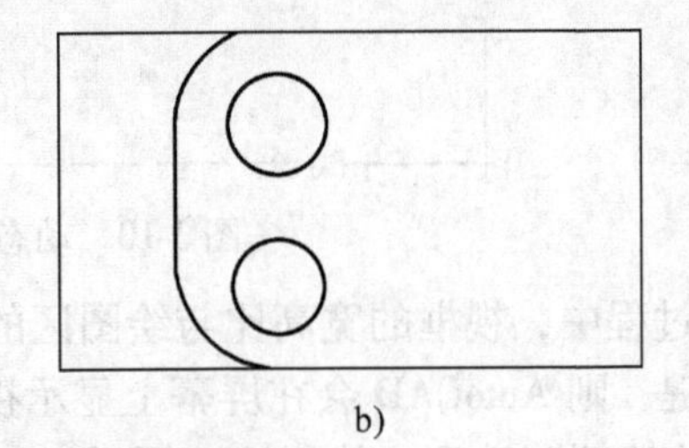

a)　b)

图3-8　执行“窗口”选项前后的图形

a）缩放前　b）缩放后

（6）“动态”选项　执行该选项时，屏幕切换到如图3-9所示的动态缩放的平移视框状态。

在此屏幕界面上显示出图形范围、当前显示位置、下一显示位置等。图形范围或图形边界中的较大者是一个蓝色方框。框中的区域与“范围”选项显示的范围相同。

当前视图是一个绿色的虚线框。该绿色的虚线框中显示上一次在屏幕上显示的图形区域相对于整个作图区域的位置。

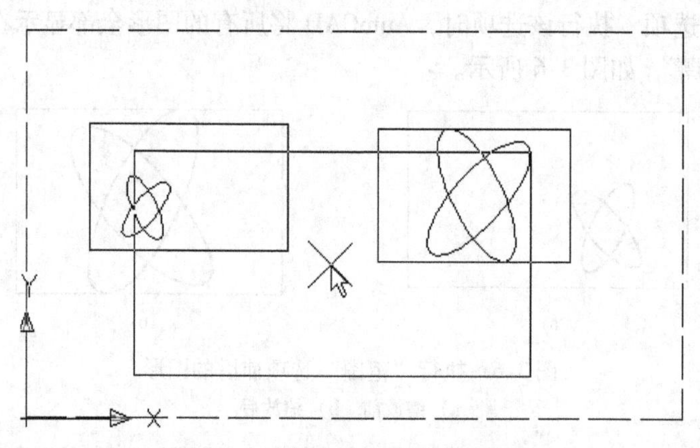

图 3-9 动态缩放的平移视框状态

选取视框有两种状态：一种是平移视框，它大小不能改变，只可任意移动；另一种是缩放视框，不能平移，但大小可以调节。这两种视框之间用鼠标左键进行切换。

平移视框中用“×”符号表示中心位置；缩放视框中有箭头在视窗的右边。

执行“动态”命令的具体操作过程如下：

用鼠标移动该视框，使该框的左边线与欲显示区域的左边线重合，然后单击鼠标左键，此时框内的“×”消失，同时出现一个指向框右边的箭头，用户可通过拖动鼠标的方式选取新的显示区域，如图 3-10 所示。

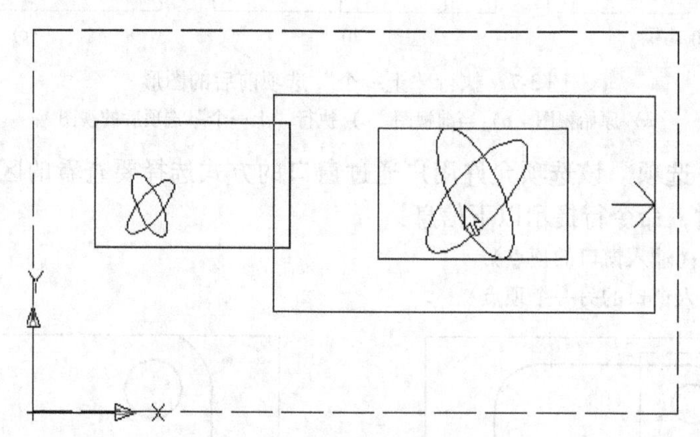

图 3-10 动态缩放的缩放视框状态

在此过程中，视框的宽高比与绘图区的宽高比相同，保持图形的相似。当选好视框后按【Enter】键，则 AutoCAD 会在屏幕上显示视框内的图形。

（7）“比例”选项 执行该选项时，用户可以放大或缩小当前视窗，视窗的中心点保持不变。

输入视窗缩放系数的方式有 3 种。

相对缩放：输入缩放系数的值后再输入“×”，即相对于当前可见视窗的缩放系数。如图 3-11 所示为输入缩放系数“2×”前后的图形。

相对图纸空间单元缩放：输入缩放系数后再输入一个“×P”，则使当前视窗中的图形相对于当前的图纸空间缩放。

绝对缩放：直接输入数值，则 AutoCAD 会以该数值作为缩放系数，并相对于图形的实际尺寸进行缩放。

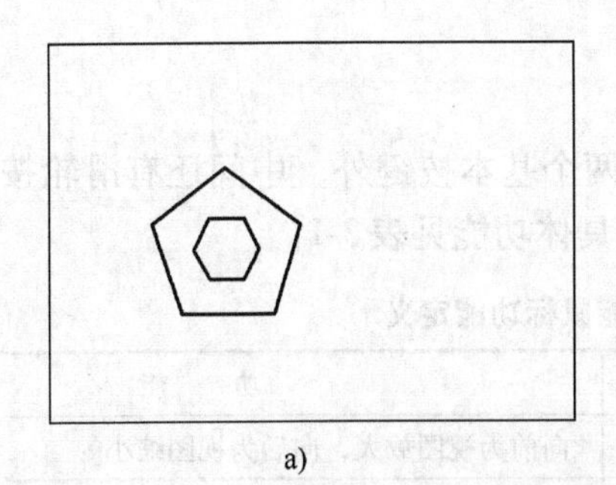

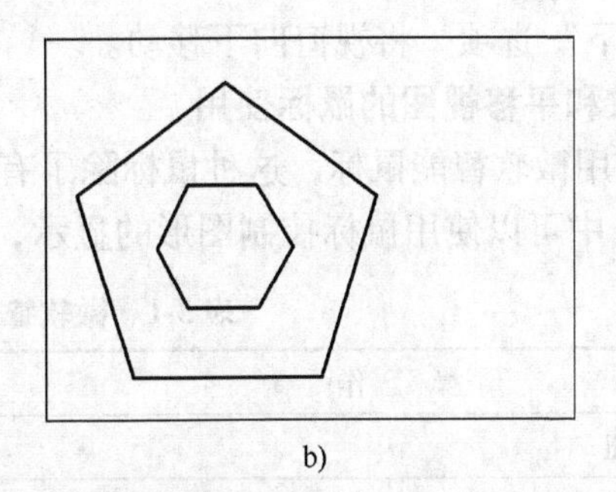

图 3-11　输入缩放系数“2×”前后的图形

a）缩放前　b）缩放后

（8）“实时”选项　执行该选项时，在屏幕上出现类似于放大镜形状的光标，单击鼠标左键移动鼠标指针，可实时对窗口图形放大或缩小显示，同时命令行提示以下信息：

按【Esc】或【Enter】键退出，或单击右键显示快捷菜单。

可以通过按【Esc】键或【Enter】键来退出“缩放”命令。如果在“缩放”命令有效时单击鼠标右键，则 AutoCAD 将会弹出如图 3-12 所示的快捷菜单。

（9）“对象”选项　执行该选项时，将选择的对象满屏显示。

2. 视图平移

在绘图过程中，由于屏幕大小有限，当前文件中的图形不一定全部显示在屏幕内。用户如果要对屏幕外的图形进行编辑，可使用 AutoCAD 提供的“平移”命令将屏幕外的图形拖到屏幕中。

选择下拉菜单“视图”→“平移”命令（见图 3-13）或在“标准”工具栏上单击“实时平移”按钮或在命令行输入 Pan 命令。

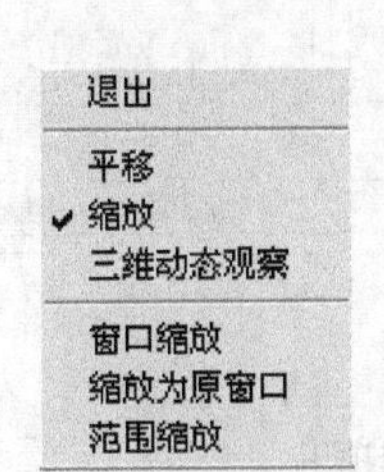

图 3-12　“缩放”命令的快捷菜单

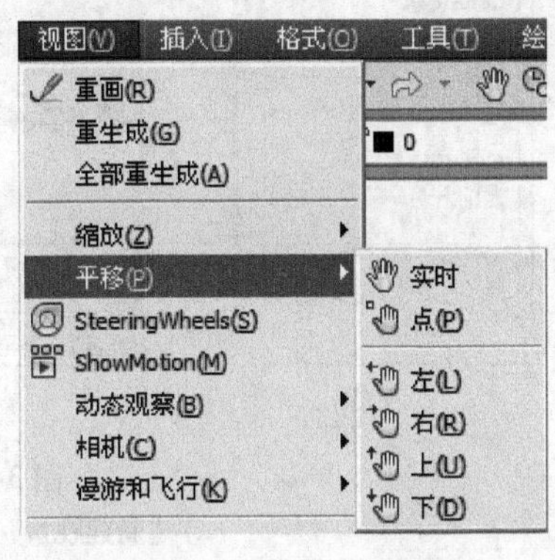

图 3-13　“平移”子菜单

该子菜单中各选项的含义如下：

（1）“实时”选项　执行该选项时，AutoCAD 将出现手状光标，用户可以利用手状的光标在屏幕上任意拖动视图。

（2）“点”选项　通过点来确定视窗平移的方向和距离。执行该选项时，AutoCAD 通过用户所确定的两点来平移图形。这两点之间的方向和距离便是视图平移的方向和距离。

（3）“左”选项　将视窗向左移动。

（4）“右”选项　将视窗向右移动。

（5）“上”选项　将视窗向上移动。

（6）“下”选项　将视窗向下移动。

3. 缩放和平移视图的鼠标使用

通常使用微软智能鼠标，这种鼠标除了有两个基本按键外，中间还有滑轮按钮。在 AutoCAD 2012 中可以使用鼠标控制图形的显示，具体功能见表 3-1。

表 3-1　微软智能鼠标功能定义

操　　作	功　　能
转动滑轮按钮	向前为视图放大，向后为视图缩小
双击滑轮按钮	范围缩放
按下滑轮按钮并拖动	实时平移
按下【Ctrl】键，同时按下滑轮按钮并拖动鼠标	平移

3.2.2　视口和空间

1. 视口

在绘图区可以建立多个相邻的非重叠视口。在每个视口中可以单独进行平移和缩放操作。

选择下拉菜单“视图”→“视口”→“新建视口”或在“视口”工具栏上单击“显示视口对话框”按钮或在命令行输入 Vports 命令，出现“视口”对话框，如图 3-14 所示。

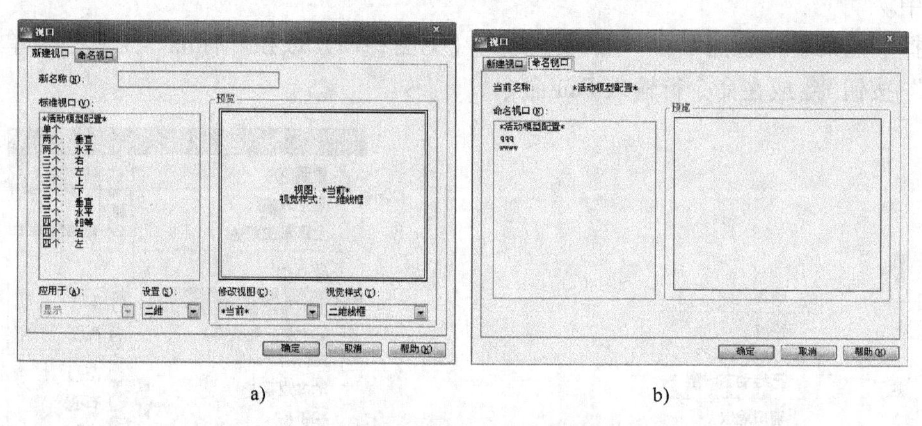

a)　　b)

图 3-14　“视口”对话框

a）“新建视口”选项卡　b）“命名视口”选项卡

“新建视口”选项卡如图 3-14a 所示。

（1）新名称　为新模型空间视口配置指定名称。如果不输入名称，将应用视口配置但不保存。如果视口配置未保存，将不能在布局中使用。

（2）标准视口　列出并设定标准视口配置，包括当前配置。

（3）预览　显示选定视口配置的预览图像，以及在配置中被分配到每个单独视口的默认视图。

（4）应用于　将模型空间视口配置应用到整个显示窗口或当前视口，可选择“显示”或“当前视口”。

（5）设置　指定二维或三维设置。如果选择二维，新的视口配置最初将通过所有视口中的当前视图来创建。如果选择三维，一组标准正交三维视图将被应用到配置中的视口。

（6）修改视图　用从列表中选择视图替换选定视口中的视图。可以选择命名视图，如果已选择三维设置，也可以从标准视图列表中选择。使用“预览”区域查看选择。

（7）视觉样式　将视觉样式应用到视口。将显示所有可用的视觉样式。

“命名视口”选项卡如图3-14b所示。在该选项卡中列出了图形中保存的所有模型视口配置。“当前名称”用于显示当前视口配置的名称。系统默认命名视图为“活动模型配置”，若在“新建视口”选项卡中命名了视口，则在“命名视口”选项卡中列出。

2. 模型空间和图纸空间

模型空间和图纸空间是AutoCAD提供的两种绘图和设计空间，两者的主要区别是：模型空间主要针对图形实体空间；图纸空间主要针对图纸的布局空间。

模型空间为创建图形实体空间，通常情况下，绘制和编辑二维或三维图形都是在模型空间进行，它提供无限的平面空间，用户只要考虑绘制图形的正确与否，不必考虑绘图空间的大小；图纸空间侧重图纸的布局和图纸的输出，用户几乎不对图形进行绘制和编辑，只要合理布局图形。一般在模型空间对图形进行绘制和编辑，在图纸空间进行图形调整和图形的输出。

在AutoCAD 2012中，模型空间和图纸空间的切换通过绘图区下部的选项卡实现，如图3-15所示，单击“模型”选项卡，进入模型空间。单击“布局”选项卡，进入图纸空间。在图纸空间中，用鼠标右键单击“布局”选项卡选择“页面设置管理器”，在打开的“页面设置管理器”对话框中对选中的布局进行修改，可以进行打印设置。

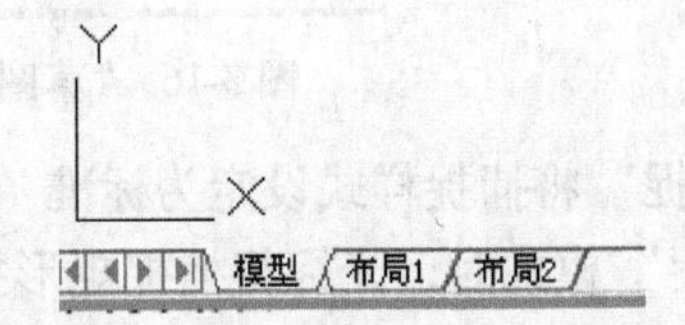

图3-15　“模型”和“布局”选项卡

3.3　绘图辅助工具

3.3.1　栅格和捕捉

栅格是显示可见参照网络点，当栅格打开时，它在图形界限范围内显示出来。栅格既不是图形的一部分，也不会输出，但对绘图起着很重要的辅助作用，如同坐标值一样。栅格点的间距值可以和捕捉间距相同，也可以不同，若栅格点分布过密则不显示。

捕捉用于控制间隔捕捉功能，如果捕捉功能打开，光标将锁定在不可见的捕捉网格点上，作步进式移动。

选择下拉菜单“工具”→“绘图设置”或在命令行输入Dsettings命令或在状态栏上用鼠标右键单击“栅格显示”按钮或“捕捉模式”按钮，选择“设置”，可打开“草图设置”对话框中的“捕捉和栅格”选项卡，如图3-16所示。

选项卡中的“启用捕捉”复选框控制是否打开捕捉功能，另外，利用【F9】键可以在打开和关闭捕捉功能之间切换。在“捕捉间距”区域中可以设置捕捉栅格的X轴间距和Y轴间距。在样板图acadiso.dwt中，初始设置X间距=10，Y间距=10，用户可以按需调整。

在“捕捉类型”区域中有“栅格捕捉”和PolarSnap两种类型。“栅格捕捉”中的“矩

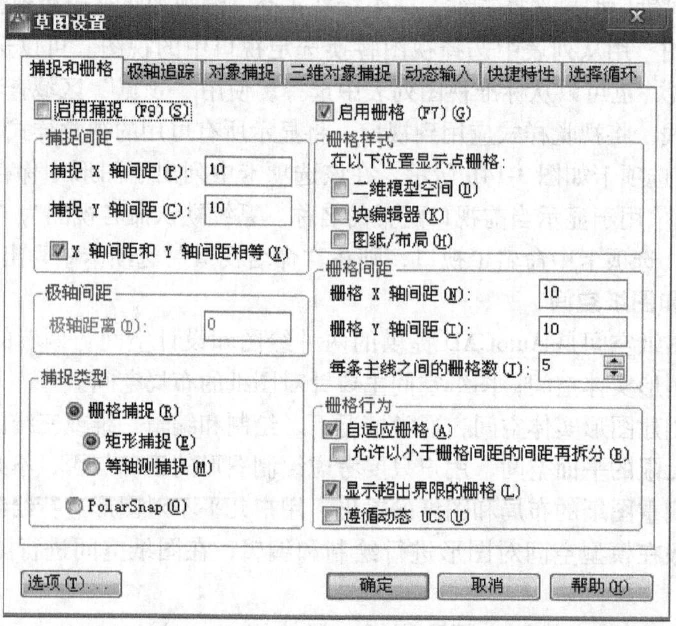

图 3-16 “草图设置”对话框——“捕捉和栅格”选项卡

形捕捉”将捕捉样式设定为标准“矩形”捕捉模式，当捕捉类型设定为“栅格”并且打开“捕捉”模式时，光标将捕捉矩形捕捉栅格；“等轴测捕捉”将捕捉样式设定为“等轴测”捕捉模式。当捕捉类型设定为“栅格”并且打开“捕捉”模式时，光标将捕捉等轴测捕捉栅格。如果启用了“捕捉”模式并在极轴追踪打开的情况下指定点，光标将沿在“极轴追踪”选项卡上相对于极轴追踪起点设置的极轴对齐角度进行捕捉。在选择捕捉类型为 PolarSnap 时，“极轴间距”可以设置增量距离。

“启用栅格”复选框控制是否打开栅格功能，利用【F7】键也可以在打开和关闭栅格功能之间切换。“栅格间距”区域用来设置可见栅格的间距。“栅格样式”区域在二维上下文中设定栅格样式。“栅格行为”区域用来设置栅格显示的外观。

3.3.2 正交模式

当正交模式打开时，AutoCAD 限定只能画水平线和铅垂线，用户可以精确地绘制水平线和铅垂线，这样就能很方便地绘图。另外，执行“移动”命令时也只能沿水平和铅垂方向移动图形对象，执行“旋转”命令时只能在水平和铅垂方向进行旋转。

在命令行输入 Ortho 命令或按【F8】键或单击状态栏上的“正交”按钮，可以设置正交。执行命令后，命令行提示以下信息：

输入模式(Enter mode)：[开(ON)/关(OFF)]<OFF>：

（1）“开”选项　打开正交模式绘制水平线或铅垂线。

（2）“关”选项　关闭正交模式，用户可画任意方向的直线。

3.3.3 极轴追踪

在绘图过程中，当 AutoCAD 要求用户给定点时，利用极轴追踪功能可以在给定的极角方向上出现临时辅助线。例如，从点 1 到 2 画一水平线段，再从点 2 到 3 画一条线段与之成

60°角，这时可以打开极轴追踪功能并设极角增量为 60°，则当光标在 60°位置附近时会显示一条辅助线和提示，如图 3-17 所示，光标远离该位置时辅助线和提示消失，可见极轴追踪功能极大地方便了绘图。

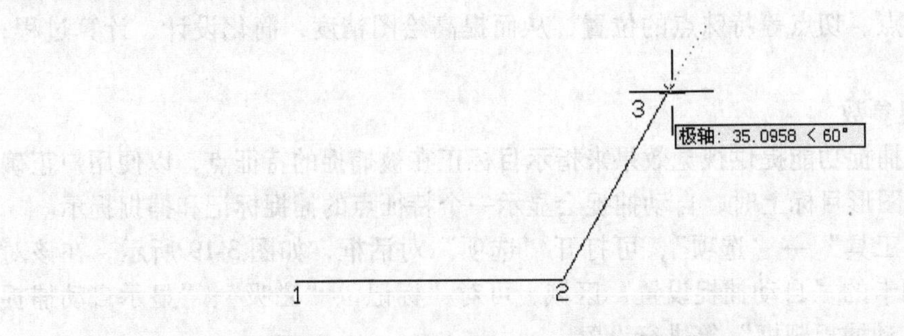

图 3-17　极轴追踪功能

选择下拉菜单“工具”→“草图设置”或在命令行输入 Dsettings 命令或在状态栏上用鼠标右键单击“极轴追踪”按钮，选择“设置”，可打开“草图设置”对话框中的“极轴追踪”选项卡，如图 3-18 所示，用户可以完成极轴追踪的各项设置。

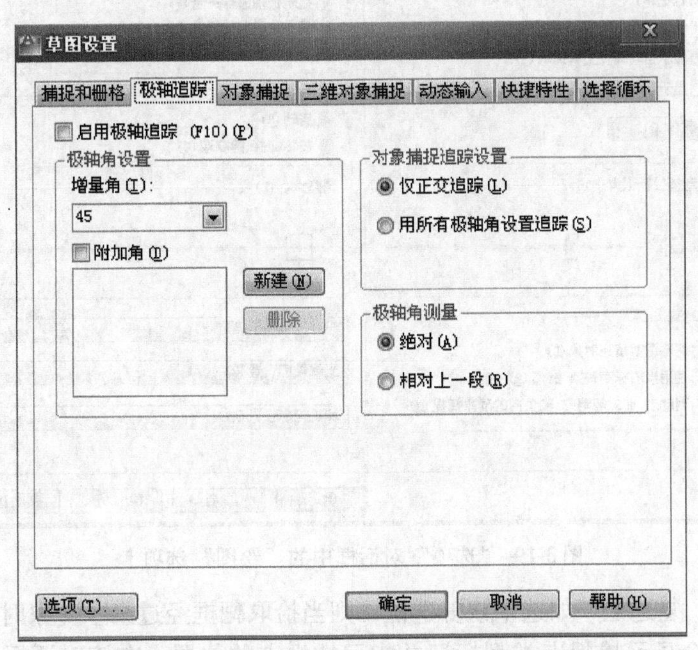

图 3-18　“草图设置”对话框——“极轴追踪”选项卡

“启用极轴追踪”复选框用于选定是否打开极轴追踪功能，也可用【F10】键在打开与关闭该功能之间切换或直接单击状态栏上的“极轴追踪”按钮。

“增量角”下拉列表框中是 AutoCAD 设置的极轴角，如果不够用，选中“附加角”复选框，用户可设置自己需要的极轴角。AutoCAD 将在设置的极轴角处及其整倍数角度处均出现辅助线，例如，如果极轴角设置为 30°，则当光标在 30°、60°、90°、120°等位置附近时均出现临时辅助线。

“极轴角测量”区域用来确定极轴角是绝对极角（与 X 轴正向的夹角），还是相对于前一线段的角度。

3.3.4　对象捕捉

对象捕捉是 AutoCAD 精确定位于目标上某点的一种重要方法，它能迅速地捕捉图形目标的端点、交点、中点、切点等特殊点的位置，从而提高绘图精度，简化设计、计算过程，提高绘图速度。

1. 设置对象捕捉参数

AutoCAD 的自动捕捉功能提供视觉效果来指示目标正在被捕捉的特征点，以便用户正确地捕捉。当光标放在图形目标上时，自动捕捉会显示一个特征点的捕捉标记和捕捉提示。

选择下拉菜单“工具”→“选项”，可打开“选项”对话框，如图 3-19 所示。在该对话框的“绘图”选项卡的“自动捕捉设置”区域，可对“标记”、“磁吸”、“显示自动捕捉工具提示”、“显示自动捕捉靶框”等进行设置。

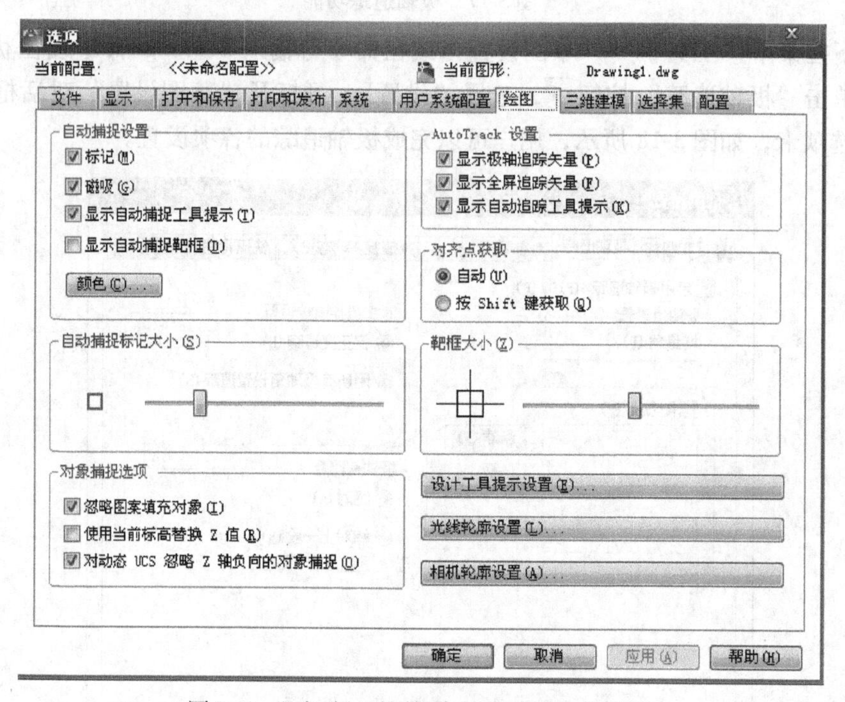

图 3-19　“选项”对话框中的“绘图”选项卡

（1）“标记”复选框　如选中该复选框，则当拾取靶框经过某个对象时，该对象上符合条件的特征点就会显示捕捉点类型标记并指示捕捉点的位置；在该对话框中，还可以通过“自动捕捉标记大小”和“自动捕捉标记颜色”两项来调整标记的大小和颜色。

（2）“磁吸”复选框　如选中该复选框，则拾取靶框会锁定在捕捉点上，拾取靶框只能在捕捉点间跳动。

（3）“显示自动捕捉工具提示”复选框　如选中该复选框，则系统将显示关于捕捉点的文字说明。

（4）“显示自动捕捉靶框”复选框　如选中该复选框，则系统将显示拾取靶框；选项卡中的“靶框大小”区域用于调整靶框的大小。

2. 设置对象捕捉模式

选择下拉菜单“工具”→“草图设置”或在命令行输入 Dsettings 命令或在状态栏上用

鼠标右键单击“对象捕捉”按钮□，选择“设置”，可打开“草图设置”对话框中的“对象捕捉”选项卡，如图3-20所示。

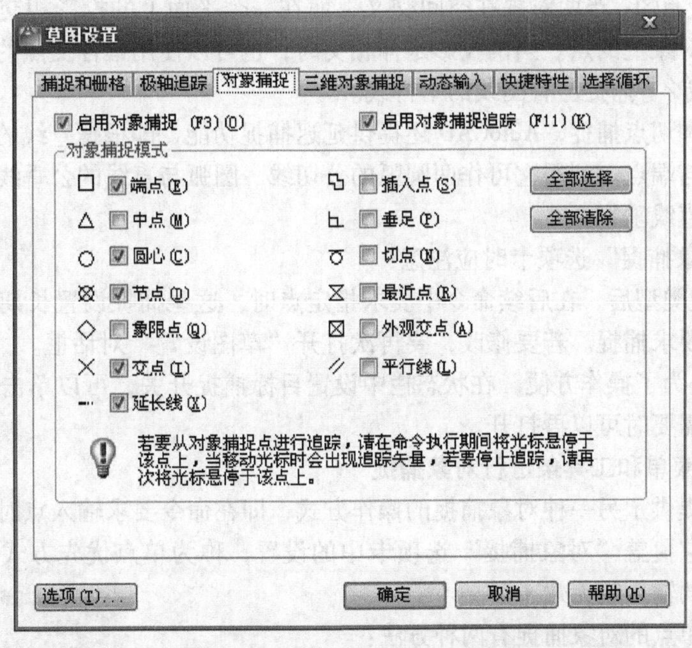

图3-20 “草图设置”对话框——“对象捕捉”选项卡

对话框中的“启用对象捕捉”和“启用对象捕捉追踪”复选框用来确定是否打开对象捕捉功能和对象捕捉追踪功能。

在“对象捕捉模式”区域中，规定了图形目标上13种特征点的捕捉。选中该捕捉模式后，在绘图屏幕上只要把靶区放在对象上，即可捕捉到对象上的特征点。并且在每种特征点前都规定了相应的捕捉显示标记，例如中点用小三角表示，圆心用一个小圆圈表示。

选项卡中还有“全部选择”和“全部清除”两个按钮。单击前者，则选中所有捕捉模式；单击后者，则清除所有捕捉模式。

下面对各捕捉模式进行简单说明。

（1）端点□ 捕捉直线段或圆弧的离靶框较近的端点。

（2）中点△ 捕捉直线段或圆弧的中点。

（3）圆心○ 捕捉圆或圆弧的圆心，靶框放在圆周上时才能捕捉到圆心。

（4）节点⊠ 捕捉到靶框内的用“点”命令所绘制或复制的单独的点。

（5）象限点◇ 相对于当前UCS，圆周上最左、最右、最上、最下的4个点称为象限点，靶框放在圆周上时才能捕捉到最近的一个象限点。

（6）交点× 捕捉两线段的显示交点和延伸交点。

（7）延长线┄ 当靶框在一个图形目标的端点处移动时，AutoCAD显示该对象的延长线，并捕捉正在绘制的图形与该延长线的交点。

（8）插入点ㄣ 捕捉图块、图像、形、文本和属性的插入点。

（9）垂足⊾ 当向一图线画垂线时，把靶框放在对象上，可捕捉到该图线目标上的垂足位置。

（10）切点ᦀ 当向一图线画切线时，把靶框放在该图线上，可捕捉到该图线上的切点位置。

（11）最近点　当靶框放在图线附近拾取时，捕捉到该图线上离靶框中心最近的点。

（12）外观交点　当两对象在空间交叉，而在一个平面上的投影相交时，可以从投影交点捕捉到某一对象上的点。当两投影延伸相交时，也可以使用延伸交点的捕捉方法。

（13）平行线　捕捉已有图线的平行线。

对垂足捕捉和切点捕捉，AutoCAD 还提供延迟捕捉功能，即根据直线的两端条件来准确求解直线的起点与端点。利用它可作两圆弧的公切线、圆弧与直线的公垂线，以及作直线与圆相切且和另一直线垂直。

在操作“对象捕捉”选项卡时应注意：

1）选择捕捉类型后，在后续命令中要求指定点时，这些捕捉设置长期有效，作图时可以看到出现靶框要求捕捉。若要修改，要再次打开“草图设置”对话框。

2）AutoCAD 为了操作方便，在状态栏中设置目标捕捉开关，可以单击此开关暂时关闭目标捕捉设置，需要时可以再打开。

3. 利用弹出菜单和工具条进行对象捕捉

AutoCAD 还提供了另一种对象捕捉的操作方式，即在命令要求输入点时，临时调用对象捕捉功能，此时它覆盖“对象捕捉”选项卡中的设置，称为单点优先方式。此方式仅当时有效，对下一点的输入就无效了。

用户要使用单点的对象捕捉有两种方法：

（1）“对象捕捉”弹出菜单　在命令要求输入点时，按【Shift】键同时单击鼠标右键，在屏幕上当前光标处出现“对象捕捉”弹出菜单，如图 3-21 所示。

（2）“对象捕捉”工具栏　在命令要求输入点时，单击“对象捕捉”工具栏上相应的特征点的图标，“对象捕捉”工具栏如图 3-22 所示。

“对象捕捉”工具条和“对象捕捉”弹出菜单中各个特征点的含义和前面说明的相同，不同的说明如下：

（1）临时追踪点　AutoCAD 的临时追踪点的辅助绘图功能，是一种灵活而有效的精确绘图方式，它允许一次操作中创建多条追踪线，然后根据这些追踪线确定要定位的点。

（2）捕捉自　“捕捉自”是另一项有关对象捕捉的辅助功能。借助于“捕捉自”功能，可以拾取到相对于目标捕捉点有一定偏移量的点。

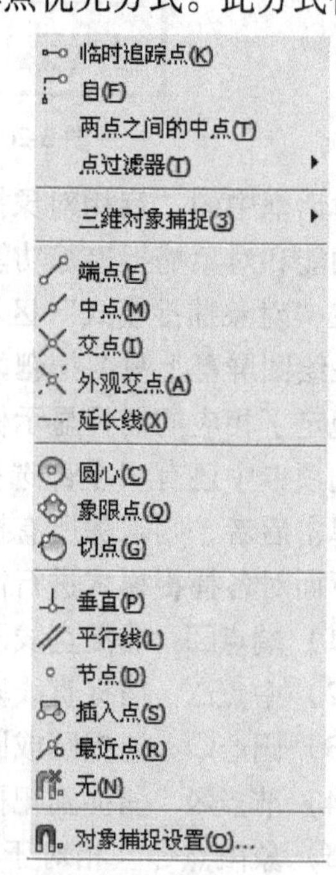

图 3-21 “对象捕捉”弹出菜单

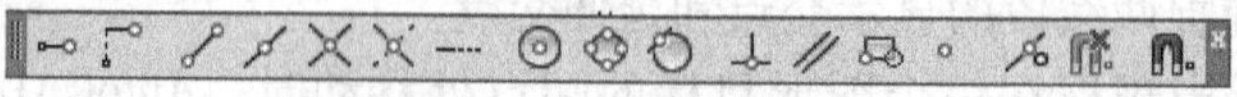

图 3-22 “对象捕捉”工具栏

3.3.5 对象捕捉追踪

对象捕捉追踪与对象捕捉功能相关，启用对象捕捉追踪功能之前必须先启用对象捕捉功能。利用对象捕捉追踪可产生基于对象捕捉点的辅助线，如图 3-23 所示，在画线过程中

AutoCAD捕捉到前一线段的端点，追踪提示说明光标所在位置与捕捉的端点间距离为24.5124，辅助线的极轴角为300°。启用对象捕捉追踪可用【F11】键进行开和关切换或直接单击状态栏上的“对象追踪”按钮。

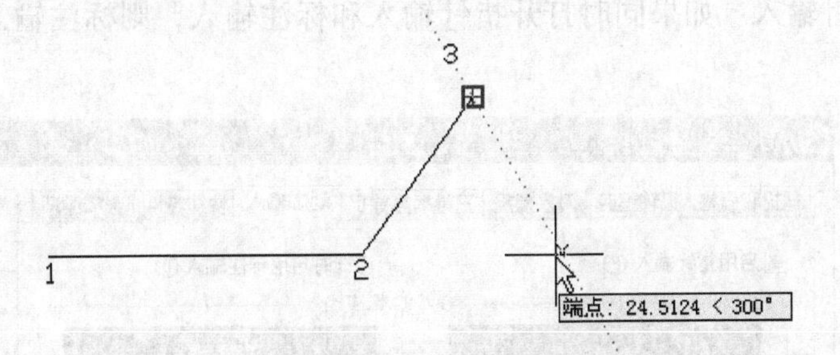

图3-23　对象捕捉追踪

注意：使用对象捕捉追踪有“仅正交追踪”（极轴角增量为90°）和“用所有极轴角设置追踪”两种方式，如图3-18所示。图3-23中显示的对象捕捉追踪必须设置“用所有极轴角设置追踪”，否则不显示。

3.3.6　动态输入

“动态输入”在光标附近提供了一个命令界面，以帮助用户专注于绘图区域。

启用“动态输入”可用【F12】键进行开和关切换或单击状态栏上的“动态输入”按钮。打开“动态输入”时，工具提示将在光标旁边显示信息，该信息会随光标移动而动态更新，如图3-24a所示。当某命令处于活动状态时，工具提示将为用户提供输入的位置。

在输入字段中输入值并按【Tab】键后，该字段将显示一个锁定图标，并且光标会受用户输入值的约束。另外，如果用户输入值后按【Enter】键，该值将被视为直接距离输入，如图3-24b所示。

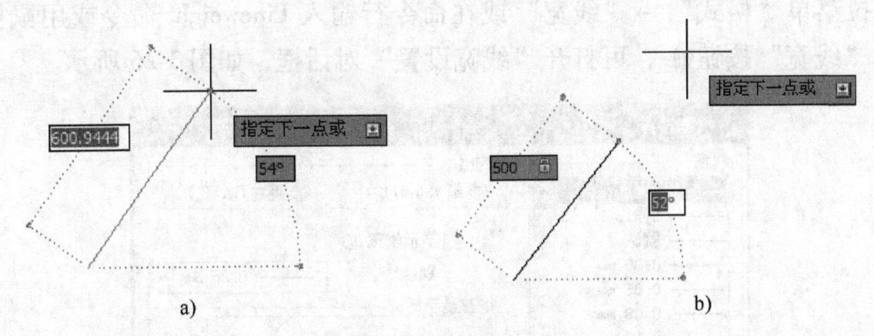

图3-24　动态输入

选择下拉菜单“工具”→“草图设置”或在命令行输入Dsettings命令或在状态栏上用鼠标右键单击“动态输入”按钮，选择“设置”，可打开“草图设置”对话框中的“动态输入”选项卡，如图3-25所示。

（1）指针输入　工具提示中的十字光标位置的坐标值将显示在光标旁边。命令提示用户输入点时，可以在工具提示（而非命令窗口）中输入坐标值。

（2）标注输入　当命令提示用户输入第二个点或距离时，将显示标注和距离值与角度值的工具提示。标注工具提示中的值将随光标移动而更改。可以在工具提示中输入值，而不用在命令行中输入值。

（3）动态提示　需要时将在光标旁边显示工具提示中的提示，以完成命令。可以在工具提示中输入值，而不用在命令行中输入值。

（4）打开指针输入　如果同时打开指针输入和标注输入，则标注输入在可用时将取代指针输入。

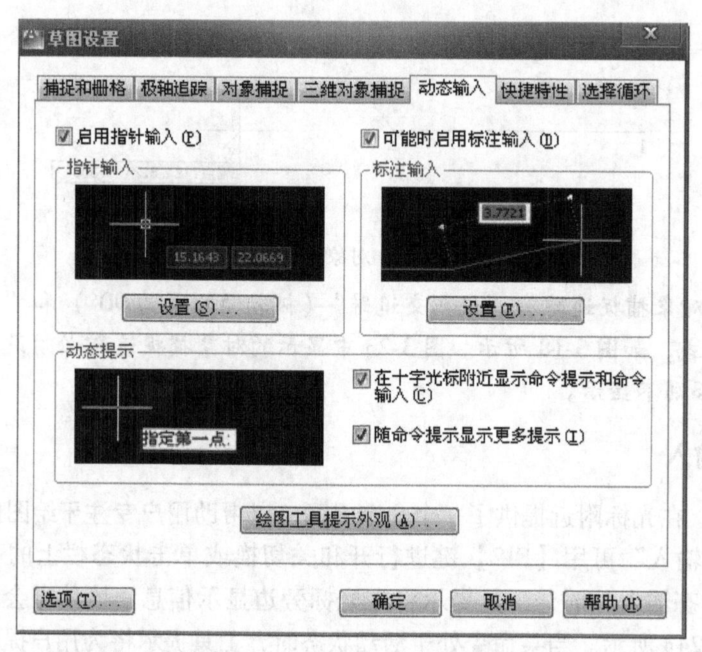

图 3-25 “草图设置”对话框——“动态输入”选项卡

3.3.7　隐藏/显示线宽

选择下拉菜单“格式”→“线宽”或在命令行输入 Lineweight 命令或用鼠标右键单击状态栏上的“线宽”按钮，可打开“线宽设置”对话框，如图 3-26 所示。

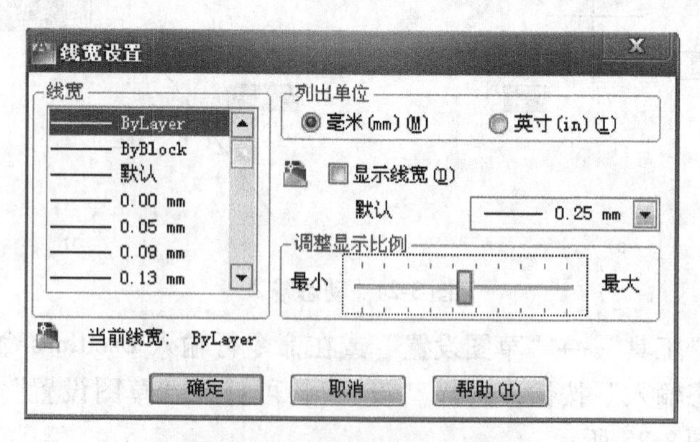

图 3-26 “线宽设置”对话框

（1）“线宽”列表框　用于设置线宽的值。

（2）“列出单位”区域　供用户选择是以毫米还是英寸作为线宽单位。

（3）“显示线宽”复选框　控制当前图形中是否显示线宽。选中该复选框，则在模型空间和图纸空间中均显示线宽，但这时 AutoCAD 重新生成图形的速度减慢。

另外，可以通过 AutoCAD 状态栏的“隐藏/显示线宽”按钮 控制是否显示线宽，按钮弹起时表示显示线宽。

3.3.8　功能键

AutoCAD 的某些命令，除了可以通过在命令窗口输入命令、单击工具栏图标或菜单项来完成外，还可以使用键盘上的功能键完成。

【F1】键：调用 AutoCAD 帮助对话框。

【F2】键：图形窗口与文本窗口的互相切换开关。

【F3】键：对象捕捉开关。

【F4】键：三维对象捕捉开关。

【F5】键：不同方向正等轴测作图平面之间的切换。

【F6】键：动态 UCS 开关。

【F7】键：栅格模式开关。

【F8】键：正交模式开关。

【F9】键：间隔捕捉模式开关。

【F10】键：极轴追踪模式开关。

【F11】键：对象追踪模式开关。

【F12】键：动态输入开关。

3.4　参数化约束对象

AutoCAD 中的参数化特性使绘制对象更智能化，可以更精确地控制绘制对象。草图约束有两种类型：几何约束和标注约束。

几何约束建立草图对象的几何特性（如要求直线水平或垂直等），或是两个或更多个草图对象的关系类型（如要求两条直线平行或垂直等）。在绘图区可以选择下拉菜单“参数”→“约束栏”→“全部显示”、“全部隐藏”或“参数化”工具栏中的“显示”、“全部显示”、“全部隐藏”来显示有关信息，并显示有关约束的标记。如图 3-27 所示，图形中显示直线水平、两直线相等、两直线平行等信息。

标注约束建立草图对象的大小（如直线的长度、圆或圆弧的半径等），或两个对象之间的关系（如两点之间的距离等）。如图 3-28 所示为带有尺寸约束的图形。

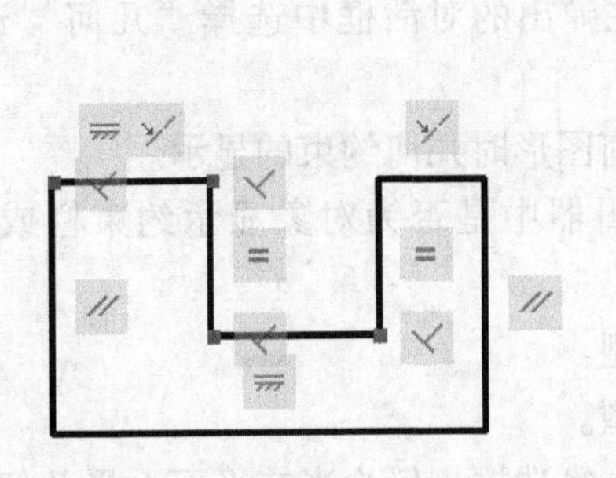

图 3-27　几何约束示意图

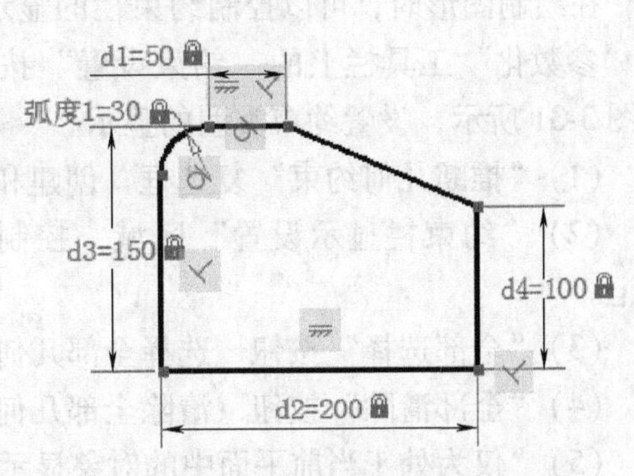

图 3-28　尺寸约束示意图

3.4.1　建立几何约束

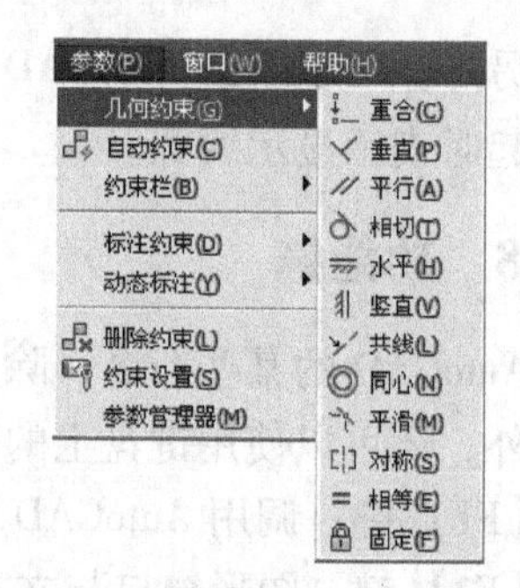

图 3-29 “几何约束”下拉菜单

图 3-30 “几何约束”工具栏

利用几何约束工具，可以指定草图对象必须遵守的条件，或草图之间必须维持的关系。用户可指定二维对象或对象上的点之间的几何约束，当编辑受约束的几何图形时，几何约束将保留，修改受约束的其中一个对象，另一个对象将自动更新。因此，通过使用几何约束，可以在图形中包括设计要求。

选择下拉菜单“参数”→“几何约束”（见图 3-29）或单击“几何约束”工具栏（见图 3-30），建立几何约束。其中主要约束的功能见表 3-2。

表 3-2　主要约束的功能

约　束	功　能
重合	约束两个点使其重合，或约束一个点使其在曲线或曲线的延长线上
垂直	使两条线段或多条线段保持垂直关系
平行	使两条或多条线段保持平行关系
相切	使两个对象保持相切关系
水平	使一条线段或对象上的两点平行于当前坐标系的 X 轴
竖直	使一条线段或对象上的两点平行于当前坐标系的 Y 轴
共线	使两条或多条线段位于同一直线上，使其共线
同心	使两个圆弧、圆或椭圆保持同心关系，结果与将重合约束应用于曲线中心点所产生的效果相同
平滑	将样条曲线约束为连续，并与直线、圆弧、多段线或其他样条曲线保持连续性
对称	使选定的对象相对于选定的对称轴对称
相等	使选定的两个圆具有相同的半径或选定两条直线保持等长
固定	将选定对象的一个点固定在世界坐标系中的某一点上

3.4.2　设置几何约束

在绘制图形时，可以控制约束栏的显示。选择下拉菜单“参数”→“约束设置”或单击“参数化”工具栏上的“约束设置”按钮，在弹出的对话框中选择“几何”选项卡，如图 3-31 所示，设置约束类型的显示。

（1）“推断几何约束”复选框　创建和编辑几何图形时几何约束的显示。

（2）“约束栏显示设置”区域　控制图形编辑器中是否为对象显示约束栏或约束点标记。

（3）“全部选择”按钮　选择全部几何约束类型。

（4）“全部清除”按钮　清除全部几何约束类型。

（5）“仅为处于当前平面中的对象显示约束栏”复选框　仅为当前平面上受几何约束的对象显示约束栏。

（6）“约束栏透明度”区域　设置约束中约束栏的透明度。

（7）“将约束应用于选定对象后显示约束栏”复选框　手动应用约束后或使用 Autoconstrain 命令时显示相关约束栏。

（8）“选定对象时显示约束栏”复选框　临时显示选定对象的约束栏。

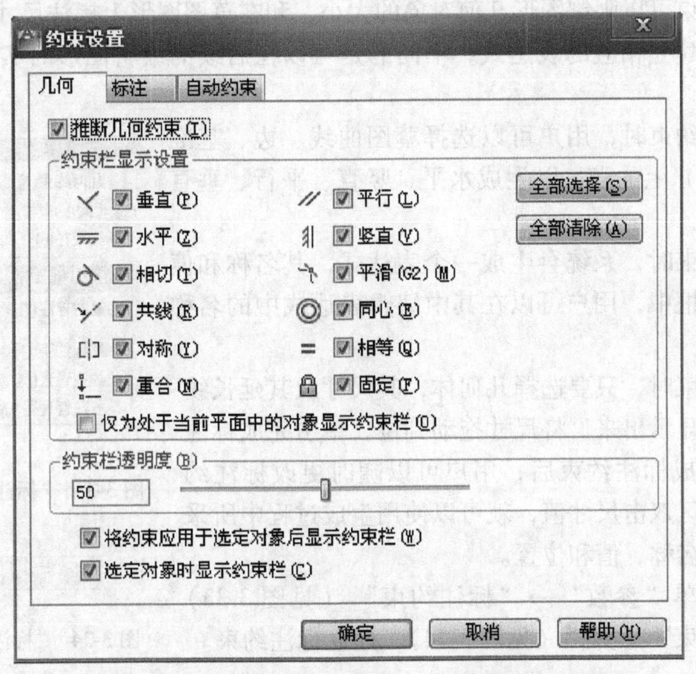

图 3-31“约束设置”对话框——“几何”选项卡

例　绘制如图 3-32a 所示的相切圆。

1）绘制圆。运用“圆”命令，选择适当的半径绘制 4 个圆，结果如图 3-32b 所示。

2）打开“几何约束”工具栏。鼠标放在工具栏上，单击右键打开“几何约束”工具栏。

3）约束两圆同心。单击“几何约束”工具栏上的“同心”按钮◎，选择圆 3 和圆 4，系统自动将圆 3 和圆 4 调整为同心，结果如图 3-32c 所示。

4）约束两圆相切。单击“几何约束”工具栏上的“相切”按钮，选择圆 2 和圆 3，系统自动将圆 2 和圆 3 调整为相切，结果如图 3-32d 所示。

5）利用和上步相同的方法，设置圆 2 和圆 1、圆 2 和圆 4、圆 3 和圆 1、圆 1 和圆 4 相切，结果如图 3-32a 所示。

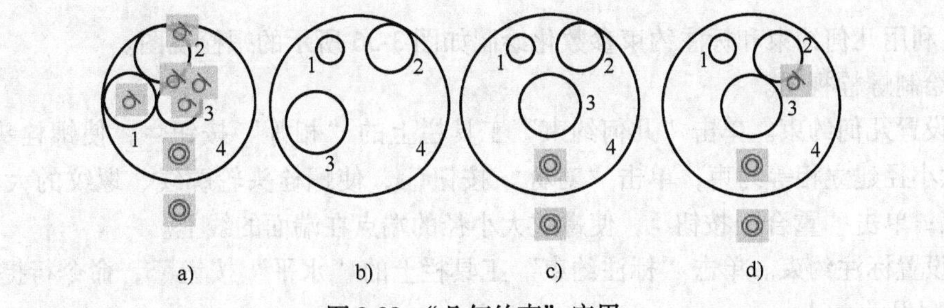

图 3-32 “几何约束”应用

3.4.3 建立标注约束

标注约束控制设计的大小和比例。它们可以约束对象之间或对象上的点之间的距离、角度、圆弧和圆的大小。

建立标注约束可以限制图形几何对象的大小，和在草图图形上标注尺寸类似，同样设置尺寸标注线，并建立相应的表达式，不同的是可以在后续的编辑图形时实现尺寸的参数化驱动。

在生成标注约束时，用户可以选择草图曲线、边、基准平面（或基准轴）上的点，以生成水平、竖直、平行、垂直和角度尺寸。

生成标注约束时，系统会生成一个表达式，其名称和值显示在一个文本框中，用户可以在其中编辑表达式中的名称和值。

生成标注约束时，只要选择几何体，其尺寸及其延长线和箭头就会全部显示出来。将尺寸拖动到位，单击完成标注约束的添加。完成标注约束后，用户可以随时更改标注约束，只要在绘图区双击尺寸值，就可以使用生成过程中所采用的方式编辑其名称、值和位置。

选择下拉菜单“参数”→“标注约束”（见图 3-33）或单击“标注约束”工具栏（见图 3-34），建立标注约束。

图 3-33 “标注约束”下拉菜单

图 3-34 “标注约束”工具栏

3.4.4 设置标注约束

选择下拉菜单“参数”→“约束设置”，或单击“参数化”工具栏上的“约束设置”按钮，在弹出的对话框中选择“标注”选项卡，如图 3-35 所示，可控制显示标注约束时的系统配置。

1）“标注约束格式”区域 设定标注名称格式和锁定图标的显示。

2）“标注名称格式”下拉列表框 为应用标注约束时显示的文字指定格式。将名称格式设定为显示：名称、值或名称和表达式。例如：宽度 = 长度/2。

3）“为注释性约束显示锁定图标”复选框 针对已应用注释性约束的对象显示锁定图标（DIMCONSTRAINTICON 系统变量控制）。

4）“为选定对象显示隐藏的动态约束”复选框 显示选定时已设定为隐藏的动态约束。

例 利用几何约束和标注约束参数化绘制如图 3-36 所示的螺栓视图。

1）绘制螺栓视图。

2）设置几何约束。单击“几何约束”工具栏上的“相等”按钮，使螺栓头轮廓线、螺纹的大小径建立相等约束；单击“对称”按钮，使螺栓头轮廓线、螺纹的大小径建立对称约束；单击“重合”按钮，使螺纹大小径的端点在端面的线上。

3）设置标注约束。单击“标注约束”工具栏上的“水平”按钮，命令行提示：

命令：_dcHorizontal

指定第一个约束点或[对象(O)]<对象>:(选择水平线左端点)

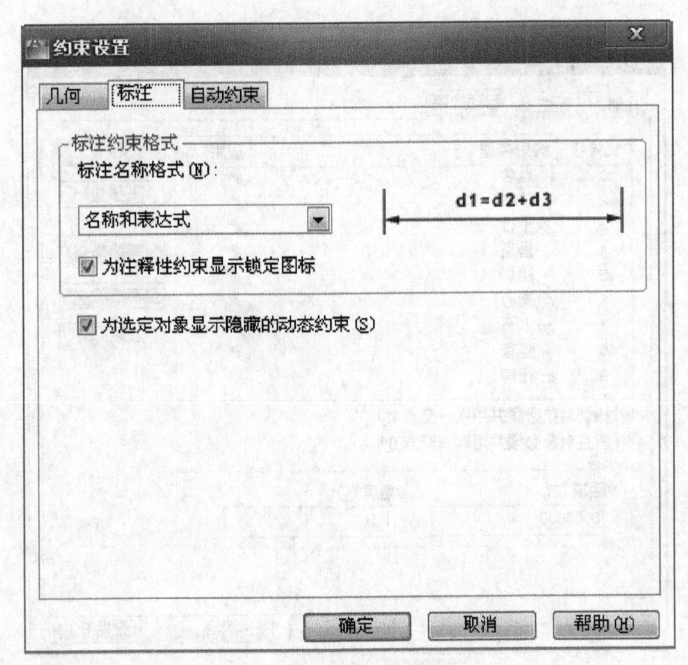

图3-35　“标注”选项卡

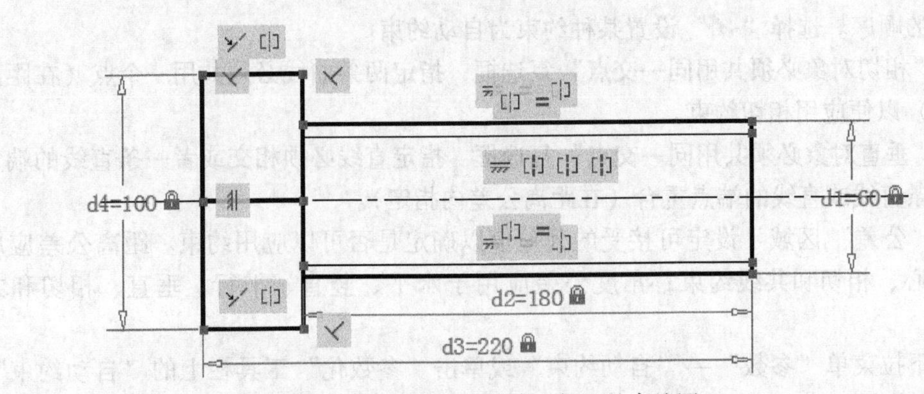

图3-36　利用几何约束和标注约束绘图

指定第二个约束点:(选择水平线右端点)
指定尺寸线位置:(选择尺寸线位置)
标注文字=106.26(输入实际线段的尺寸值,例如输入180,按【Enter】键结束命令)

命令结束后，图形自动调整到设置的尺寸。用同样的方法建立其他的“水平”和“垂直”标注约束。

4）参数化绘制图形。双击图形中的尺寸约束，修改标注约束的尺寸值，则系统按新尺寸自动生成图形。

3.4.5　自动约束

选择下拉菜单“参数”→“约束设置”或单击“参数化”工具栏上的“约束设置”按钮，在弹出的对话框中选择“自动约束”选项卡，如图3-37所示，设置自动约束的条件，可将设定公差范围内的对象自动设置为相关约束。

（1）“约束类型”列表框　显示和控制应用约束的类型和优先级，通过上移和下移调整

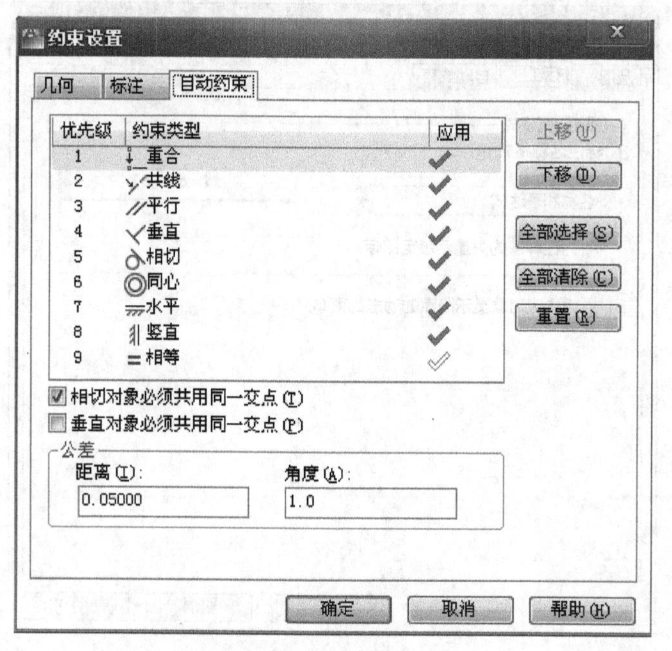

图 3-37 “自动约束”选项卡

优先级别的顺序。选择“✔”设置某种约束为自动约束。

（2）“相切对象必须共用同一交点”复选框　指定两条曲线必须共用一个点（在距离公差内指定）以便应用相切约束。

（3）“垂直对象必须共用同一交点”复选框　指定直线必须相交或者一条直线的端点必须与另一条直线或直线的端点重合（在距离公差内指定）。

（4）“公差”区域　设定可接受的公差值以确定是否可以应用约束。距离公差应用于重合、同心、相切和共线约束；角度公差应用于水平、竖直、平行、垂直、相切和共线约束。

选择下拉菜单“参数”→“自动约束”或单击“参数化”工具栏上的“自动约束”按钮，命令行提示：

命令:_autoconstrain

选择对象或[设置(S)]:找到 1 个　（选择要约束的对象）

选择对象或[设置(S)]:找到 1 个,总计 2 个(选择要约束的对象)

选择对象或[设置(S)]:(按【Enter】键结束命令,符合自动约束条件的约束建立)

已将 1 个约束应用于 2 个对象

3.5 图形的数据查询

AutoCAD 提供了多种图形数据的查询。选择下拉菜单“工具”→“查询”，查询图形数据，如图 3-38 所示。

1. 查询距离

“距离”命令用来显示两点间的距离。选择下拉菜单“工具”→“查询”→“距离”或在命令行输入 Dist 命令。执行命令后，命令行提示以下信息：

命令:_measuregeom

输入选项[距离(D)/半径(R)/角度(A)/面积(AR)/体积(V)] <距离>:_distance

命令:'_dist 指定第一点:(确定第一点)

指定第二点:(确定第二点,则结果显示如下)

距离 =61.8763,XY 平面中的倾角 =8,　与 XY 平面的夹角 =0

X 增量 =61.2443,　Y 增量 =8.8214,　Z 增量 =0.0000

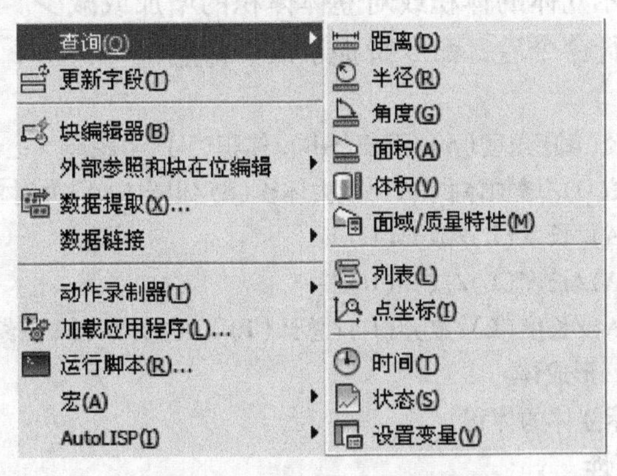

图 3-38　"查询"下拉菜单

2. 查询半径

"半径"命令用来显示圆或圆弧的半径。选择下拉菜单"工具"→"查询"→"半径"。执行命令后,命令行提示以下信息:

命令:_measuregeom

输入选项[距离(D)/半径(R)/角度(A)/面积(AR)/体积(V)] <距离>:_radius

选择圆弧或圆:(选择圆或圆弧对象)

半径 =29.5428

直径 =59.0855(得出查询结果)

3. 查询角度

"角度"命令用来显示圆或圆弧上两点的弦心角或两条直线的夹角。选择下拉菜单"工具"→"查询"→"角度"。执行命令后,命令行提示以下信息:

命令:_measuregeom

输入选项[距离(D)/半径(R)/角度(A)/面积(AR)/体积(V)] <距离>:_angle

选择圆弧、圆、直线或 <指定顶点>:(选择一条直线)

选择第二条直线:(选择第二条直线)

角度 =55°(显示角度值)

4. 查询面积和周长

"面积"命令用来显示封闭图形的面积和周长或对封闭图形增加或减少面积。选择下拉菜单"工具"→"查询"→"面积"或在命令行输入 Area 命令。执行命令后,命令行提示以下信息:

命令:_measuregeom

输入选项[距离(D)/半径(R)/角度(A)/面积(AR)/体积(V)] <距离>:_area

指定第一个角点或[对象(O)/增加面积(A)/减少面积(S)/退出(X)] <对象(O)>:o(显示对象面积)

选择对象:(选择测量的对象)

面积 =2741.9013,圆周长 =185.6226

1）在用户指定 3 点或更多点之后，求出它们所围成封闭多边形的面积和周长。

2）在用户指定对象后，可求出该对象的面积和周长。

3）在累加模式下，把求出的面积加入到总面积中。

4）在减去模式下，把求出的面积从总面积中减去。

5. 查询体积

“体积”命令用来显示立体的体积或对立体体积的增加或减少。选择下拉菜单“工具”→“查询”→“体积”。执行命令后，命令行提示以下信息：

命令:_measuregeom

输入选项[距离(D)/半径(R)/角度(A)/面积(AR)/体积(V)] <距离>:_volume

指定第一个角点或[对象(O)/增加体积(A)/减去体积(S)/退出(X)] <对象(O)>:

指定下一个点或[圆弧(A)/长度(L)/放弃(U)]:

指定下一个点或[圆弧(A)/长度(L)/放弃(U)]:

指定下一个点或[圆弧(A)/长度(L)/放弃(U)/总计(T)] <总计>:(3 点绘制封闭图形)

指定高度:100(指定高度,形成体)

体积 = 321795.4967(显示立体的体积)

6. 查询面域/质量特性

“面域/质量特性”命令可以计算面域（二维）或实体（三维）的质量特性。选择下拉菜单“工具”→“查询”→“面域/质量特性”或在命令行输入 Massprop 命令。执行命令后，命令行提示以下信息：

命令:_massprop

选择对象:找到 1 个

选择对象后，在 AutoCAD 文本窗口中显示所选对象的质量数据信息。

7. 查询状态

“状态”命令用来显示全图的图形范围、绘图功能、参数设置，以及磁盘空间使用情况等信息，选择下拉菜单“工具”→“查询”→“状态”或在命令行输入 Status 命令。执行命令后，出现文本窗口，报告当前图形的如下信息：

1）图形文件的路径、名称和已有的图线目标数。

2）模型空间或图纸空间的绘图界限、已利用的图形范围和显示范围。

3）插入基准点。

4）捕捉分辨率（即捕捉间距）和栅格点分布间距。

5）当前空间（模型或图纸）、当前图层、颜色、线型、基面标高和延伸厚度。

6）填充、栅格、正交、快速文本、间隔捕捉和数字化仪开关的当前设置。

7）目标捕捉的当前设置。

8）磁盘空间的使用情况。

8. 查询点坐标

“点坐标”命令用来标识指定点位置在当前用户坐标系下的 X、Y、Z 坐标值。选择下拉菜单“工具”→“查询”→“点坐标”或在命令行输入 ID 命令。执行命令后，命令行提示以下信息：

命令:id

指定点:(指定点)

X = -8.5070　　Y = 183.7535　　Z = 0.0000

9. 查询目标的数据列表

“列表”命令用来显示所选目标的数据信息。选择下拉菜单“工具”→“查询”→“列表”或在命令行输入 List 命令。执行命令后，命令行提示以下信息：

```
命令:_list
选择对象:找到 1 个(选择一条直线)
选择对象:(选择对象结束)
LINE        图层:图层 1
空间:模型空间
句柄 = 3F4
自点,X = 288.4930   Y = 183.7535   Z =     0.0000
到点,X =    -8.5070  Y = 183.7535   Z =     0.0000
长度 = 297.0000,在 XY 平面中的角度 =        180
增量 X = -297.0000,增量 Y =       0.0000,增量 Z =       0.0000
```

10. 查询时间

“时间”命令用于显示图形的绘图日期与时间信息。选择下拉菜单“工具”→“查询”→“时间”或在命令行输入 Time 命令，即可执行“时间”命令。

11. 设置系统变量

“设置变量”命令用于查询和修改 AutoCAD 的系统变量设置。AutoCAD 用一组系统变量来记录绘图环境和一些命令参数的设置，其变量数据可能是整型数、实型数、点、开关值或字串，其中有些变量是只读的，不能用系统命令修改。选择下拉菜单“工具”→“查询”→“设置变量”或在命令行输入 Setvar 命令，即可执行“设置变量”命令。

3.6 综合实例——精确绘制三视图

实例 利用绘图辅助工具精确绘制图形，如图 3-39 所示。

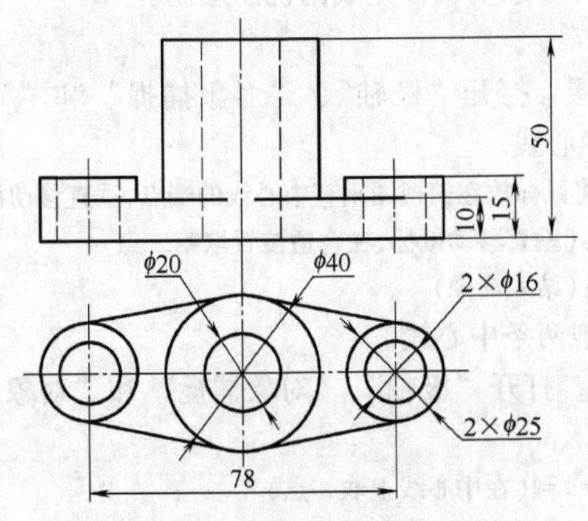

图 3-39 精确绘制图形实例

绘图的具体步骤如下：

1. 设置绘图环境

根据图形的大小及复杂程度，设置图幅、单位精度及图层（包括线型、颜色、线宽）。本例设置图幅为 297 × 210。长度单位为小数，精度为 0。图层分为 4 层，main 层为黄色

Continue 线，用于画可见轮廓线；Center 层为红色 Center 线，用于画对称线、中心线；Dim 层为蓝色 Continue 线，用于标注尺寸；0 层为原有层，保持不变以备用。

2. 绘制中心线

调用 Center 层为当前层，在正交状态下用 Line 命令画相互垂直的中心线，用“直线”命令和“捕捉自”对象捕捉绘制左右圆的中心线，操作如下：

命令： line 指定第一点：(调用“直线”命令，输入点提示时单击“对象捕捉”工具栏上的“捕捉自”按钮)

_from 基点：(选择基点，为水平和垂直线的交点)

<偏移>:39(指定偏移距离，确定直线的起点。注意：确定点的偏移距离和光标有关，是光标和基点之间的距离)

指定下一点或[放弃(U)]：(正交方式绘制垂直线，则绘制半条中心线)

指定下一点或[放弃(U)]：(结束命令)

命令： line 指定第一点：(绘制另半条中心线)

指定下一点或[放弃(U)]：(用“对象捕捉”捕捉中心线端点)

指定下一点或[放弃(U)]：(垂直绘制中心线另一端点)

用同样的方法可以绘制另一侧的中心线，结果如图 3-40a 所示。

3. 用“圆”命令绘制圆

调用 main 层为当前层，用“圆”命令和“交点”对象捕捉方式绘制圆，结果如图 3-40b所示。

4. 用“直线”命令绘制切线

用“直线”命令和“切点”对象捕捉方式绘制切线，结果如图 3-40c 所示。操作如下：

命令：_line 指定第一点：_tan 到(调用“直线”命令，输入点提示时单击“对象捕捉”工具栏上的“切点”按钮，再选择相切的圆)

指定下一点或[放弃(U)]：_tan 到(同样的方法选择另一个圆的切点)

指定下一点或[放弃(U)]：(结束命令)

用同样的方法绘制另外 3 条切线，完成俯视图绘制。

5. 绘制主视图

调用 Center 层为当前层，打开“极轴”、“对象捕捉”和“对象捕捉追踪”功能，用“直线”命令绘制主视图中心线。

命令：_line 指定第一点：(将鼠标放在俯视图垂直中心线的端点，垂直移动鼠标，在合适位置取点)

指定下一点或[放弃(U)]：(垂直移动鼠标，在合适位置取第二点)

指定下一点或[放弃(U)]：(结束命令)

用相同的方法绘制其他两条中心线。

调用 main 层为当前层，打开“极轴”、“对象捕捉”和“对象捕捉追踪”功能，用“直线”命令绘制主视图。

命令：_line 指定第一点：_nea 到(在中心线上取一点)

指定下一点或[放弃(U)]：(用“对象捕捉追踪”功能取俯视图中等长的点，按“长对正”直接绘制主视图图形的底线)

指定下一点或[放弃(U)]：15(绘制底板高)

指定下一点或[闭合(C)/放弃(U)]：(用“对象捕捉追踪”功能绘制凸台的等长线)

指定下一点或[闭合(C)/放弃(U)]：5(绘制凸台的高度)

指定下一点或[闭合(C)/放弃(U)]：(用“对象捕捉追踪”功能绘制直线到中间圆柱的轮廓线)

指定下一点或[闭合(C)/放弃(U)]:40(绘制中间圆柱的高度)

指定下一点或[闭合(C)/放弃(U)]:(用"对象捕捉追踪"功能绘制直线到中心线)

指定下一点或[闭合(C)/放弃(U)]:(结束命令)

用同样的方法绘制其他轮廓线和虚线，如图3-40d所示。用前面相同的方法或"镜像"命令绘制中心线另一侧的图形，如图3-39所示。

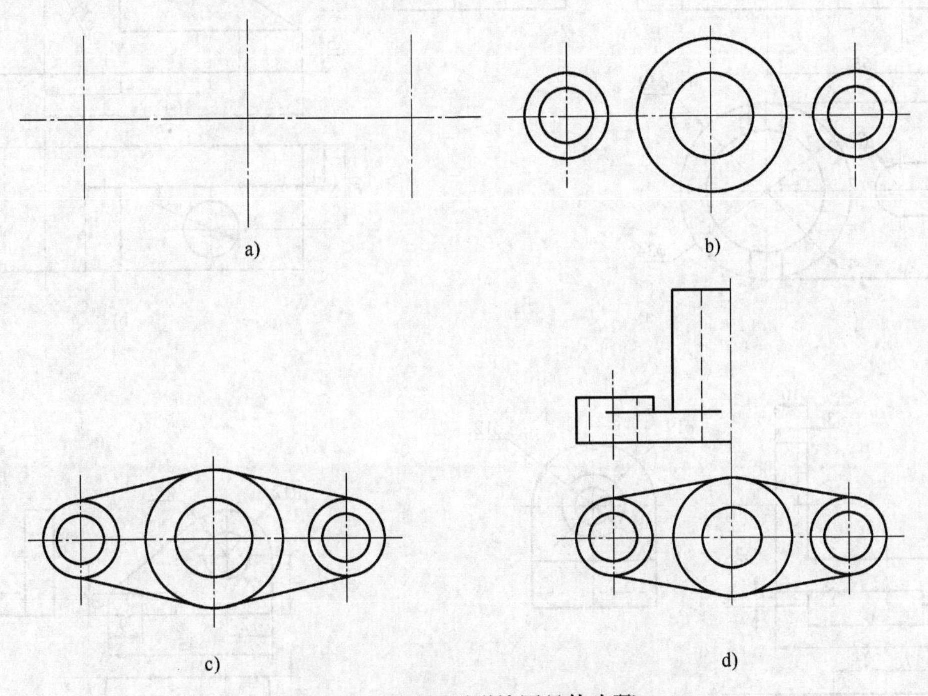

图3-40　平面图形绘图具体步骤

a）绘制中心线　b）绘制圆　c）绘制切线　d）绘主视图

习题与上机训练

3-1. 对象捕捉模式有哪几种?

3-2. 图形的显示控制命令是否改变图形的实际尺寸及实体间的相互位置关系?

3-3. 实时缩放和实时平移命令有何特点?

3-4. 绘制如图3-41所示的图形并计算其面积和周长。

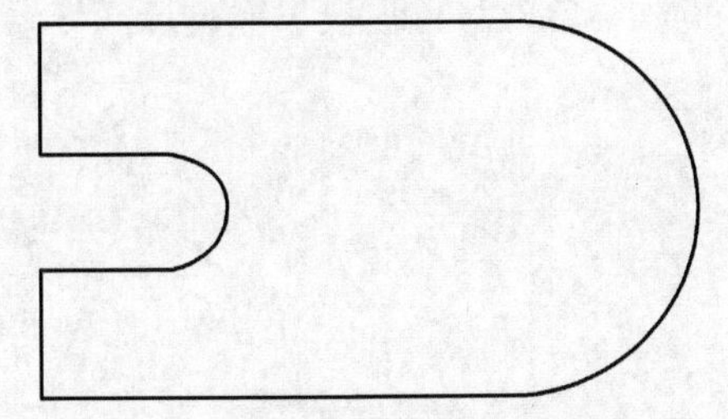

图3-41　绘制图形并计算面积和周长

3-5. 按尺寸绘制如图3-42所示的图形。

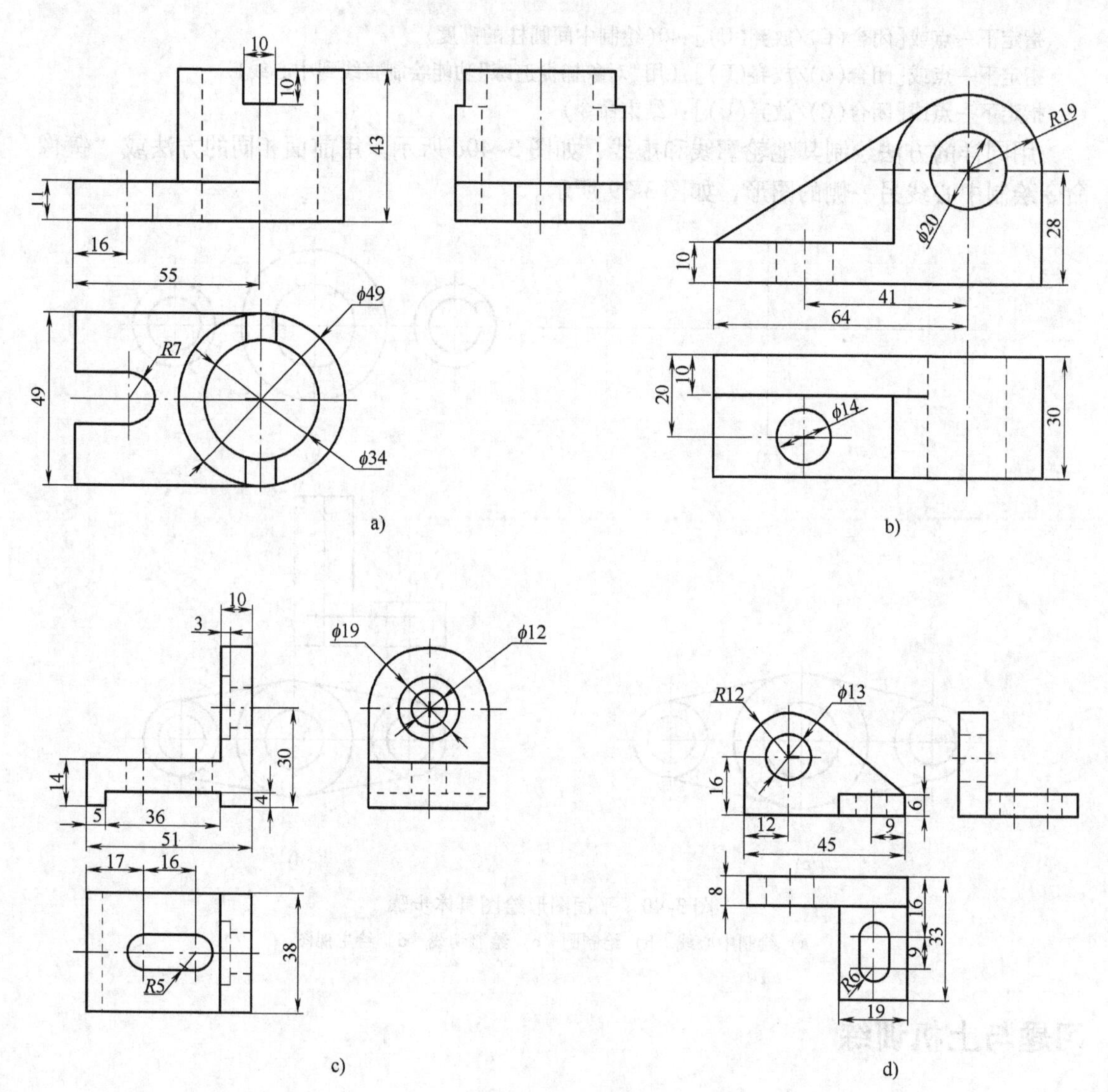
10
10
43
11
16
55
ϕ49
R7
49
ϕ34
a)
R19
ϕ20
28
10
41
64
10
20
ϕ14
30
b)
10
3
ϕ19
ϕ12
30
14
4
5
36
51
17
16
38
R5
c)
R12
ϕ13
16
6
12
9
45
8
16
33
9
R6
19
d)

图 3-42　绘制图形

第 4 章　编辑二维图形

在绘制图形时，AutoCAD 提供的绘图命令只能绘制基本的图形对象。要绘制工程图，一般情况下必须对基本图形对象进行编辑。AutoCAD 提供了强大的图形编辑功能，可以提高绘图的准确度和绘图效率。

可以使用“修改”工具栏和“修改Ⅱ”工具栏（见图 4-1）或“修改”菜单（见图 4-2）或命令输入等方法，实现对图形的编辑。

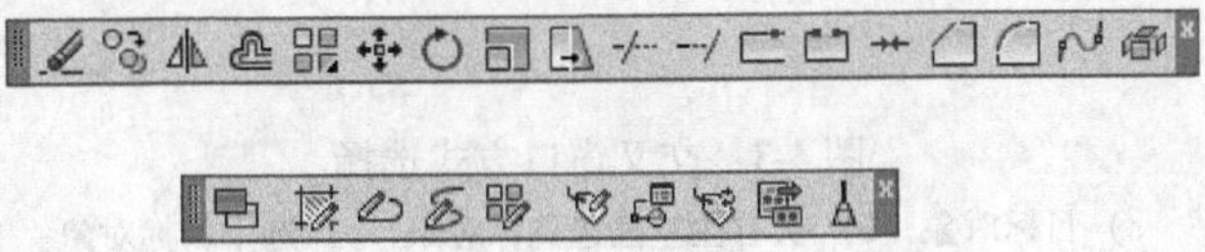

图 4-1 “修改”、“修改Ⅱ”工具栏

4.1　选择对象

在对图形进行编辑时，要选取编辑的对象，当选择一个或多个对象时就创建了一个选择集。若对象被选中，则对象显亮，从纯色变为虚线轮廓。

4.1.1　选择对象的方法

当要选择对象或在命令行输入 select 命令时，AutoCAD 提示“选择对象:”。若输入“?”，将显示如下信息:

命令:select

选择对象:?

无效选择

需要点或窗口(W)/上一个(L)/窗交(C)/框(BOX)/全部(ALL)/栏选(F)/圈围(WP)/圈交(CP)/编组(G)/添加(A)/删除(R)/多个(M)/前一个(P)/放弃(U)/自动(AU)/单个(SI)/子对象(SU)/对象(O)

根据上面提示的信息，输入圆括号内的字母，可以指定选择模式。系统默认的选择方法为拾取单个对象和窗口、交叉窗口选择方法，其他的选择方法要选择确定。

1. “点取”选项

在选择状态下，屏幕上的十字光标将被小方框取代，此小方框称为拾取框，只需将拾取框接触对象的可见部分，单击鼠标左键，对象即被选中，选中的对象以虚线显亮，同时 AutoCAD 命令行提示“找到几个”，并不断提示“选择对象”，直到按空格键或【Enter】键。

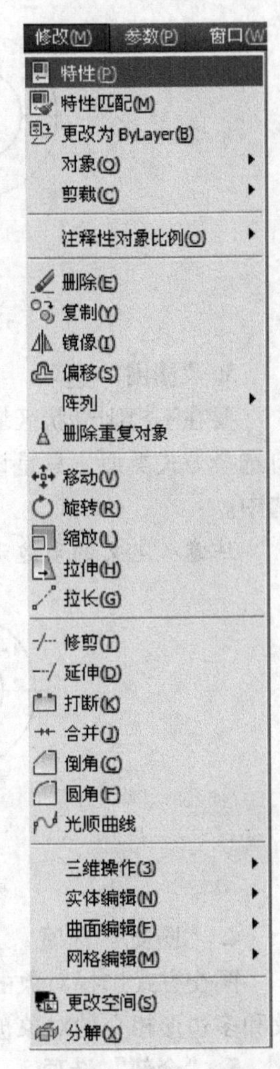

图 4-2 “修改”菜单

2. “窗口”和“窗交”选项

在选择状态下，当鼠标拾取框在屏幕上未选中对象时，向左移动鼠标可形成虚线选择窗口，即交叉窗口选择；向右移动鼠标可形成实线选择窗口，即窗口选择。当是交叉窗口选择时，矩形窗口内和与矩形窗口相交的对象都被选中，如图 4-3 所示；当是窗口选择时，对象必须全部在矩形内才被选中，选中的对象以虚线显亮，如图 4-4 所示。

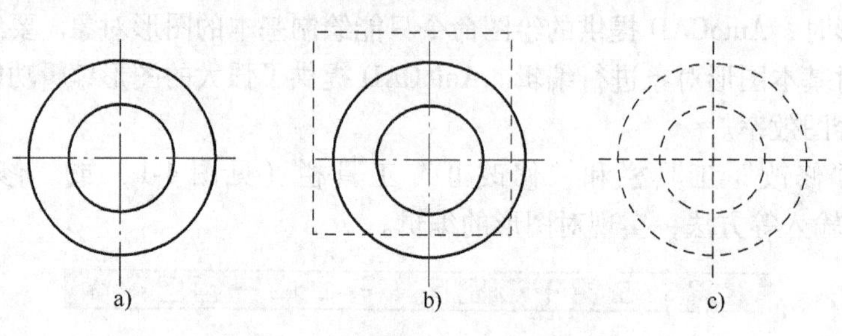

图 4-3　交叉窗口方式选择

a）目标对象　b）从右往左框选目标对象　c）选中目标对象

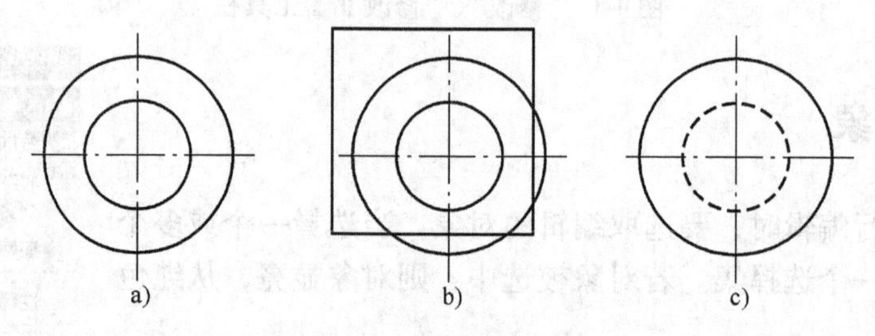

图 4-4　矩形窗口方式选择

a）目标对象　b）从左往右框选目标对象　c）选中目标对象

3. “圈围”选项

要在不规则形状区域选择对象，应将它们包含在一个多边形的选择窗口中。该方式和窗口选择方式类似，只是该方式可以构造任意形状的多边形，只有包含在多边形内的实体被选中。

注意：定义的多边形可以是任何形状，但不能自身相交，如图 4-5 所示。

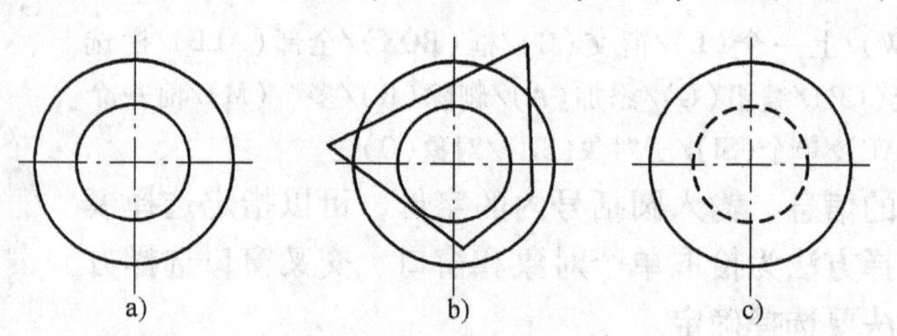

图 4-5　圈围方式选择

a）目标对象　b）确定多边形选择范围　c）选择目标对象

4. “圈交”选项

圈交方式选择对象的方法和圈围方式选择对象的方法基本相同，只是包含在多边形内以及和多边形相交的对象被选中，如图 4-6 所示。

5. “全部”选项

“全部”选项一次将图样中没被锁定、关闭或冻结层上的对象全部选中。在命令行提示

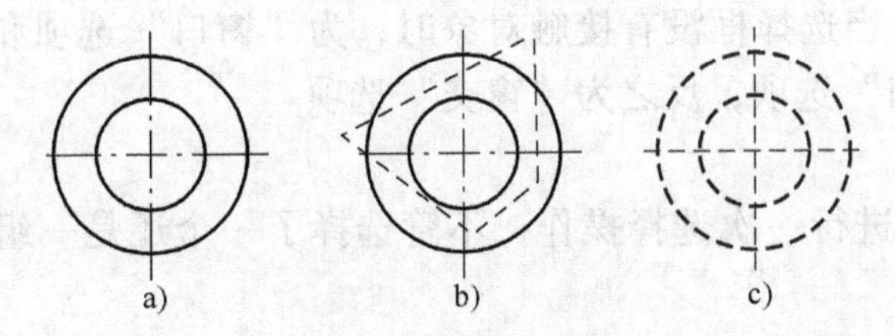

图4-6 圈交方式选择
a）目标对象 b）确定多边形选择范围 c）选择目标对象

“选择对象:”下输入“all”，按【Enter】键即可。或未执行命令时，同时按【Ctrl + A】键可选中绘图区的全部对象。

6. “上一个”选项

“上一个”选项用于选择在绘图窗口中可见图形中最后创建的一个对象。

7. “框”选项

“框”选项是由“窗口”和“窗交”方式组合的一个选项。此选项从右往左设置拾取框，执行“窗交”选项；从左往右设置拾取框，执行“窗口”选项。

8. “栏选”选项

“框选”选项通过绘制一条开放的栅栏来选择，和栅栏相交的对象被选中，如图4-7所示。栅栏线是若干直线，它可以自身相交。

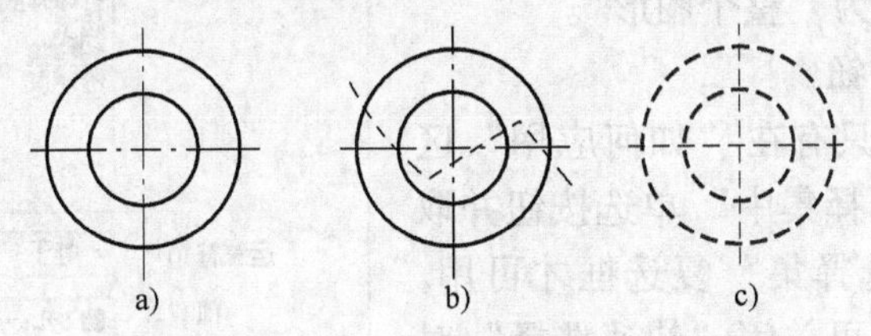

图4-7 栏选方式选择
a）目标对象 b）绘制栏选确定选择范围 c）选择目标对象

9. “编组”选项

“编组”选项用于输入已定义的选择集。系统提示“输入编组名:”，此时可输入已用Group命令设定并命名的选择集名称。

10. “添加”选项

“添加”选项可以通过Pickadd系统变量向选择集中添加对象。若Pickadd变量被设置为1，则后面所选择的对象均加到选择集中；若Pickadd变量被设置为0，则最近所选择的对象均加到选择集中。

11. “删除”选项

“删除”选项可以将已选中的对象从选择集中删除。

12. “多个”选项

“多个”选项指定多次选择而不显亮对象，从而加快对复杂对象的选择。

13. “前一个”选项

“前一个”选项用于选择前一次的选择集。

14. “自动”选项

“自动”选项是“选择对象:”的默认选项。它提供3种选择，当选择框接触对象时，为拾取单个对象选项；当选择框没有接触对象时，为“窗口”选项和“窗交”选项，第一点在第二点左为“窗口”选项，反之为“窗交”选项。

15. “单个”选项

“单个”选项只能进行一次选择操作，不管选择了一个还是一组对象，选择后不再有“选择对象:”提示。

4.1.2　快速选择

当用户需要选择大量具有某些共同特征的对象时，可用“快速选择”命令，根据对象的特性（如图层、线型、颜色等）或对象类型（如直线、多段线、图案填充等）创建选择集。

选择下拉菜单“工具”→“快速选择”或在命令行输入 Qselect 或在命令行“命令:”提示下，在绘图区单击鼠标右键，在弹出的快捷菜单中选择“快速选择”命令，可打开“快速选择”对话框，如图 4-8 所示。

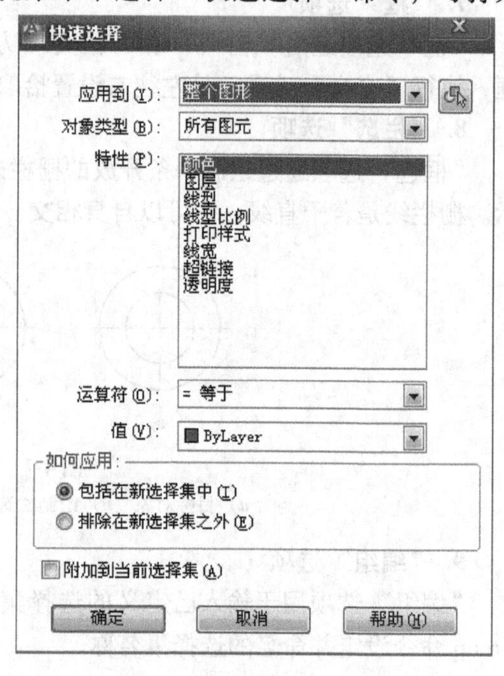

图 4-8　“快速选择”对话框

1. “应用到”下拉列表框

“应用到”下拉列表框指定过滤条件是应用到整个图形还是当前选择集。若有当前选择集，则默认选项为“当前选择集”；若没有当前选择集，则默认选项为“整个图形”。

2. “选择对象”按钮

“选择对象”按钮只有在“如何应用”区域选择了“包括在新选择集中”单选按钮并取消勾选“附加到当前选择集”复选框才可用。单击“选择对象”按钮可关闭“快速选择”对话框到图形窗口，选择符合过滤条件的对象，选择结束后按【Enter】键回到“快速选择”对话框，同时在“应用到”下拉列表框中选择“当前选择集”。

3. “对象类型”下拉列表框

“对象类型”下拉列表框用于指定过滤的对象类型。若当前没有选择集，则列出当前图形的所有对象类型；若已有选择集，则列出所选对象的对象类型。

4. “特性”列表框

“特性”列表框用于指定过滤的对象特性。列表框中列出选定对象的所有特性，若选中某特性，则在“运算符”下拉列表框和“值”下拉列表框中有相应的内容。

5. “运算符”下拉列表框

“运算符”下拉列表框用于控制过滤的范围。根据选择对象的特性，列表框中的可能操作符有“等于”、“不等于”、“大于”、“小于”及“全部选择”。

6. “值”下拉列表框

“值”下拉列表框用于指定过滤的特性值。例如，在“特性”列表框中选中“颜色”，则此处显示颜色名称；若选中“图层”，则显示层名。

7. “如何应用”区域

选择“包括在新选择集中”单选按钮，则由满足过滤条件的对象构成选择集；选择“排除在新选择集之外”单选按钮，则由不满足过滤条件的对象构成选择集。

8. “附加到当前选择集”复选框

“附加到当前选择集”复选框用于指定由“快速选择”命令创建的选择集是加入到当前选择集，还是替代当前选择集。

例　如图 4-9a 所示，通过“快速选择”命令选择特性是点画线的对象，选择的结果如图 4-9b 所示。

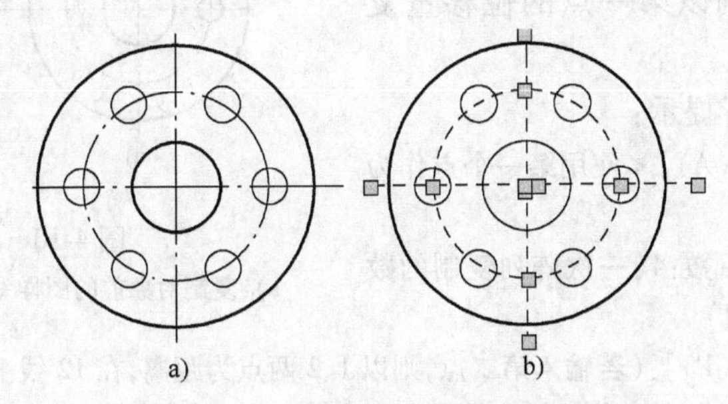

图 4-9　“快速选择”命令的应用

a）选择前的图样　b）快速选择点画线层上的对象

具体步骤如下：

1）打开“快速选择”对话框。

2）在“应用到”下拉列表框中选择“整个图形”。

3）在“对象类型”下拉列表框中选择“所有图元”。

4）在“特性”列表框中选择“图层”。

5）在“运算符”下拉列表框中选择“等于”。

6）在“值”下拉列表框中选择“点画线层的层名”。

7）在“如何应用”区域选择“包括在新选择集中”单选按钮。

8）单击“确定”按钮，则选择点画线层上的对象。

4.2　生成相同的图形对象

4.2.1　对象的复制

在 AutoCAD 2012 中，界面和操作遵循 Windows 标准，支持多文档工作环境。利用“标准”工具栏中的“剪切到粘贴板”按钮、“复制到粘贴板”按钮和“从粘贴板粘贴”按钮，可方便地完成不同文件的图形的复制。

在同一张图样中，也可方便地复制绘制的对象。选择下拉菜单“修改”→“复制”或在“修改”工具栏上单击“复制”按钮或在命令行输入 Copy 命令，可以复制对象。

如图 4-10a 所示，要在圆周上复制 3 个圆，复制的结果如图 4-10b 所示。命令使用如下：

命令:_copy

选择对象:指定对角点:找到 1 个(选择复制的对象)

选择对象:(选择结束,按空格键或【Enter】键)

当前设置：　复制模式 = 多个

指定基点或[位移(D)/模式(O)] <位移>:(取1点,确定复制的基点)

指定第二个点或[阵列(A)] <使用第一个点作为位移>:(取点2,选择的对象复制到点2)

指定第二个点或[阵列(A)/退出(E)/放弃(U)] <退出>:(取点3,选择的对象复制到点3)

指定第二个点或[阵列(A)/退出(E)/放弃(U)] <退出>:(取点4,选择的对象复制到点4)

指定第二个点或[阵列(A)/退出(E)/放弃(U)] <退出>:(选择结束,按空格键或【Enter】键)

若在出现“指定第二个点或 [阵列(A)] <使用第一个点作为位移>:”提示时直接按【Enter】键，则以第一点的位移量复制对象。

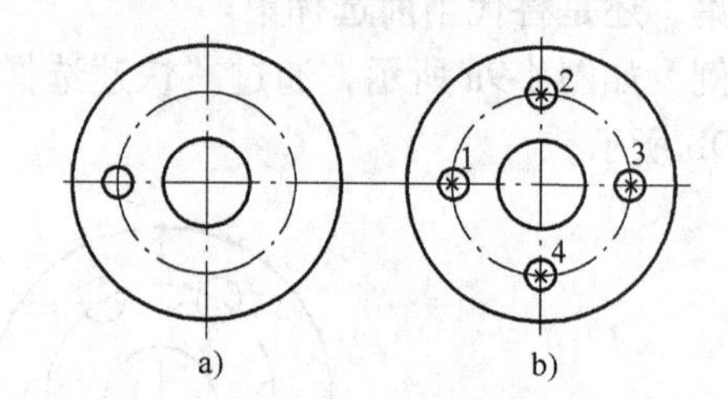

图 4-10　对象复制

a）复制对象前的图样　b）复制对象后的图样

选择“A”，命令行提示：

指定第二个点或[阵列(A)] <使用第一个点作为位移>:a(选择阵列复制)

输入要进行阵列的项目数:4(一次阵列复制的数目即一行上分布的图形数目)

指定第二个点或[布满(F)]:(若输入第二点,则以1、2两点为距离,在12线上均布4个复制图形)

指定第二个点或[布满(F)]:f(若选择“布满”)

指定第二个点或[阵列(A)]:(若选择“布满”,则输入第二点,在12线之间均布4个复制图形)

指定第二个点或[阵列(A)/退出(E)/放弃(U)] <退出>:(选择结束,按空格键或【Enter】键)

4.2.2　对象的镜像

在工程图样中经常会绘制对称图形，只要绘制对称图形的一半，用”镜像”命令就很容易绘制出对称图形。

选择下拉菜单“修改”→“镜像”或在“修改”工具栏上单击“镜像”按钮或在命令行输入 Mirror 命令，可以镜像对象。使用“镜像”命令，先选择镜像的对象，后指定两点，由这两点确定的直线为镜像轴来镜像对象。镜像时，可保留选择镜像的对象，也可删除选择镜像的对象。

如图 4-11a 所示，要作左半图形的对称图形，镜像对象结果如图 4-11b 所示。“镜像”命令使用如下：

命令:_mirror

选择对象:找到12个(选择复制的对象)

选择对象:(选择结束,按空格键或【Enter】键)

指定镜像线的第一点：　<对象捕捉开>(取点1,用对象捕捉确定镜像轴上的一点)

指定镜像线的第二点:(取点2,用对象捕捉确定镜像轴上的另一点)

是否删除源对象？[是(Y)/否(N)] <N>:(是否删除源对象即上面选择的镜像对象,默认为NO,按空格键或【Enter】键,作对称图形)

注意：若图形上有文字，则由系统参数 mirrtext 的设置来控制。系统默认的 mirrtext 的参数为 0，即镜像时文字不镜像；若设置 mirrtext 的参数为 1，则镜像时文字也镜像。

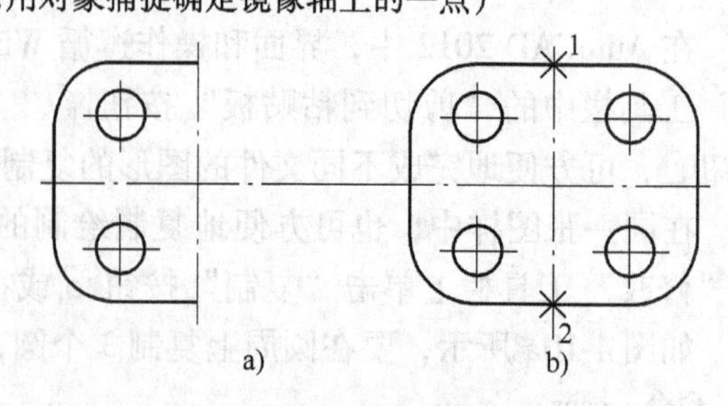

图 4-11　对象镜像

a) 镜像对象前的图样　b) 镜像对象后的图样

操作时直接在命令行中输入 mirrtext，选择“1”或“0”即可。

4.2.3 对象的偏移

“偏移”命令可以绘制直线、圆、圆弧、二维多义线、样条曲线的等距线，选择的偏移对象必须在与当前坐标系平行的平面上。

选择下拉菜单“修改”→“偏移”或在“修改”工具栏上单击“偏移”按钮或在命令行输入 Offset 命令，可以偏移对象。要偏移对象，有两种方式作偏移线：一是定两线之间的距离；二是过直线外一点作指定线的偏移线。作偏移线时，先确定采用何种方式绘制偏移对象，再选择要偏移的对象。

1. 定两线之间的距离，作指定线的偏移线

执行 Offset 命令后，AutoCAD 命令行提示：

命令：offset

当前设置：删除源 = 否　图层 = 源　OFFSETGAPTYPE = 0

指定偏移距离或[通过(T)/删除(E)/图层(L)] <通过>：10（确定偏移距离，可直接输入距离或指定两点的距离为偏移距离。选择“删除”：生成偏移对象后是否将源对象删除。选择“图层”：将偏移对象创建在当前图层上还是源对象所在的图层上）

选择要偏移的对象，或[退出(E)/放弃(U)] <退出>：（取点1，选择要偏移的对象）

指定要偏移的那一侧上的点，或[退出(E)/多个(M)/放弃(U)] <退出>：（取点2，确定绘制的偏移线在选择对象的哪边，如图4-12a 所示）

选择要偏移的对象，或[退出(E)/放弃(U)] <退出>：（继续选择偏移对象或按【Enter】键结束命令）

2. 过直线外一点作指定线的偏移线

命令：offset

当前设置：删除源 = 否　图层 = 源　OFFSETGAPTYPE = 0

指定偏移距离或[通过(T)/删除(E)/图层(L)] <通过>：t（选择“通过”方式）

选择要偏移的对象，或[退出(E)/放弃(U)] <退出>：（取点1，选择要偏移的对象）

指定通过点或[退出(E)/多个(M)/放弃(U)] <退出>：（取点2，过指定点绘制等距线，如图4-12b 所示）

选择要偏移的对象，或[退出(E)/放弃(U)] <退出>：（继续选择偏移对象或按【Enter】键结束命令）

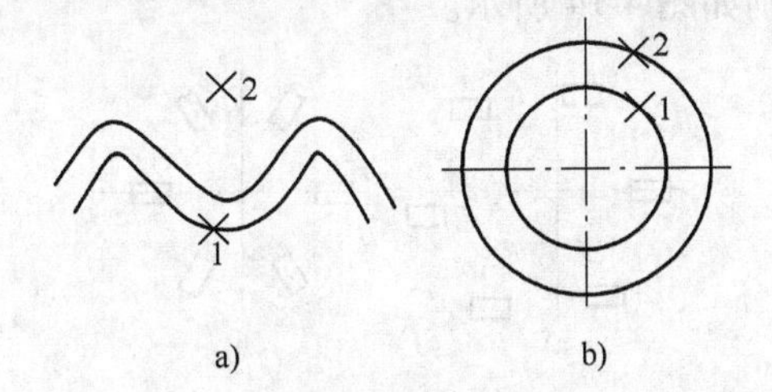

图4-12　对象偏移

a）定距离偏移对象　b）通过点偏移对象

4.2.4 对象的阵列

在绘图中常常要绘制相同的图形，且图形的位置分布有一定的规律，这时可以使用“阵列”命令。

选择下拉菜单“修改”→“阵列”或在“修改”工具栏上单击“阵列”按钮或在命令行输入 Array 命令，可以阵列对象。

1. 环形阵列

如图 4-13a 所示，要在圆周上均布 6 个圆，选择“阵列”命令，出现命令行提示：

命令:array

选择对象:找到 1 个(取点 1,选择要阵列的对象)

选择对象:(选择结束,按空格键或【Enter】键)

输入阵列类型[矩形(R)/路径(PA)/极轴(PO)]<极轴>:po(选择环形阵列)

类型=极轴　关联=是

指定阵列的中心点或[基点(B)/旋转轴(A)]:(取点 2,选择阵列中心)

输入项目数或[项目间角度(A)/表达式(E)]<4>:6(阵列数目)

指定填充角度(+=逆时针、-=顺时针)或[表达式(EX)]<360>:(阵列角度,360°整圆周分布)

按【Enter】键接受或[关联(AS)/基点(B)/项目(I)/项目间角度(A)/填充角度(F)/行(ROW)/层(L)/旋转项目(ROT)/退出(X)]<退出>:(按【Enter】键结束命令或选择项目修改前面的设置,结果如图 4-13b 所示)

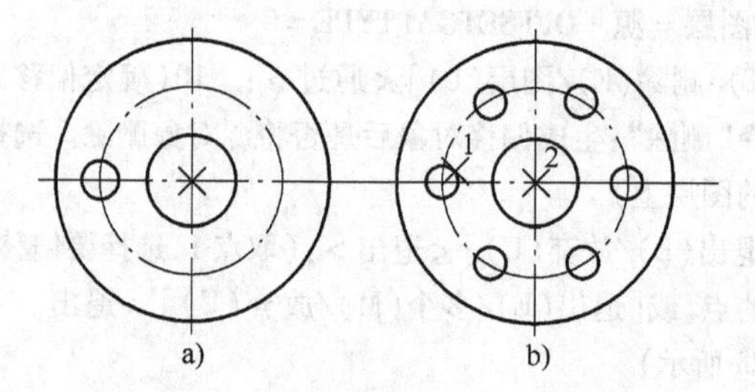

图 4-13　对象环形阵列举例

a）环形阵列对象前的图样　b）环形阵列对象后的图样

命令执行中各选项如下：

“项目”选项：指定阵列中的项目数。

“项目间角度”选项：指定项目之间的角度。

“填充角度”选项：指定阵列中第一个和最后一个项目之间的角度。

“旋转项目”选项：控制在排列项目时是否旋转项目。确定环形阵列时对象本身是否绕阵列中心旋转，两者的区别如图 4-14 所示。

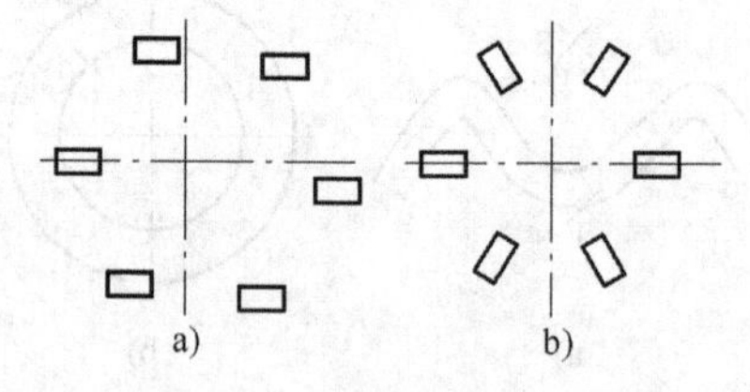

图 4-14　“旋转项目”选项

a）未选择“旋转项目”　b）选择“旋转项目”

2. 矩形阵列

矩形阵列将图形对象副本分布到行、列和标高的任意组合。

命令:array

选择对象:指定对角点:找到 1 个(取点 1,选择要阵列的对象)

选择对象:(选择结束,按空格键或【Enter】键)

输入阵列类型[矩形(R)/路径(PA)/极轴(PO)]<矩形>:r(选择矩形阵列)

类型=矩形　关联=是

为项目数指定对角点或[基点(B)/角度(A)/计数(C)] < 计数 >:(取点 2,确定矩形区域阵列对象的数目)

指定对角点以间隔项目或[间距(S)] < 间距 >:(移动鼠标,确定行距和列距,在合适位置单击鼠标,形成如图 4-15 所示图形)

按【Enter】键接受或[关联(AS)/基点(B)/行(R)/列(C)/层(L)/退出(X)] < 退出 >:(单击图中■或右下►、左上▲,可以修改行或列的项目数,单击图中左下►或▲,可以修改行距或列距)

若确定行距和列距，可在命令行提示时输入行距和列距。

指定对角点以间隔项目或[间距(S)] < 间距 >:s(移动鼠标,确定行距和列距,在合适位置单击鼠标,形成矩形阵列的图形,如图 4-15 所示)

指定行之间的距离或[表达式(E)] < 14. 8297 >:10

指定列之间的距离或[表达式(E)] < 32. 2773 >:20

按【Enter】键接受或[关联(AS)/基点(B)/行(R)/列(C)/层(L)/退出(X)] < 退出 >:(结果如图 4-15 所示,同样可以对阵列对象的行距、列距或行、列的项目数进行修改)

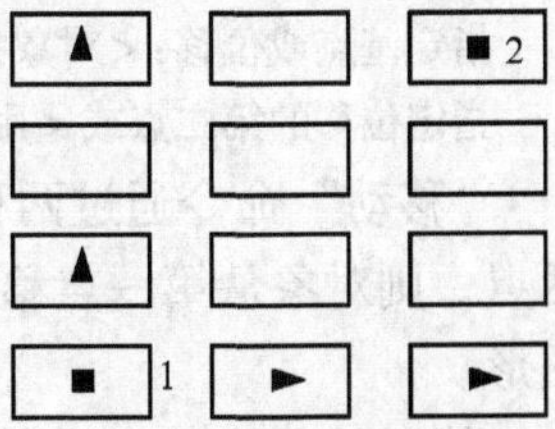

图 4-15　矩形阵列

3. 路径阵列

路径阵列是指沿路径或部分路径均匀分布对象副本，如图 4-16 所示，在指定曲线上均布 8 个圆。

命令:array

选择对象:找到 1 个(取点 1,选择要阵列的对象)

选择对象:(选择结束,按空格键或【Enter】键)

输入阵列类型[矩形(R)/路径(PA)/极轴(PO)] < 路径 >:pa(选择路径阵列)

类型 = 路径　关联 = 是

选择路径曲线:(取点 2,选择路径曲线)

输入沿路径的项目数或[方向(O)/表达式(E)] < 方向 >:8(选择均布的项目个数)

指定沿路径的项目之间的距离或[定数等分(D)/总距离(T)/表达式(E)] < 沿路径平均定数等分(D) >:(取点 3,确定路径曲线的范围)

按【Enter】键接受或[关联(AS)/基点(B)/项目(I)/行(R)/层(L)/对齐项目(A)/Z 方向(Z)/退出(X)] < 退出 >:(方式和矩形阵列相同,可修改项目的个数等,按【Enter】键结束命令,结果如图 4-16 所示)

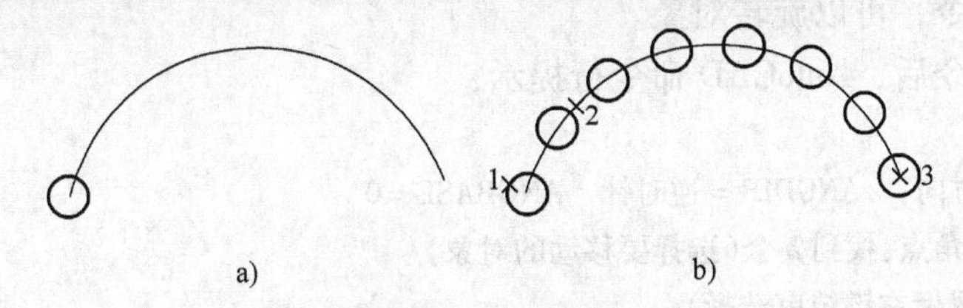

图 4-16　路径阵列

a）路径阵列前的图形　b）路径阵列后的图形

4.3　图形对象位置改变

4.3.1　对象的移动

对象的移动可以将对象移动到合适位置，而不改变对象的大小和方向。

选择下拉菜单“修改”→“移动”或在“修改”工具栏上单击“移动”按钮或在命令行输入 Move 命令，可以移动对象。

执行 Move 命令后，AutoCAD 命令行提示：

命令：_move

选择对象：找到 4 个（选择要移动的对象）

选择对象：（选择结束，按空格键或【Enter】键）

指定基点或位移：<对象捕捉开>（取点 1，用对象捕捉确定移动的基点）

指定位移的第二点或 <用第一点作位移>：（选择移动方式）

“移动”命令通过两种方式实现对象的移动。第一种方式是选择要移动的对象后，指定两点，则对象从第一点移到第二点，如图 4-17a 所示。双点画线为原图形，实线为移动后的图形。

第二种方式是以基点的位移向量移动，在指定移动对象基点时拾取点 1，提示“指定位移的第二点或 <用第一点作位移>：”时空响应（按【Enter】键），则选中对象 X 方向、Y 方向移动的距离为选择基点的坐标值，如图 4-17b 所示。双点画线为原图形，实线为移动后的图形。

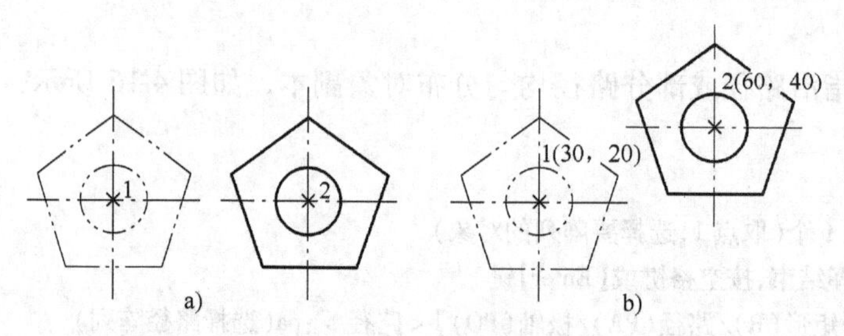

图 4-17　对象移动

a）用两点移动对象　b）用位移向量移动对象

4.3.2　对象的旋转

“旋转”命令可使选中的对象绕指定点旋转。

选择下拉菜单“修改”→“旋转”或在“修改”工具栏上单击“旋转”按钮或在命令行输入 Rotate 命令，可以旋转对象。

执行 Rotate 命令后，AutoCAD 命令行提示：

命令：_rotate

UCS 当前的正角方向：　ANGDIR = 逆时针　ANGBASE = 0

选择对象：指定对角点：找到 2 个（选择要移动的对象）

选择对象：（单击鼠标右键结束选择）

指定基点：<对象捕捉开>（取点 1，用对象捕捉确定旋转的基点）

指定旋转角度，或[复制(C)/参照(R)] <0>：

1. 指定旋转角度旋转对象

该选项是默认选项，在命令行提示选择旋转方式时，直接输入角度，正值逆时针旋转，负值顺时针旋转，如图 4-18a 所示。双点画线为原图形，实线为旋转 45°后的图形。

2. 用参照方式旋转对象

此方式是通过参照角旋转对象，选择“参照”方式后，要确定要旋转对象的起始角和终止角，被选中的对象旋转两角的差值，此处的起始角和终止角均为绝对角度。确定起始角时可以直接输入角度，也可指定两点，这两点的方向即为起始角。

指定旋转角度,或[复制(C)/参照(R)] <0>:r

指定参照角 <0>:30

指定新角度:60

如图4-18b所示，双点画线为原图形，实线为用参照方式旋转30°后的图形。

3. 复制

在对象旋转到新位置时，保留原来的图形对象。

指定旋转角度,或[复制(C)/参照(R)] <0>:c(选择复制方式旋转对象)

旋转一组选定对象

指定旋转角度,或[复制(C)/参照(R)] <0>: 30(指定对象旋转角度,如图4-18c所示对象旋转的同时保留了原来的图形)

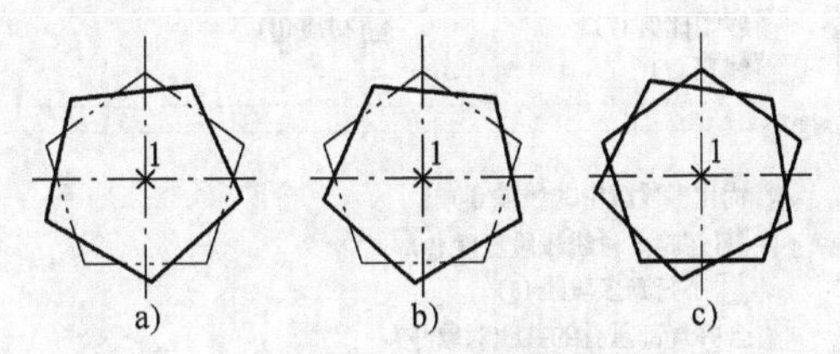

图4-18 对象旋转

a) 指定旋转角度旋转对象 b) 用参照方式旋转对象 c) 用复制方式旋转对象

4.4 图形对象删除和恢复

4.4.1 对象的删除

在AutoCAD中，“删除”命令可方便地删去多余的对象。

注意：使用“删除”命令是删除对象的全部，不能删除部分。

选择下拉菜单“修改”→“删除”或在“修改”工具栏上单击“删除”按钮或在命令行输入Erase，可以执行“删除”命令。执行命令后，命令行提示以下信息：

命令:_erase

选择对象:(选择删除的对象)

选择对象:(选择好对象后,按空格键或【Enter】键结束命令,删除选中对象)

4.4.2 对象的恢复

在编辑中若把有用的对象删除了，可用oops命令或在“标准”工具栏上单击“放弃”按钮将其恢复。

4.4.3 删除重复对象

在绘制或编辑图形时，有时会产生重复的对象，可以使用“删除重复对象”命令清除。该命令的主要功能是删除重复或重叠的直线、圆弧和多段线。此外，还能合并局部重叠或连续的对象。

选择下拉菜单“修改”→“删除重复对象”或在命令行输入Overkill，可以执行“删除重复对象”命令。执行命令后，命令行提示以下信息：

命令:_overkill

选择对象:指定对角点:找到 2 个(选择有重复的对象,例如重复的圆、直线等)
选择对象:(结束对象的选择,出现“删除重复对象”对话框,如图 4-19 所示)
1 个重复项已删除
0 个重叠对象或线段已删除(设置好对话框中的参数,单击“确定”按钮,命令结束,输出结果)

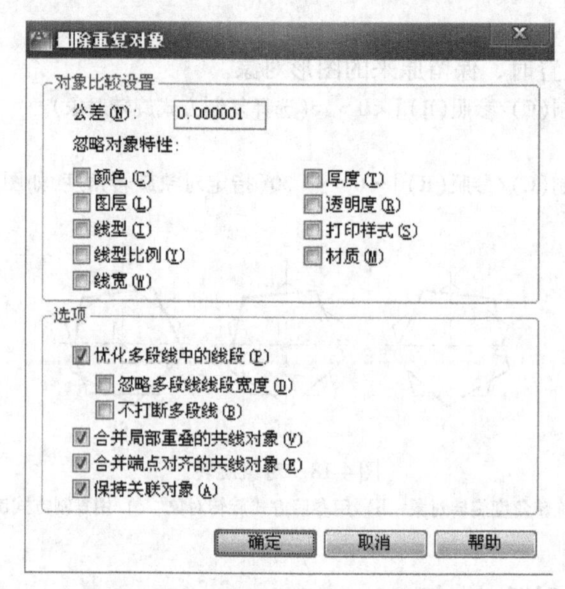

图 4-19 “删除重复对象”对话框

“删除重复对象”对话框中各项的含义如下。

“对象比较设置”区域:“公差”控制精度,通过该精度进行数值比较。如果该值为 0,则在命令修改或删除其中一个对象之前,被比较的两个对象必须匹配。“忽略对象特性:”确定哪些对象特性将在比较过程中被忽略。

“选项”区域:“优化多段线中的线段”复选框,将检查选定的多段线中单独的直线段和圆弧段,重复的顶点和线段将被删除;“合并局部重叠的共线对象”复选框,重叠的对象被合并到单个对象;“合并端点对齐的共线对象”复选框,将具有公共端点的对象合并为单个对象;“保持关联对象”复选框,不会删除或修改关联对象。

4.5 图形对象位置和形状改变

4.5.1 对象的延伸、拉伸、拉长和缩放

1. 对象的延伸

“延伸”命令是将某一指定的对象延伸到指定的延伸边界。使用“延伸”命令时,先选择延伸的边界,可作为延伸边界的对象有直线、圆、圆弧、椭圆、多义线、椭圆弧和样条曲线等,再指定延伸对象,延伸对象必须是有端点的对象,如直线、多义线、圆弧等。

选择下拉菜单“修改”→“延伸”或在“修改”工具栏上单击“延伸”按钮或在命令行输入 Extend 命令,可以延伸对象。

执行 Extend 命令后,AutoCAD 命令行提示:

命令:_extend

当前设置：投影 = UCS，边 = 无
选择边界的边...
选择对象或 <全部选择>：　找到 1 个（选择延伸的边界选中直线）
选择对象：（延伸的边界选择结束，按空格键或【Enter】键）
选择要延伸的对象，或按住【Shift】键选择要修剪的对象，或[栏选(F)/窗交(C)/投影(P)/边(E)/放弃(U)]：

（1）“延伸对象”选项　若延伸对象不和延伸边界相交，选择延伸对象，则延伸对象延伸到延伸边界，如图 4-20a 中的 ab 线、cd 弧，延伸结果如图 4-20b 所示。

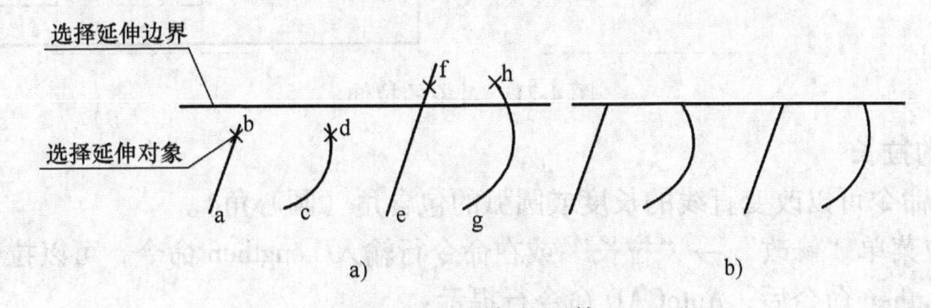

图 4-20　对象的延伸
a）延伸对象的使用　b）延伸对象的效果

（2）“修剪对象”选项　若延伸对象和延伸边界相交，按住【Shift】键选择和延伸边界相交且伸出的线段，修剪选择的对象，如图 4-20a 中的 ef 线、gh 弧，修剪结果如图 4-20b 所示。

（3）“投影”选项　指定 AutoCAD 延伸对象时所使用的投影方式。选择该项后，系统提示：

输入投影选项[无(N)/UCS(U)/视图(V)] <UCS>：

“无”选项：指定无投影。AutoCAD 只延伸在三维空间与边界相交的对象。

“UCS”选项：指定到当前用户坐标系 XY 平面的投影。AutoCAD 延伸在三维空间不与边界相交的对象。

“视图”选项：指定沿当前视图方向的投影。

（4）“边”选项　将对象延伸到另一对象的隐含边或只延伸到三维空间中实际相交的对象。

（5）“栏选”选项　选择与选择栏相交的所有对象。

（6）“窗交”选项　选择矩形区域（由两点确定）内部或与之相交的对象。

2. 对象的拉伸

“拉伸”命令可以使指定的对象，在指定的方向上进行拉长或缩短。

选择下拉菜单“修改”→“拉伸”或在“修改”工具栏上单击“拉伸”按钮或在命令行输入 Stretch 命令，可以拉伸对象。“拉伸”命令的使用如图 4-21 所示，双点画线为原图形，实线为拉伸后的图形。

执行 Stretch 命令后，AutoCAD 命令行提示：

命令：stretch
以交叉窗口或交叉多边形选择要拉伸的对象...
选择对象：指定对角点：找到 7 个（选择要拉伸的对象）
选择对象：（单击鼠标右键结束选择）
指定基点或[位移(D)] <位移>：<对象捕捉开>（取点 1，用对象捕捉确定拉伸的基点）

指定第二个点或<使用第一个点作为位移>:(取点 2,对象被拉伸到点 2)

注意：使用“拉伸”命令选择对象时，只能用交叉窗口或交叉多边形选择要拉伸的对象，且只能选择拉伸对象的部分，若选择拉伸对象的全部，此时拉伸的结果只是移动对象。

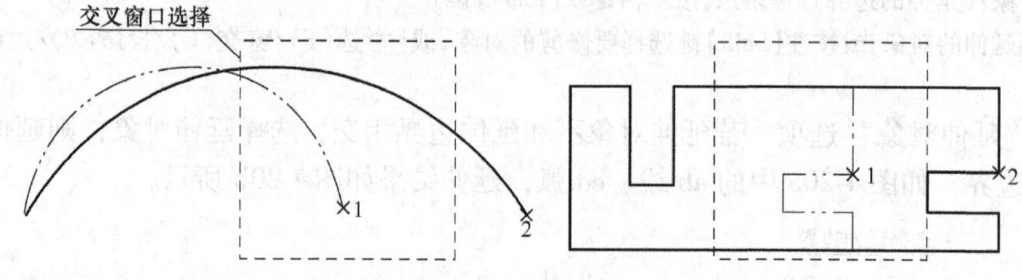

图 4-21　对象的拉伸

3. 对象的拉长

“拉长”命令可以改变直线的长度或圆弧的包含角（圆心角）。

选择下拉菜单“修改”→“拉长”或在命令行输入 Lengthen 命令，可以拉长对象。

执行 Lengthen 命令后，AutoCAD 命令行提示：

命令:_lengthen

选择对象或[增量(DE)/百分数(P)/全部(T)/动态(DY)]:

（1）“选择对象”选项　此选项只是对选择的对象测量。

选择对象或[增量(DE)/百分数(P)/全部(T)/动态(DY)]:(选择直线对象)

当前长度:133.2395(算出选择直线的长度)

选择对象或[增量(DE)/百分数(P)/全部(T)/动态(DY)]:(选择圆或圆弧对象)

当前长度:124.0538,包含角:131(算出选择圆弧的弧长和圆心角)

（2）“增量”选项　此选项是在选择对象的选择端，改变直线的长度或圆弧的圆心角，正值为伸长长度或增加圆心角，负值则相反。

选择对象或[增量(DE)/百分数(P)/全部(T)/动态(DY)]:de(选择“增量”选项)

输入长度增量或[角度(A)]<0.0000>:20(直线增加的长度或选择角度设置圆弧圆心角增量)

选择要修改的对象或[放弃(U)]:(指定直线的伸长端)

选择要修改的对象或[放弃(U)]:(按空格键或【Enter】键结束命令)

（3）“百分数”选项　此选项通过指定对象的百分数来确定长度。原来对象的百分数为100，若小于 100，则对象缩短，大于 100 则对象伸长。

选择对象或[增量(DE)/百分数(P)/全部(T)/动态(DY)]:p(选择“百分数”选项)

输入长度百分数<100.0000>:50(确定对象的百分数)

选择要修改的对象或[放弃(U)]:(选择要改变的对象,结果长度是原来的一半)

选择要修改的对象或[放弃(U)]:(按空格键或【Enter】键结束命令)

（4）“全部”选项　此选项是将对象的长度或角度改变为指定值。

选择对象或[增量(DE)/百分数(P)/全部(T)/动态(DY)]:t(选择“全部”选项)

指定总长度或[角度(A)]<1.0000)>:100(确定对象的长度)

选择要修改的对象或[放弃(U)]:(选择改变的对象,不管对象长短,最终长度为指定值 100)

选择要修改的对象或[放弃(U)]:(按空格键或【Enter】键结束命令)

（5）“动态”选项　此选项通过拖动一个端点的位置和方向，另一点位置不变的方式改变对象的长度和角度。

选择对象或[增量(DE)/百分数(P)/全部(T)/动态(DY)]:dy(选择“动态”选项)

选择要修改的对象或[放弃(U)]:(选择要改变的对象)

指定新端点:(指定对象的一个新端点,通过拖动鼠标实现)

选择要修改的对象或[放弃(U)]:(按空格键或【Enter】键结束命令)

4. 对象的缩放

对象缩放可使对象按一定的比例进行缩放，输入的比例因子为正值，在0~1之间为缩小，大于1为放大。

选择下拉菜单“修改”→“缩放”或在“修改”工具栏上单击“缩放”按钮或在命令行输入Scale命令，可以缩放对象。“缩放”命令的使用如图4-22所示，双点画线为原图形，实线为缩放后的图形。

执行Scale命令后，AutoCAD命令行提示：

命令:_scale

选择对象:指定对角点:找到2个(选择缩放对象)

选择对象:(按空格键或【Enter】键,结束选择对象)

指定基点:(取圆心点1,指定缩放基点)

指定比例因子或[复制(C)/参照(R)]:(输入缩放因子或选择参照或选择复制)

(1)“比例因子”选项 选择要缩放的对象，指定缩放基点，直接输入比例因子，例如输入比例因子0.8，得到的缩放对象如图4-22a所示。

(2)“参照”选项 先指定当前的长度，可直接输入长度或指定两点确定长度，再指定新长度，通过两长度的比例缩放对象，如图4-22b所示。

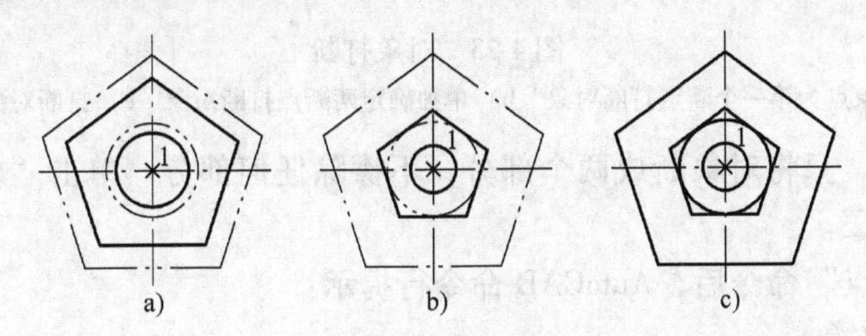

图4-22 对象缩放

a) 比例因子缩放对象 b) 参照方式缩放对象 c) 复制缩放对象

指定比例因子或[复制(C)/参照(R)]: r(选择参照方式)

指定参照长度<1>:10(输入当前长度或指定两点确定长度)

指定新的长度或[点(P)]:5(指定新长度,比例因子=新长度/参照长度=0.5)

(3)“复制”选项 在对象缩放为新图形时，保留原来的图形对象，如图4-22c所示。

指定比例因子或[复制(C)/参照(R)]:c(选择复制方式)

缩放一组选定对象

指定比例因子或[复制(C)/参照(R)]:0.5(输入比例因子,生成新对象的同时保留原来的对象)

4.5.2 对象的打断和修剪

在擦除对象时，可以用“删除”命令，但其只能擦除整个对象；若只想去掉对象的一部分，可用“打断”命令和“修剪”命令。

1. 对象的打断

打断对象可以将对象上指定两点之间断开或将对象断成两个部分。“打断”命令可用于直线、圆弧、圆、射线、椭圆、构造线、二维或三维的多义线等独立的图形。

选择下拉菜单“修改”→“打断”或在“修改”工具栏上单击“打断”按钮或在

命令行输入 Break 命令，可以打断对象。

（1）打断一段线　执行“打断”命令，命令行提示“选择对象：”时只能用单个拾取方式，且只能选择一个对象，再指定两断点，则对象两断点之间的部分打掉。

注意：对于圆，是按逆时针打断对象；对封闭的多义线，按第一个顶点到最后一个顶点方向打断两个断点之间的部分，打断对象的应用如图 4-23 所示。

执行“打断”命令后，AutoCAD 命令行提示：

命令：_break 选择对象：（用单个拾取方式选择对象，取点 1，选择点就是第一个断点，如图 4-23a 所示）

指定第二个打断点或［第一点（F）］：（取点 2，选择第二个断点，则点 1 与点 2 之间部分被打断，如图 4-23c所示）

若选择对象的选择点不是第一个断点，则选择“F”，重新选择两个断点。

指定第二个打断点或［第一点（F）］：f

指定第一个打断点：（取点 2，选择第一个断点，如图 4-23b 所示）

指定第二个打断点：（取点 3，选择第二个断点，则点 2 与点 3 之间部分被打断，如图 4-23c 所示）

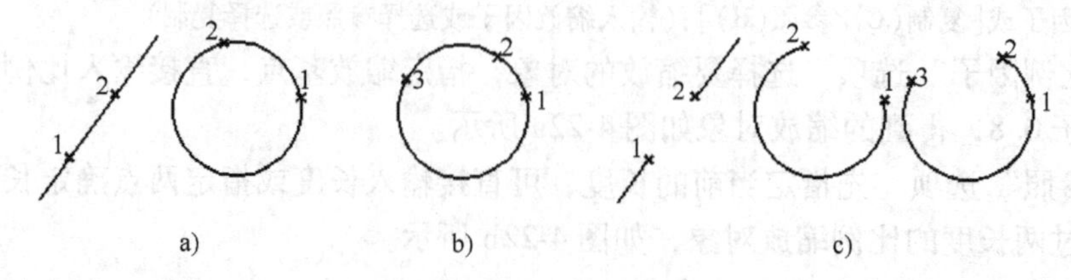

图 4-23　对象打断

a）选择对象点为第一个断点打断对象　b）单独确定两断点打断对象　c）打断对象后的效果

（2）打断于点　只将对象断成两个部分，不擦除任何部分。单击“修改”工具栏上的“打断于点”按钮。

执行“打断于点”命令后，AutoCAD 命令行提示：

命令：_break 选择对象：

指定第二个打断点或［第一点（F）］：_f

指定第一个打断点：（选择断点，对象在此打断）

指定第二个打断点：@（按空格键或【Enter】键结束命令）

2. 对象的修剪

剪切对象必须在对象相交的情况下使用，用于剪切跨过剪切边或和剪切边隐含相交的部分。

选择下拉菜单“修改”→“修剪”或在“修改”工具栏上单击“修剪”按钮或在命令行输入 Trim 命令，可以修剪对象。在修剪对象时，先选择作为剪切边的对象，再选择要剪切的对象。

执行“修剪”命令后，AutoCAD 命令行提示：

命令：_trim

当前设置：投影 = UCS，边 = 无

选择剪切边...

选择对象或 <全部选择>：找到 2 个（选择剪切边，如图 4-24a 所示）

选择对象：（按空格键或【Enter】键，结束剪切边的选择）

选择要修剪的对象，或按住【Shift】键选择要延伸的对象，或［栏选（F）/窗交（C）/投影（P）/边（E）/删除（R）/放弃（U）］：（选择需修剪的半圆）

(1) 对象是相交的　这是系统的默认方式，如图 4-24a 所示，选择要修剪的对象即可，修剪的效果如图 4-24b 所示。若修剪的对象和剪切边不相交，则按住【Shift】键选择要延伸的对象延伸到剪切边。

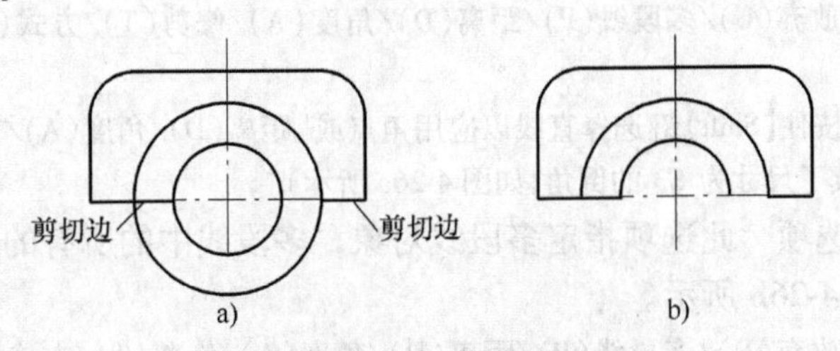

图 4-24　对象修剪
a）修剪对象前的图形　b）修剪对象后的图形

(2) “边”选项　图形上对象是不相交的，但对象的延长线相交，如图 4-25 所示。

选择要修剪的对象，或按住【Shift】键选择要延伸的对象，或[栏选(F)/窗交(C)/投影(P)/边(E)/删除(R)/放弃(U)]:e

输入隐含边延伸模式[延伸(E)/不延伸(N)]<不延伸>:e(选择延伸)

选择要修剪的对象，或按住【Shift】键选择要延伸的对象，或[栏选(F)/窗交(C)/投影(P)/边(E)/删除(R)/放弃(U)]:(选择需要修剪删除的直线部分)

选择要修剪的对象，或按住【Shift】键选择要延伸的对象，或[栏选(F)/窗交(C)/投影(P)/边(E)/删除(R)/放弃(U)]:(按空格键或【Enter】键结束命令)

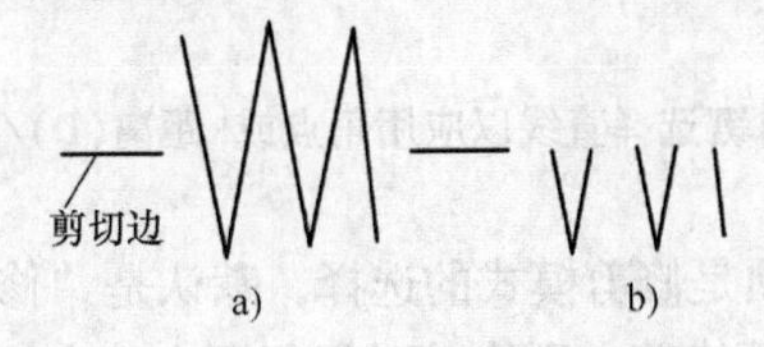

图 4-25　用“边”选项进行对象修剪
a）修剪对象前的图形　b）修剪对象后的图形

(3) “投影”选项　此选项可指定剪切对象时所用的投影模式，默认情况下为 UCS。

(4) “栏选”选项　与选择栏相交的所有对象。

(5) “窗交”选项　选择矩形区域（由两点确定）内部或与之相交的对象。

4.5.3　对象的倒角和圆角

在绘制图形过程中，常常要绘制具有倒角和圆角的图形。对象的圆角和倒角是对两个对象的边角的操作，圆角是以指定半径的圆弧光滑连接两对象，倒角是以直线斜边连接。

1. 对象的倒角

选择下拉菜单“修改”→“倒角”或在“修改”工具栏上单击“倒角”按钮或在命令行输入 Chamfer 命令，可以对两对象倒角。执行“倒角”命令后，AutoCAD 命令行提示：

命令:_chamfer

(“修剪”模式)当前倒角距离 1 = 0.0000，距离 2 = 0.0000

选择第一条直线或[放弃(U)/多段线(P)/距离(D)/角度(A)/修剪(T)/方式(E)/多个(M)]:

(1) 设置倒角尺寸　使用“倒角”命令时必须先设置倒角的尺寸，AutoCAD 默认设置值倒角的两边都为“0”。对象的倒角使用如下：

选择第一条直线或[放弃(U)/多段线(P)/距离(D)/角度(A)/修剪(T)/方式(E)/多个(M)]:d(设置

倒角的距离尺寸)

指定第一个倒角距离 <0.0000>:3

指定第二个倒角距离 <10.0000>:3

选择第一条直线或[放弃(U)/多段线(P)/距离(D)/角度(A)/修剪(T)/方式(E)/多个(M)]:(取点 1 拾取第一条边)

选择第二条直线,或按住【Shift】键选择直线以应用角点或[距离(D)/角度(A)/方法(M)]:(取点 2 拾取第二条边,命令结束,生成了尺寸为 C3 的倒角,如图 4-26a 所示)

(2)“多段线”选项　此选项指定多段线对象，多段线中的所有的交点都按指定倒角尺寸对对象倒角，如图 4-26b 所示。

选择第一条直线或[放弃(U)/多段线(P)/距离(D)/角度(A)/修剪(T)/方式(E)/多个(M)]: p(选项作多段线的倒角)

选择二维多段线或[距离(D)/角度(A)/方法(M)]:(取点 1 拾取多段线)

4 条直线已被倒角

(3)“角度”选项　和设置两边距离类似，绘制倒角的方法是先指定第一对象的倒角距离，再确定倒角斜边对第一对象的夹角，也必须先设置尺寸，如图 4-26c 所示。

选择第一条直线或[放弃(U)/多段线(P)/距离(D)/角度(A)/修剪(T)/方式(E)/多个(M)]: a(选择“角度”方式对对象倒角)

指定第一条直线的倒角长度 <0.0000>:4(设置第一条边的倒角距离)

指定第一条直线的倒角角度 <0>:30(设置倒角斜边对第一条边的夹角)

选择第一条直线或[放弃(U)/多段线(P)/距离(D)/角度(A)/修剪(T)/方式(E)/多个(M)]:(取点 1 拾取第一条边)

选择第二条直线,或按住【Shift】键选择直线以应用角点或[距离(D)/角度(A)/方法(M)]:(取点 2 拾取第二条边,命令结束,生成倒角)

(4)“修剪”选项　此选项是修剪模式的选择，默认是“修剪”方式，即倒角时将原来伸出倒角的部分修剪掉，若选择不修剪，则修剪时保留原来伸出倒角的部分，如图 4-26d 所示。

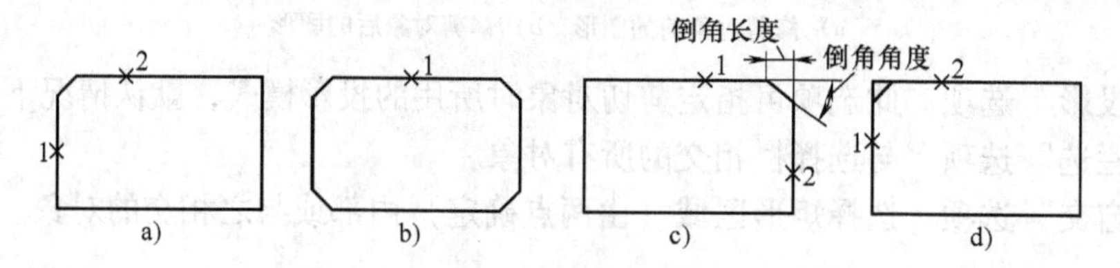

图 4-26　对象倒角

a)“距离”方式对对象倒角　b) 多段线的倒角

c)“角度”方式对对象倒角　d)“不修剪”方式对对象倒角

选择第一条直线或[放弃(U)/多段线(P)/距离(D)/角度(A)/修剪(T)/方式(E)/多个(M)]: t(选择“修剪”方式)

输入修剪模式选项[修剪(T)/不修剪(N)] <修剪>:n(选择不修剪)

选择第一条直线或[放弃(U)/多段线(P)/距离(D)/角度(A)/修剪(T)/方式(E)/多个(M)]:(取点 1 拾取第一条边)

选择第二条直线,或按住【Shift】键选择直线以应用角点或[距离(D)/角度(A)/方法(M)]:(取点 2 拾取第二条边,命令结束,生成不修剪的倒角)

(5)“方式”选项　此选项指定下一次执行“倒角”命令时，是采用距离倒角还是角度倒角，不管采用何种倒角方式，设置过的参数仍然存在。

选择第一条直线或[放弃(U)/多段线(P)/距离(D)/角度(A)/修剪(T)/方式(E)/多个(M)]: e
输入修剪方法[距离(D)/角度(A)]<角度>:a(选择角度倒角)
选择第一条直线或[放弃(U)/多段线(P)/距离(D)/角度(A)/修剪(T)/方式(E)/多个(M)]:

（6）“多个”选项　一次使用命令，可多次对不同对象倒角。

（7）“放弃”选项　恢复在命令中执行的上一个操作。

对象倒角时，应注意以下几点：

1）倒角时，若设置的倒角距离太大或倒角角度无效，在命令行会给出错误提示。

2）当由于两条直线平行、发散等原因不能倒角时，在命令行会给出错误提示。

3）对相交两边倒角，且倒角后修剪倒角边时，AutoCAD 总是保留所选取的那部分对象。

4）当两个倒角距离均为“0”时，倒角时只把两直线延长至相交，不生成倒角。

2. 对象的圆角

“圆角”命令可以对直线、圆、圆弧、椭圆弧和射线等对象进行倒圆，是以指定半径的圆弧光滑连接两对象。

选择下拉菜单“修改”→“圆角”或在“修改”工具栏上单击“圆角”按钮或在命令行输入 Fillet 命令，可以对两对象作圆角。执行“圆角”命令后，AutoCAD 命令行提示：

命令:_fillet
当前设置:模式 = 不修剪,半径 = 0.0000
选择第一个对象或[放弃(U)/多段线(P)/半径(R)/修剪(T)/多个(M)]:r

（1）设置圆角尺寸　和“倒角”命令类似，在使用“圆角”命令时必须先设置圆角的尺寸，AutoCAD 默认设置圆角的尺寸为“0”。

选择第一个对象或[放弃(U)/多段线(P)/半径(R)/修剪(T)/多个(M)]:r(选项设置圆角的尺寸)
指定圆角半径<0.0000>:5
选择第一个对象或[放弃(U)/多段线(P)/半径(R)/修剪(T)/多个(M)]:(拾取第一条边)
选择第二个对象,或按住【Shift】键选择对象以应用角点或[半径(R)]:(拾取第二条边,命令结束,生成 *R*5 的圆角,如图 4-27a 所示)

（2）其他选项　其他选项“多段线”、“修剪”、“多个”和对象倒角中各选项含义类似，这里不再重复叙述，只是用“圆角”命令生成的是对象的圆角。“多段线”选项具体生成的结果如图 4-27b 所示，“修剪”选项具体生成的结果如图 4-27c 所示。

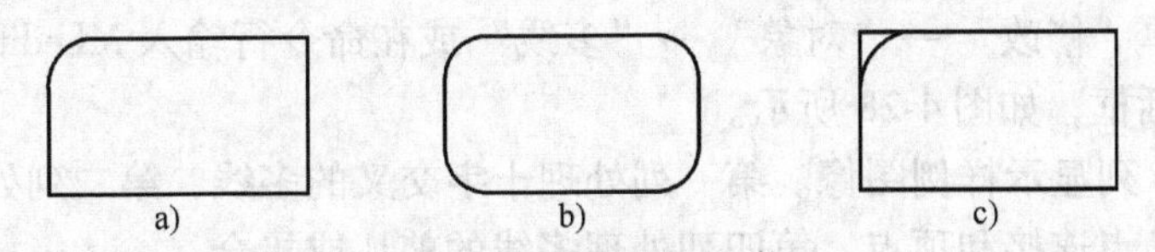

图 4-27　对象圆角

a）设置圆角尺寸，作对象圆角　b）多段线的圆角　c）“不修剪”方式作对象圆角

4.5.4　对象的分解和合并

1. 对象的分解

在 AutoCAD 中绘制的某些实体，如多义线、图块、尺寸、阴影线和文字等都作为一个实体，在某些时候要把这些对象分解为简单的实体，可用对象的分解。

选择下拉菜单“修改”→“分解”或在“修改”工具栏上单击“分解”按钮或在命

令行输入 Explode 命令，可以分解对象。执行“分解”命令后，AutoCAD 命令行提示：

命令:_explode
选择对象:找到 1 个(选择要分解的对象)
选择对象:(按空格键或【Enter】键,分解选择的对象)
已删除 3 个约束

对象分解时，应注意以下几点：

1）分解多段线时，显示的形状基本没有变化，但由一个实体变为多个实体，且多段线的线宽信息将丢失。

2）分解多行文字时，将变为单行文字，无法用多行文字编辑器编辑。

3）分解尺寸时，尺寸将变为尺寸终端、尺寸线、尺寸界线和尺寸文本 4 个对象。若尺寸文本是多行文本，则还可以进行再分解。

4）分解图块时，图块中单个对象的特性将恢复到绘制它们时具有的特性，如颜色、线型、图层等。

2. 对象的合并

要将多段直线或曲线对象连成一个对象，可使用对象的“合并”命令。

选择下拉菜单“修改”→“合并”或在“修改”工具栏上单击“合并”按钮或在命令行输入 Join 命令，可以合并对象。执行“合并”命令后，AutoCAD 命令行提示：

命令:_join
选择源对象或要一次合并的多个对象:指定对角点:找到 4 个(选择要合并的对象)
选择要合并的对象:(按空格键或【Enter】键,合并选择的对象)
4 个对象已转换为 1 条多段线,已删除 3 个约束

对象合并时，应注意以下几点：

1）可合并的对象为直线、多段线、三维多段线、圆弧、椭圆弧、螺旋或样条曲线。

2）若合并对象是不同类型的对象，例如有直线、曲线等，必须首尾相连。

3）若是共线的直线，“合并”命令可以将有间断的直线合并。

4）若是合并圆弧，可将有间断的共圆心、同半径的圆弧合并。

4.5.5 多线、多段线、样条曲线的编辑

1. 多线编辑

选择下拉菜单“修改”→“对象”→“多线”或在命令行输入 MLedit 命令，打开“多线编辑工具”对话框，如图 4-28 所示。

该对话框以 4 列显示样例图像。第一列处理十字交叉的多线，第二列处理 T 形相交的多线，第三列处理角点连接和顶点，第四列处理多线的剪切或接合。

3 个十字形工具主要消除十字相交的多线，如图 4-29 所示。当用户选择某个十字形工具时，AutoCAD 提示选择两条多线（图中点 1、2 为选择对象的拾取点），总是切断第一条多线，并根据用户选择的十字形工具切断第二条多线。当使用十字合并工具时，可以生成配对元素的直角，若没有配对元素，则多线不被切断。

3 个 T 形工具主要消除 T 形相交的多线，角点结合可以消除多线一侧的延长线，形成直角，如图 4-30 所示。当用户选择某个 T 形工具时，AutoCAD 提示选择两条多线（图中点 1、2 为选择对象的拾取点），总是保留选择多线时选择拾取点一侧的多线，并自动将选择的多线修剪或延长到它们的相交点。

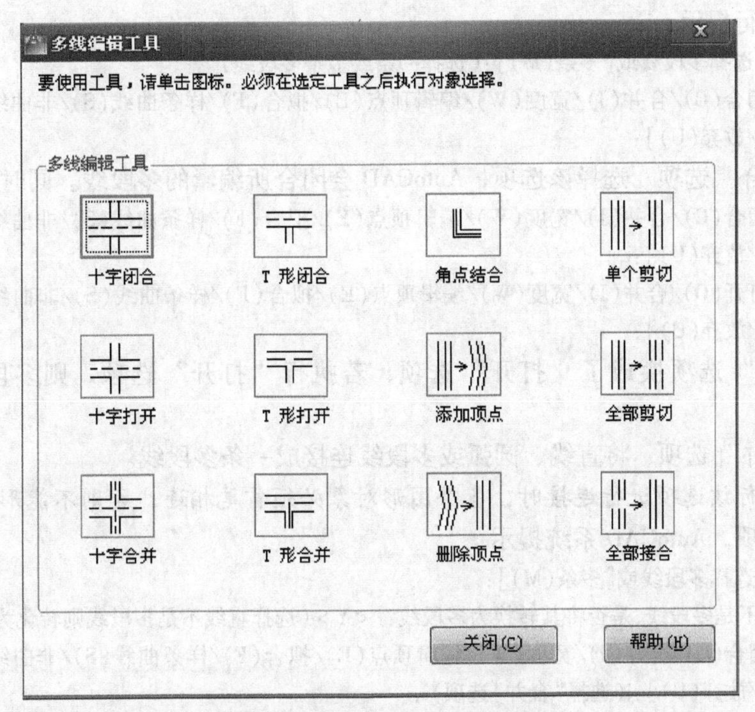

图4-28　“多线编辑工具”对话框

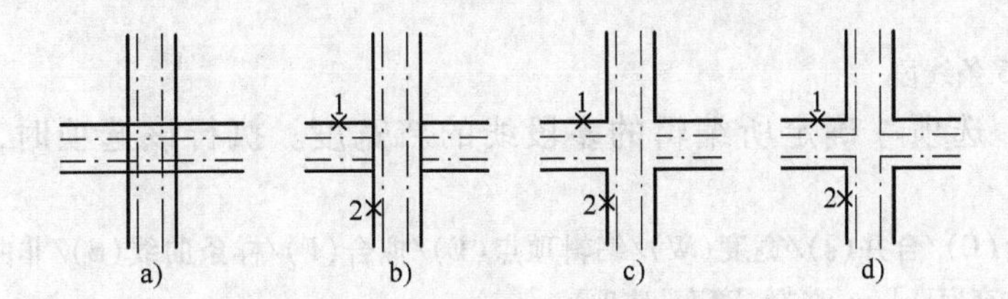

图4-29　多线的十字形编辑效果

a）原始多线　b）十字闭合　c）十字打开　d）十字合并

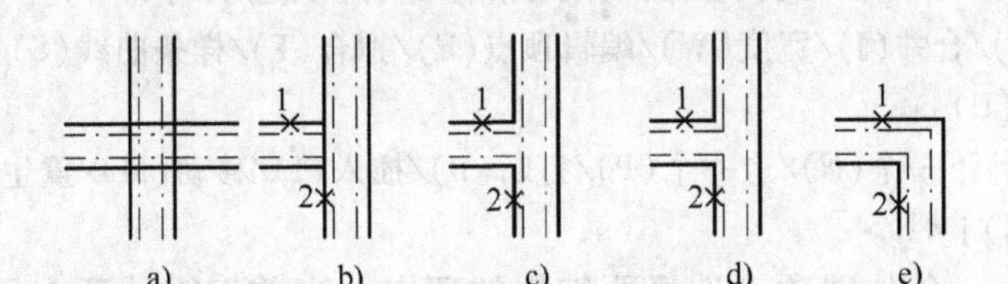

图4-30　多线的T形相交和角点结合编辑效果

a）原始多线　b）T形闭合　c）T形打开　d）T形合并　e）角点结合

使用添加顶点工具可以在多线上添加一个顶点；使用删除顶点工具可以从包含3个以上顶点的多线上删除顶点。

使用剪切工具可以切断多线。单个剪切工具用于切断多线中的一条，只要拾取要切断的多线中某条线的两点，这两点之间的线段被删除；全部剪切工具用于切断整条多线；使用全部结合工具可以重新显示所选两点之间的任何切断部分。

2. 多段线编辑

选择下拉菜单“修改”→“对象”→“多段线”或在“修改Ⅱ”工具栏上单击“编辑多段线”按钮或在命令行输入 PEdit 命令，可以对多段线编辑。执行“多段线”命令后，

AutoCAD 命令行提示：

命令：_pedit 选择多段线或[多条(M)]：(选择一条或多条多段线)

输入选项[闭合(C)/合并(J)/宽度(W)/编辑顶点(E)/拟合(F)/样条曲线(S)/非曲线化(D)/线型生成(L)/反转(R)/放弃(U)]：

(1)“闭合”选项　选择该选项，AutoCAD 会闭合所编辑的多段线。同时系统提示：

输入选项[闭合(C)/合并(J)/宽度(W)/编辑顶点(E)/拟合(F)/样条曲线(S)/非曲线化(D)/线型生成(L)/反转(R)/放弃(U)]：c

输入选项[打开(O)/合并(J)/宽度(W)/编辑顶点(E)/拟合(F)/样条曲线(S)/非曲线化(D)/线型生成(L)/反转(R)/放弃(U)]：

将“闭合”选项换成了“打开”选项，若执行“打开”选项，则多段线从闭合处打开。

(2)“合并”选项　将直线、圆弧或多段线连接成一条多段线。

注意：执行该选项进行连接时，各个图形对象必须首尾相连，否则不能形成多段线。

选择该选项，AutoCAD 系统提示：

命令：_pedit 选择多段线或[多条(M)]：

选定的对象不是多段线，是否将其转换为多段线？ <Y>(选择直线不是多段线则转化为多段线)

输入选项[闭合(C)/合并(J)/宽度(W)/编辑顶点(E)/拟合(F)/样条曲线(S)/非曲线化(D)/线型生成(L)/反转(R)/放弃(U)]：j(选择“合并”选项)

选择对象：找到 3 个

选择对象：

多段线已增加 3 条线段

(3)“宽度”选项　确定所编辑的多段线的新宽度。执行该选项时，AutoCAD 系统提示：

输入选项[闭合(C)/合并(J)/宽度(W)/编辑顶点(E)/拟合(F)/样条曲线(S)/非曲线化(D)/线型生成(L)/反转(R)/放弃(U)]：w(选择“宽度”选项)

指定所有线段的新宽度：0.5(重新设置多段线宽度)

(4)“编辑顶点”选项　编辑多段线的顶点。执行该选项时，AutoCAD 系统提示：

输入选项[闭合(C)/合并(J)/宽度(W)/编辑顶点(E)/拟合(F)/样条曲线(S)/非曲线化(D)/线型生成(L)/反转(R)/放弃(U)]：e

输入顶点编辑选项[下一个(N)/上一个(P)/打断(B)/插入(I)/移动(M)/重生成(R)/拉直(S)/切向(T)/宽度(W)/退出(X)] <N>：

“下一个”、“上一个”选项：选择要编辑的顶点，当前编辑的顶点用小叉标记出。

“打断”：删除多段线上指定两顶点之间的线段，系统把当前的编辑顶点作为第一个断点，再选择另一个断点。

“插入”选项：在当前编辑顶点后插入一个新顶点。

“移动”选项：将当前编辑顶点移动到新位置。

“重生成”选项：将当前多段线重新生成。

“拉直”选项：将多段线指定两顶点之间的所有线用两点之间的直线取代。

“切向”选项：改变当前编辑顶点的切线方向，该功能主要用于确定对多段线进行曲线拟合时的拟合方向。

“宽度”选项：改变当前编辑顶点和下一个顶点之间线的起点宽度和终点宽度。

(5)“拟合”、“样条曲线”选项　用于创建光滑曲线。“拟合”选项是用圆弧连接多段线的各个顶点；“样条曲线”选项是用样条曲线拟合多段线。

（6）“非曲线化”选项　对多段线进行反拟合，将用“拟合”或“样条曲线”选项拟合的多段线返回到拟合前的多段线。

（7）“线型生成”选项　规定非连续线型的多段线在各个顶点的绘制方式。

（8）“反转”选项　反转多段线顶点的顺序，使用此选项可反转使用文字线型的对象的方向。

3. 样条曲线编辑

选择下拉菜单“修改”→“对象”→“样条曲线”或在“修改Ⅱ”工具栏上单击“编辑样条曲线”按钮或在命令行输入 Splinedit 命令，可以对样条曲线编辑。执行“样条曲线”命令后，AutoCAD 命令行提示：

命令：_splinedit

选择样条曲线：(选择一条样条曲线)

输入选项[闭合(C)/合并(J)/拟合数据(F)/编辑顶点(E)/转换为多段线(P)/反转(R)/放弃(U)/退出(X)] <退出>：

（1）“拟合数据”选项　编辑样条曲线所通过的某些控制点。执行该选项时，AutoCAD 系统提示：

输入选项[闭合(C)/合并(J)/拟合数据(F)/编辑顶点(E)/转换为多段线(P)/反转(R)/放弃(U)/退出(X)] <退出>：f(选择“拟合数据”选项)

输入“拟合数据”选项[添加(A)/闭合(C)/删除(D)/扭折(K)/移动(M)/清理(P)/切线(T)/公差(L)/退出(X)] <退出>：

“添加”、“删除”、“移动”选项：从样条曲线的控制点集中添加、删除或移动选中的控制点。执行这些选项时，各个控制点以小方格形式出现，选择其中某个方格，则此控制点会高亮度显示，为选中的控制点。

“切线”选项：改变样条曲线起点和终点的切线方向。

“公差”选项：修改拟合当前样条曲线的公差。若公差设置为0，样条曲线会通过各个控制点；若公差设置为大于0的值，则会使得样条曲线在指定的公差范围内靠近控制点。

“扭折”选项：在样条曲线上的指定位置添加节点和拟合点，这不会保持在该点的相切或曲率连续性。

“清理”选项：使用控制点替换样条曲线的拟合数据。

（2）“编辑顶点”选项　移动样条曲线上的当前点。

输入选项[闭合(C)/合并(J)/拟合数据(F)/编辑顶点(E)/转换为多段线(P)/反转(R)/放弃(U)/退出(X)] <退出>：e(选择“编辑顶点”选项)

输入“编辑顶点”选项[添加(A)/删除(D)/提高阶数(E)/移动(M)/权值(W)/退出(X)] <退出>：

“添加”选项：在两个现有的控制点之间的指定点处添加一个新控制点。

“提高阶数”选项：增大样条曲线的多项式阶数，即增加整个样条曲线的控制点的数量。

“移动”选项：重新定位选定的控制点。

“权值”选项：更改指定控制点的权值越大，样条曲线越接近控制点。

“删除”选项：删除选定的控制点。

（3）“转换为多段线”选项　将样条曲线转换为多段线。精度值决定生成的多段线与样条曲线的接近程度。

（4）“闭合”、“合并”、“反转”选项　使用方法和编辑多段线类似。

4.6　对象的夹点编辑

夹点在 AutoCAD 中用一些小方框表示，它们出现在选择对象的关键点上。当用户在命令行中没有执行命令，“命令:”提示时，选择对象，可显示出选中对象的夹点，如图 4-31 所示。AutoCAD 的各种图形对象的夹点特征见表 4-1，可以拖动这些点执行拉伸、移动、旋转、缩放和镜像等操作。通过夹点可以把选择对象和执行命令结合起来，从而提高编辑速度。

表 4-1　AutoCAD 图形对象的夹点特征

图形对象	夹点特征
直线	两个端点和中点
多段线	直线段的两端点、圆弧段的中点和两端点
构造线	控制点以及线上的邻近两点
射线	起点以及射线上的一个点
多线	控制线上的两个端点
圆弧	两个端点和中点
圆	4 个象限点和圆心
椭圆	4 个顶点和中心点
椭圆弧	端点、终点和中心点
区域填充	各个顶点
文字	插入点和第二个对齐点
段落文字	各顶点
属性	插入点
形	插入点
三维网格	网格上的各个顶点
三维面	周边顶点
线性标注	尺寸线和尺寸界线的端点，尺寸文字的中心点
角度标注	尺寸线端点和指定尺寸标注弧的端点，尺寸文字的中心点
半径标注、直径标注	半径或直径标注的端点，尺寸文字的中心点
坐标标注	被标注点，用户指定的引出线端点和尺寸文字的中心点

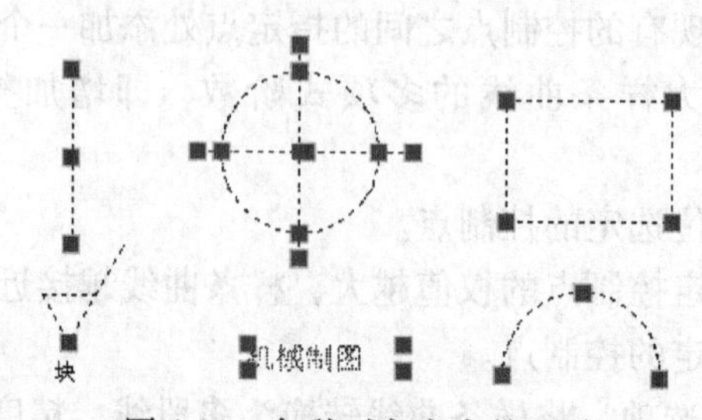

图 4-31　各种对象夹点的显示

4.6.1　夹点选项的设置

要显示夹点则必须激活夹点功能。AutoCAD默认状态为激活状态。选择下拉菜单“工具”→“选项”，则显示“选项”对话框，选择该对话框中的“选择集”选项卡，如图4-32所示，可设置夹点的大小、颜色等。

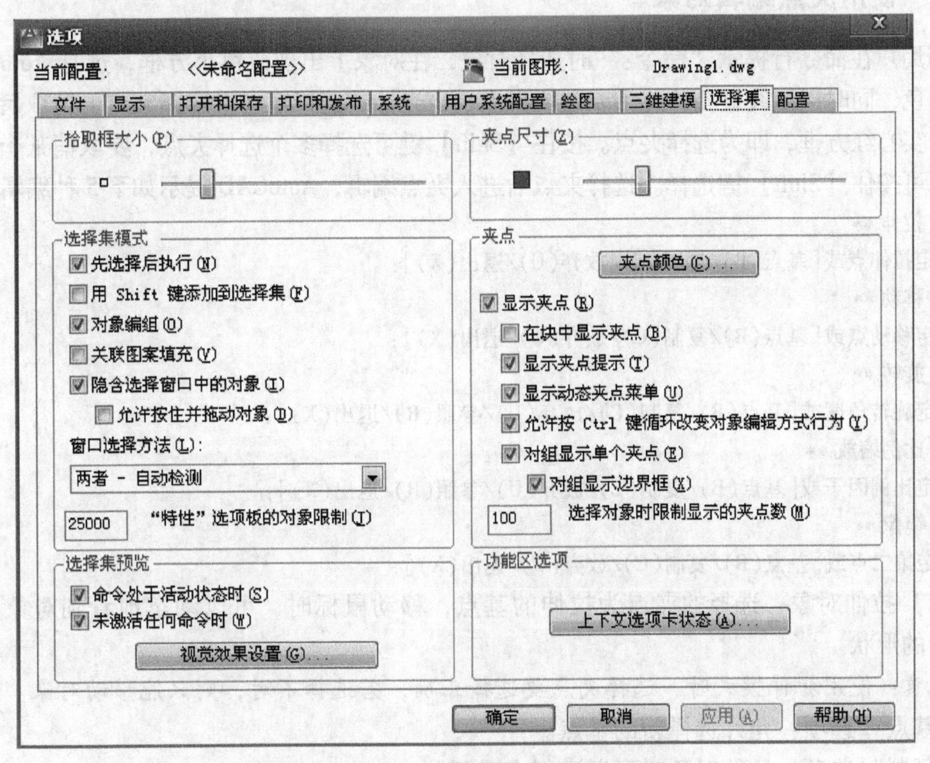

图4-32　“选项”对话框中的“选择集”选项卡

1. “夹点尺寸”区域

在“夹点尺寸”区域拖动滑块，可确定显示夹点框的大小。

2. “夹点”区域

“夹点颜色”按钮：单击该按钮，出现图4-33所示“夹点颜色”对话框。在该对话框中有“未选中夹点颜色”、“选中夹点颜色”、“悬停夹点颜色”和“夹点轮廓颜色”下拉列表框。

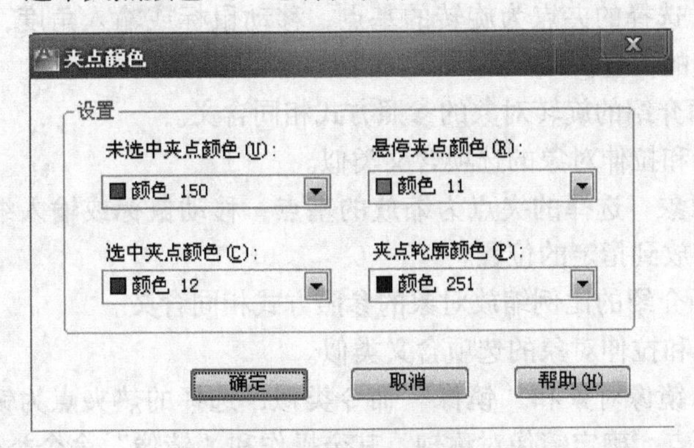

图4-33　夹点颜色设置

“显示夹点”复选框：选中该复选框，则选择对象时显示夹点；否则不显示夹点。其后的复选框是各种条件下夹点的显示。

“选择对象时限制显示的夹点数”文本框：当初始选择集包括多于指定数目的对象时，抑制夹点的显示。有效值的范围为 1～32767。默认设置是 100。

4.6.2　使用夹点编辑对象

当用户在命令行提示“命令:”时选择对象，在对象上出现蓝色小方框，这是 AutoCAD 的默认颜色，同时以虚线显亮，此为未选择夹点，当光标的选择框在未选择夹点上拾取后，小方框变为实心红方框，即为选择夹点。按住【Shift】键可选择多个选择夹点，要取消某个选择夹点，也可按住【Shift】键选择。选择夹点后进入夹点编辑，AutoCAD 提示如下 5 种编辑模式：

** 拉伸 **
指定拉伸点或[基点(B)/复制(C)/放弃(U)/退出(X)]：
** 移动 **
指定移动点或[基点(B)/复制(C)/放弃(U)/退出(X)]：
** 旋转 **
指定旋转角度或[基点(B)/复制(C)/放弃(U)/参照(R)/退出(X)]：
** 比例缩放 **
指定比例因子或[基点(B)/复制(C)/放弃(U)/参照(R)/退出(X)]：
** 镜像 **
指定第二点或[基点(B)/复制(C)/放弃(U)/退出(X)]：

(1) 拉伸对象　选择的夹点为拉伸的基点，移动鼠标时，可以动态地看到对象从基点拉伸后的形状。

注意：使用拉伸模式时，选择夹点要选择正确，若选择不对，则只能移动对象。

“基点”选项：允许选择新的基点。

“复制”选项：拉伸对象时可以进行多重复制。

“放弃”选项：取消上一次的复制或对对象的选择。

“退出”选项：退出夹点编辑命令。

(2) 移动对象　选择的夹点为移动的基点，移动鼠标时，可以动态地看到对象从基点移动到指定的位置。

其他的选项含义和拉伸对象的选项含义类似。

(3) 旋转对象　选择的夹点为旋转的基点，移动鼠标或输入角度，可以动态地看到对象从基点旋转到指定的位置。

“参照”：和前面介绍的旋转对象的参照方式相同含义。

其他的选项含义和拉伸对象的选项含义类似。

(4) 比例缩放对象　选择的夹点为缩放的基点，移动鼠标或输入缩放因子，可以动态地看到对象从基点缩放到指定的位置。

“参照”：和前面介绍的比例缩放对象的参照方式相同含义。

其他的选项含义和拉伸对象的选项含义类似。

(5) 镜像对象　镜像对象和“镜像”命令类似，选择的热夹点为镜像对称轴的一个端点，要指定第二个端点，确定镜像对称轴，其余操作和“镜像”命令类似。

其他的选项和拉伸对象类似。

这 5 种模式的切换方法有：

1）按【Enter】键或空格键。

2）选择夹点后，单击鼠标右键，在弹出的快捷菜单中进行选择，如图 4-34 所示。

注意：要取消夹点的选择，可以按【Esc】键两次，一次取消所有选择的夹点，第二次取消所有未选择的夹点；“重画”命令和“重新生成”命令对夹点显示不起作用。

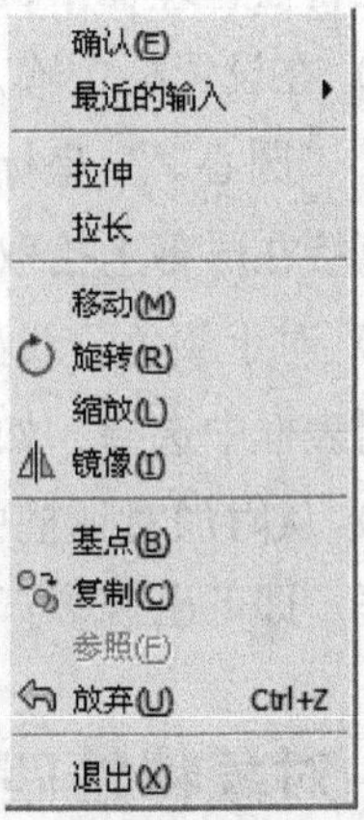

图 4-34　夹点编辑的快捷菜单

4.7　对象属性的改变

AutoCAD 绘制的对象具有图层、颜色、线型比例、高度、厚度、文字样式、标注样式等特性，AutoCAD 2012 中对对象特性的管理主要通过对象特性管理器来实现。

选择下拉菜单“修改”→“特性”或在“标准”工具栏上单击“特性”按钮 或在命令行中输入 Properties 命令，出现“特性”对话框，如图 4-35 所示。

当没有选择对象就激活对象特性管理器时，显示整个图形的整体特性，在特征管理器上端的“选择对象”列表框中显示“无选择”，如图 4-35 所示。

当选择对象后激活对象特性管理器，显示选择对象的特性，在特征管理器上端的“选择对象”列表框中显示对象的名称，如图 4-36 所示为选择“圆”的特性。

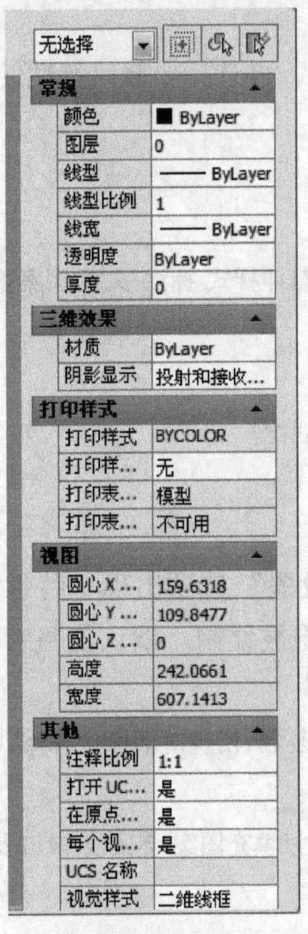

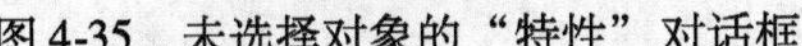
图 4-35　未选择对象的“特性”对话框

图 4-36　选择对象的“特性”对话框

在特征管理器中，修改对象的当前设置或选择对象特性的方式有 4 种。

1）在设置栏中输入新值。如要修改圆心坐标，如图 4-36 所示，只要在“圆心 X”、“圆心 Y”、“圆心 Z”坐标的设置栏中输入新的坐标值，或在圆心坐标的文本框后单击按钮，即可直接在屏幕上拾取坐标点，图形对象随着参数的变化而改变。

2）对于颜色、线型、图层等特性，单击设置栏则出现下拉按钮，单击下拉按钮可从下拉列表框中选择，如图 4-36 所示。

3）从附加对话框中选择一个特性值。例如，在修改多行文本的文字时，只要单击文字内容框，即可出现多行文本编辑器修改文本。

4.8　对象特性匹配

在绘图中，有时会将对象的特性设置错误，例如绘错图层、颜色、线型等，可用上面介绍的方式对对象的特性进行修改。AutoCAD 还提供了一种更快捷的修改对象特性的命令——“特性匹配”。它将所选对象的特性，从一个对象复制到一个或多个对象上，此功能形象地称为“特性刷”。

选择下拉菜单“修改”→“特性匹配”或在“标准”工具栏上单击“特性匹配”按钮或在命令行输入 Matchprop 命令，可实现修改对象特性。

4.8.1　对象的特性匹配

使用对象的特性匹配，先选择其特性要复制的源对象，再选择要修改特性的对象。执行“特性匹配”命令后，AutoCAD 命令行提示：

命令:'_matchprop

选择源对象:(选择特性要复制的源对象,选择后鼠标变为刷子)

当前活动设置： 颜色 图层 线型 线型比例 线宽 透明度 厚度 打印样式 标注 文字 图案填充 多段线 视口 表格材质 阴影显示 多重引线(当前的特性设置)

选择目标对象或[设置(S)]:(选择要修改特性的对象)

选择目标对象或[设置(S)]:(按空格键或【Enter】键,结束特性匹配)

4.8.2　对象复制特性的设置

在执行对象特性匹配时，有“设置”选项，选择“设置”选项出现“特性设置”对话框，如图 4-37 所示，该对话框控制选择对象的哪些特性将被复制。默认值是对象的所有特性将被复制。

选择目标对象或[设置(S)]:s(设置选择对象的哪些特性将被复制,出现对话框,选择结束后回到提示状态)

当前活动设置： 颜色 图层 线型 线型比例 线宽 厚度 文字 标注 填充图案 多段线 视口表格(重新设置后要复制的特性)

选择目标对象或[设置(S)]:(继续执行对象的特性匹配)

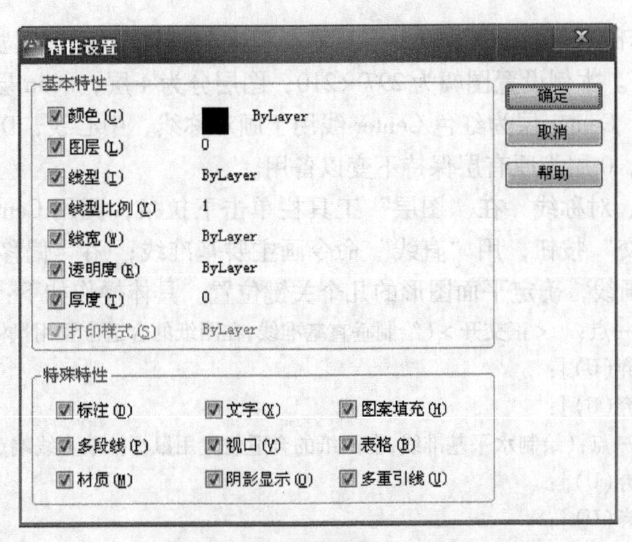

图 4-37 “特性设置”对话框

4.9　综合实例——绘制复杂平面图形

实例 1　绘制如图 4-38 所示的吊钩。

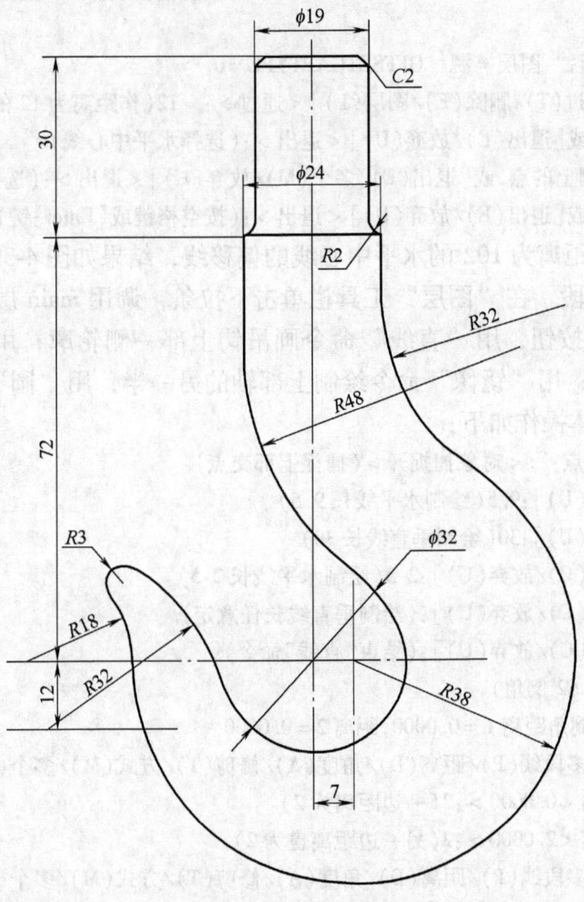

图 4-38　绘制吊钩

（1）设置绘图环境　根据图形的大小及复杂程度，设置图幅、单位精度及图层（包括线型、颜色、线宽）。本例设置图幅为 297×210；图层分为 4 层，main 层为白色 Continue 线用于画可见轮廓线，Center 层为红色 Center 线用于画对称线、中心线，Dim 层为蓝色 Continue 线用于标注尺寸，0 层为原有层保持不变以备用。

（2）画中心线、对称线　在“图层”工具栏单击下拉条，调用 Center 层为当前层；单击状态栏中的“正交”按钮，用“直线”命令画主要基准线；用“偏移对象”命令画符合尺寸要求的其他点画线，确定平面图形的几个关键位置。具体操作如下：

命令:_line 指定第一点：　<正交开>(绘制垂直基准线,在图纸的合适位置用鼠标拾取直线端点)
指定下一点或[放弃(U)]:
指定下一点或[放弃(U)]:
命令:_line 指定第一点:(绘制水平基准线,在图纸的合适位置用鼠标拾取直线端点)
指定下一点或[放弃(U)]:
指定下一点或[放弃(U)]:
命令:_offset
当前设置:删除源=否　图层=源　OFFSETGAPTYPE=0
指定偏移距离或[通过(T)/删除(E)/图层(L)]<通过>:　7(作距离为 7 的垂直线的偏移线)
选择要偏移的对象,或[退出(E)/放弃(U)]<退出>:
指定要偏移的那一侧上的点,或[退出(E)/多个(M)/放弃(U)]<退出>:(选择在垂直中心线右侧)
选择要偏移的对象,或[退出(E)/放弃(U)]<退出>:(按空格键或【Enter】键)
命令:_offset
当前设置:删除源=否　图层=源　OFFSETGAPTYPE=0
指定偏移距离或[通过(T)/删除(E)/图层(L)]<通过>:　12(作距离为 12 的水平线的偏移线)
选择要偏移的对象,或[退出(E)/放弃(U)]<退出>:(选择水平中心线)
指定要偏移的那一侧上的点,或[退出(E)/多个(M)/放弃(U)]<退出>:(选择在水平中心线下方)
选择要偏移的对象,或[退出(E)/放弃(U)]<退出>:(按空格键或【Enter】键)

用相同的方法作距离为 102 的水平中心线的偏移线，结果如图 4-39a 所示。

（3）绘制已知线段　在“图层”工具栏单击下拉条，调用 main 层为当前层；单击状态栏中的“对象捕捉”按钮，用“直线”命令画吊钩上部一侧轮廓；用“倒角”和“圆角”命令绘制倒角和圆角；用“镜像”命令绘制上部轴的另一半；用“圆”命令绘制下部两圆，如图 4-39b 所示。具体操作如下：

命令:_line 指定第一点：　<对象捕捉开>(捕捉上部交点)
指定下一点或[放弃(U)]:9.5(绘制水平线长 9.5)
指定下一点或[放弃(U)]:30(绘制垂直线长 30)
指定下一点或[闭合(C)/放弃(U)]:2.5(绘制水平线长 2.5)
指定下一点或[闭合(C)/放弃(U)]:(绘制垂直线长任意定)
指定下一点或[闭合(C)/放弃(U)]:(结束“直线”命令)
命令:_chamfer(绘制 *C*2 倒角)
(“修剪”模式)当前倒角距离 1=0.0000,距离 2=0.0000
选择第一条直线或[多段线(P)/距离(D)/角度(A)/修剪(T)/方式(M)/多个(U)]:d(设置倒角尺寸)
指定第一个倒角距离<0.0000>:2(一边距离为 2)
指定第二个倒角距离<2.0000>:2(另一边距离也为 2)
选择第一条直线或[多段线(P)/距离(D)/角度(A)/修剪(T)/方式(M)/多个(U)]:(取两边绘制倒角)
选择第二条直线:

命令:_fillet(绘制 $R2$ 圆角)

当前设置:模式 = 修剪,半径 = 0.0000

选择第一个对象或[放弃(U)/多段线(P)/半径(R)/修剪(T)/多个(M)]:r(设置圆角尺寸)

指定圆角半径 <0.0000>:2(圆角为 $R2$)

选择第一个对象或[放弃(U)/多段线(P)/半径(R)/修剪(T)/多个(M)]:(取两边绘制圆角)

选择第二个对象,或按住【Shift】键选择对象以应用角点或[半径(R)]:

命令:_line 指定第一点:(用捕捉绘制倒角线)

指定下一点或[放弃(U)]:　<极轴开>(用对象捕捉、极轴、对象追踪捕捉倒角线和基准线的交点)

指定下一点或[放弃(U)]:

命令:line 指定第一点:(用同样的方法绘制 $\phi24$ 的上部交线)

指定下一点或[放弃(U)]:

指定下一点或[放弃(U)]:

命令:_mirror(作基准线一侧的对称图形)

选择对象:指定对角点:找到 8 个

选择对象:

指定镜像线的第一点:指定镜像线的第二点:(在基准线上拾取两点)

是否删除源对象?[是(Y)/否(N)] <N>:(不删除源对象,按空格键或【Enter】键)

命令:_circle 指定圆的圆心或[三点(3P)/两点(2P)/相切、相切、半径(T)]:(绘制下部 $\phi32$ 的圆)

指定圆的半径或[直径(D)]:16

命令:circle 指定圆的圆心或[三点(3P)/两点(2P)/相切、相切、半径(T)]:(绘制下部 $R38$ 的圆)

指定圆的半径或[直径(D)] <16.0000>:38

(4) 绘制中间线段　要绘制 $R32$ 和 $\phi32$ 的圆相切，应先作出该圆的圆心，再绘制圆。用同样的方法绘制 $R18$ 和 $R38$ 的圆相切，如图 4-39c 所示。具体操作如下：

命令:_circle 指定圆的圆心或[三点(3P)/两点(2P)/相切、相切、半径(T)]:(选择点 1 为圆心)

指定圆的半径或[直径(D)]:48(以 48 为半径绘制辅助圆)

命令:circle 指定圆的圆心或[三点(3P)/两点(2P)/相切、相切、半径(T)]:(选择点 2 为圆心)

指定圆的半径或[直径(D)] <48.0000>:_tan 到(以“切点”捕捉,选择 $\phi32$ 的圆,绘制的相切圆)

命令:circle 指定圆的圆心或[三点(3P)/两点(2P)/相切、相切、半径(T)]:(用相同的方法绘制另一段相切圆,选择点 3 为圆心)

指定圆的半径或[直径(D)] <32.0000>:56(以 56 为半径绘制辅助圆)

命令:_circle 指定圆的圆心或[三点(3P)/两点(2P)/相切、相切、半径(T)]:(选择点 4 为圆心)

指定圆的半径或[直径(D)] <56.0000>:_tan 到(以“切点”捕捉,选择 $R38$ 的圆,绘制的相切圆)

命令:_erase(删除 $R48$、$R56$ 辅助圆)

选择对象:找到 2 个

选择对象:

(5) 绘制连接线段　用“圆角”命令绘制 $R32$ 和 $R48$ 的连接弧，用 T 方式绘制 $R3$ 的圆，如图 4-39d 所示。具体操作如下：

命令:_fillet(绘制圆角)

当前设置:模式 = 修剪,半径 = 2.0000

选择第一个对象或[放弃(U)/多段线(P)/半径(R)/修剪(T)/多个(M)]:r(选择设置圆角半径)

指定圆角半径 <2.0000>:32(设置半径为 $R32$)

选择第一个对象或[放弃(U)/多段线(P)/半径(R)/修剪(T)/多个(M)]:(选择两边,绘制圆角)

选择第二个对象,或按住【Shift】键选择对象以应用角点或[半径(R)]:

用同样方法绘制 $R48$ 的圆弧

命令：_circle 指定圆的圆心或[三点(3P)/两点(2P)/相切、相切、半径(T)]：t(选择绘制圆的方式)

指定对象与圆的第一个切点：

指定对象与圆的第二个切点：

指定圆的半径 <48.0000>：3(绘制半径为3，且和两弧相切的圆)

（6）整理线型，去除多余的线　用“修剪”命令修剪多余的轮廓线，用“打断”命令整理基准线，最后整理的结果如图 4-39e 所示。

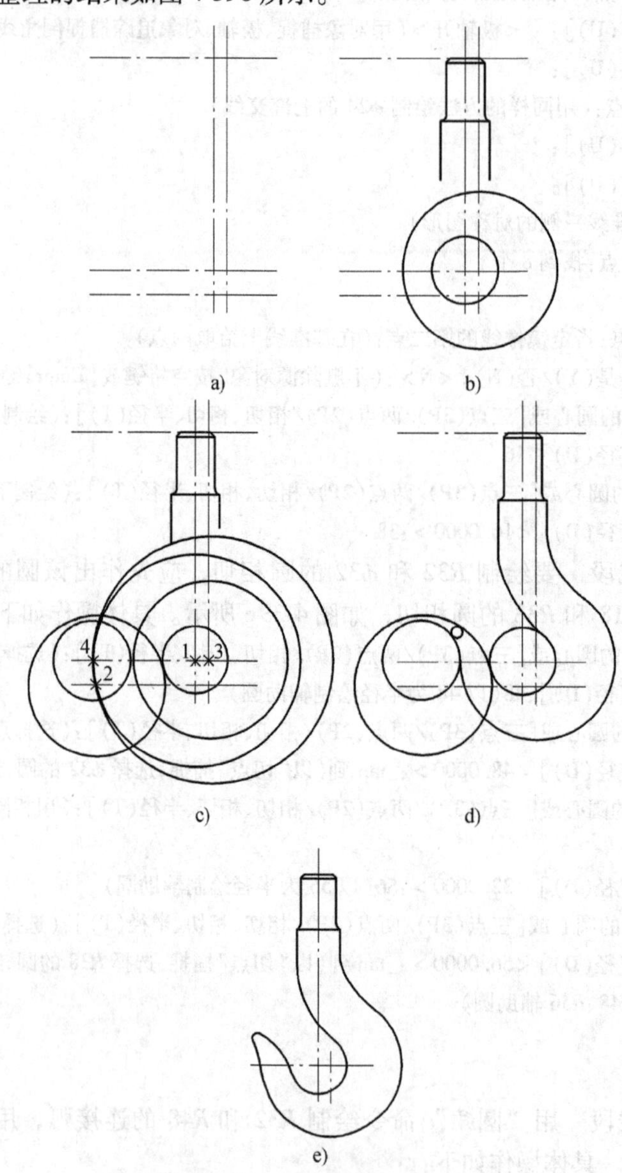

图 4-39　绘制吊钩的步骤

a）绘制基准线　b）绘制已知线段　c）绘制中间线段　d）绘制连接线段　e）整理图形

实例 2　绘制如图 4-40 所示的房屋平面图的墙体结构

（1）设置绘图环境　根据图形的大小及复杂程度，设置图幅、单位精度及图层（包括线型、颜色、线宽）。本例尺寸较大，可以按 1∶1 比例画，也可缩小比例画，若缩小比例，

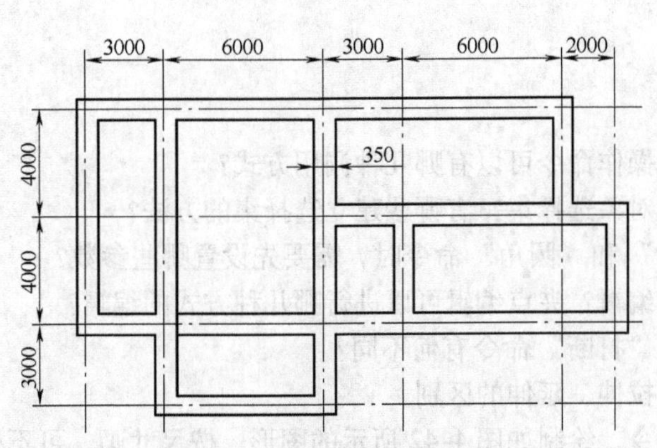

图4-40　房屋平面图的墙体结构

只要在尺寸标注时设置比例即可；图层分为4层，main层为白色Continue线用于画可见轮廓线，Center层为红色Center线用于画对称线、中心线，Dim层为蓝色Continue线用于标注尺寸，0层为原有层保持不变以备用。

（2）绘制基准线　将当前层设置为Center层，本例按1∶100绘制，用“直线”命令绘制水平线长220，绘制垂直线长130，两线相交处各伸出10。画水平线的偏移线，分别相距40、40、30，画垂直线的偏移线，分别相距30、60、30、60、20，如图4-41a所示。

（3）绘制墙体　将当前层设置为main层，先选择多线的样式为standard，设置多线的对正类型为“无（Z）”，根据墙体尺寸设置多线的比例；然后用多线绘制，将对象捕捉打开，从交点画到交点，画出墙体轮廓，如图4-41b所示。

（4）整理图形　应用“多线”命令，用“角点结合”、“T形打开”、“十字打开”、“十字合并”等工具编辑，结果如图4-41c所示。

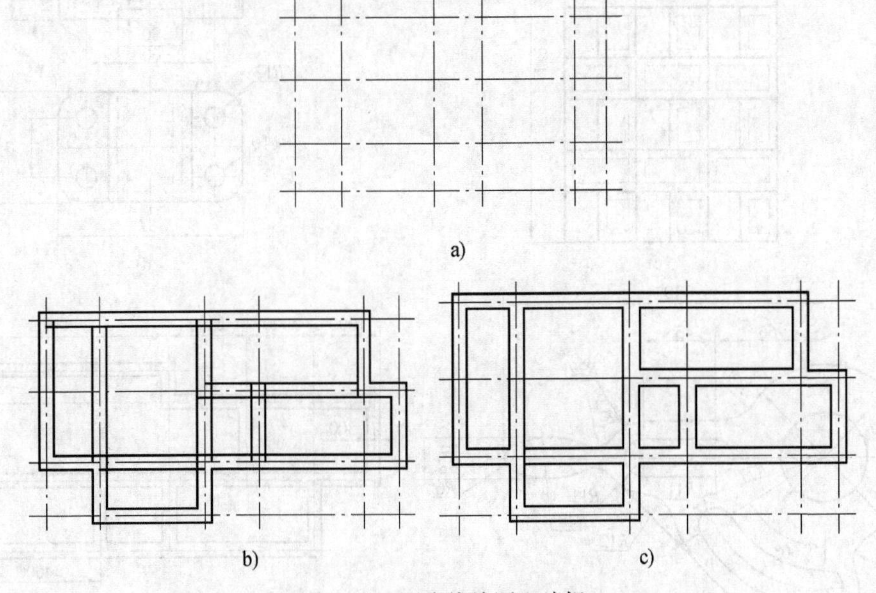

图4-41　用多线绘图和编辑

a）绘制基准线　b）用多线绘制墙体　c）用多线编辑整理图形

习题与上机训练

4-1. 图形编辑的操作命令可以有哪几种调用方式？

4-2. 什么叫图形对象选择集？有哪些建立选择集的方法？

4-3. 使用“倒角”和“圆角”命令时，需要先设置哪些参数？

4-4. 什么是夹点编辑？夹点编辑可以进行哪几种方式的编辑？

4-5. “修剪”和“打断”命令有何不同？

4-6. 简述拉长、拉伸、延伸的区别。

4-7. 应用编辑命令，绘制如图 4-42 所示的图形。按尺寸画，可不标注尺寸。

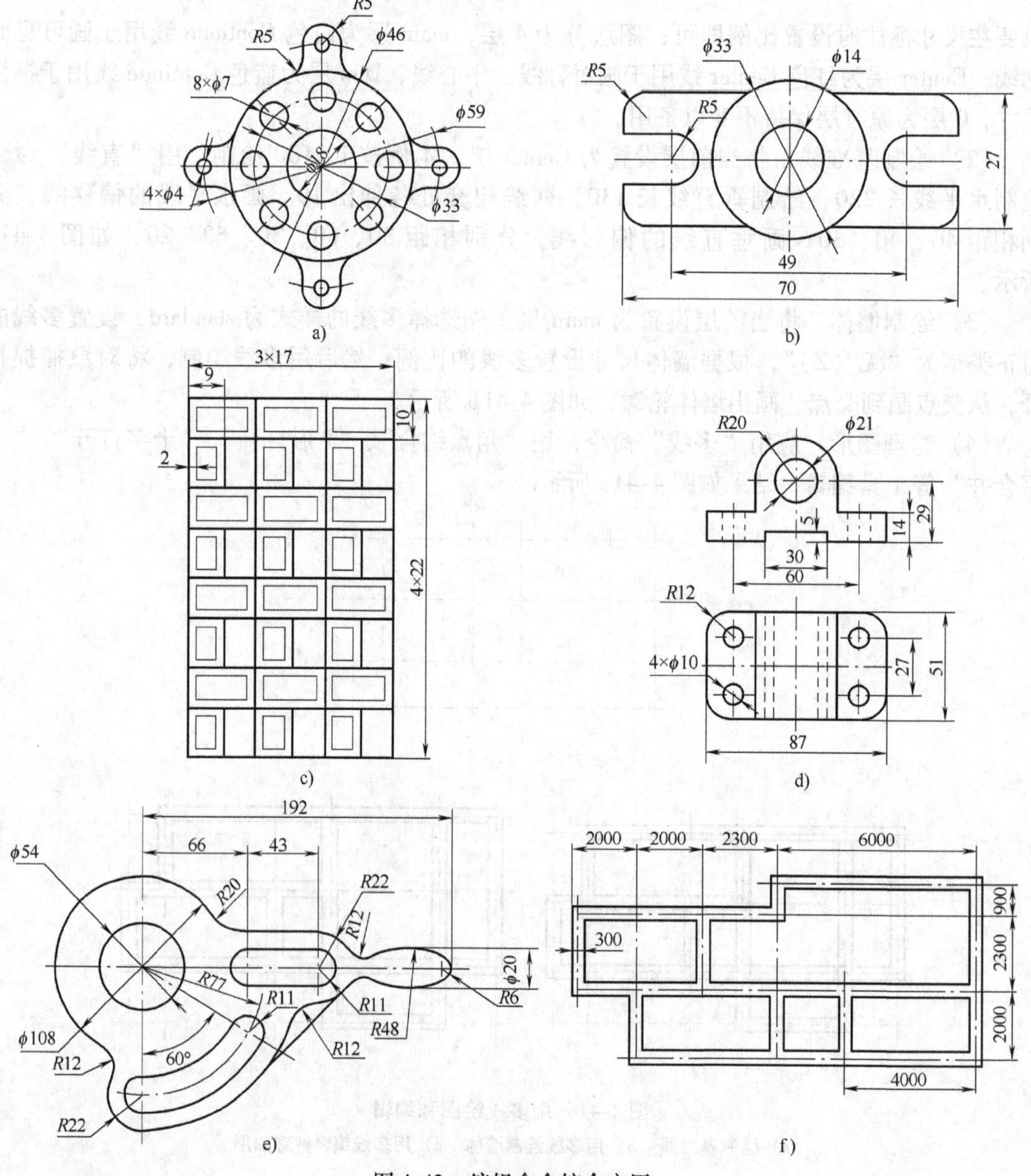

图 4-42　编辑命令综合应用

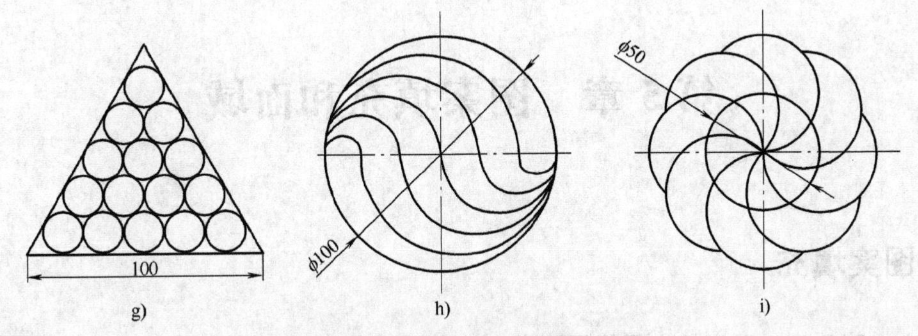

图 4-42　编辑命令综合应用（续）

第 5 章　图案填充和面域

5.1　图案填充

在 AutoCAD 中，图案填充是指用图案去填充图形中的某个区域，以表达该区域的特征，使用不同的填充图案以表达剖切到不同的零件或不同的材料。图案填充广泛应用于绘制机械图、建筑图和地质构造图等各类工程图样中。

AutoCAD 提供实体填充以及 50 多种行业标准填充图案，以表达不同的零件材质，同时还提供多种符合 ISO 标准的填充图案。

选择下拉菜单“绘图”→“图案填充”命令或在“绘图”工具栏上单击“图案填充”按钮或在命令行输入 Bhatch 命令，可打开“图案填充和渐变色”对话框，如图 5-1 所示。

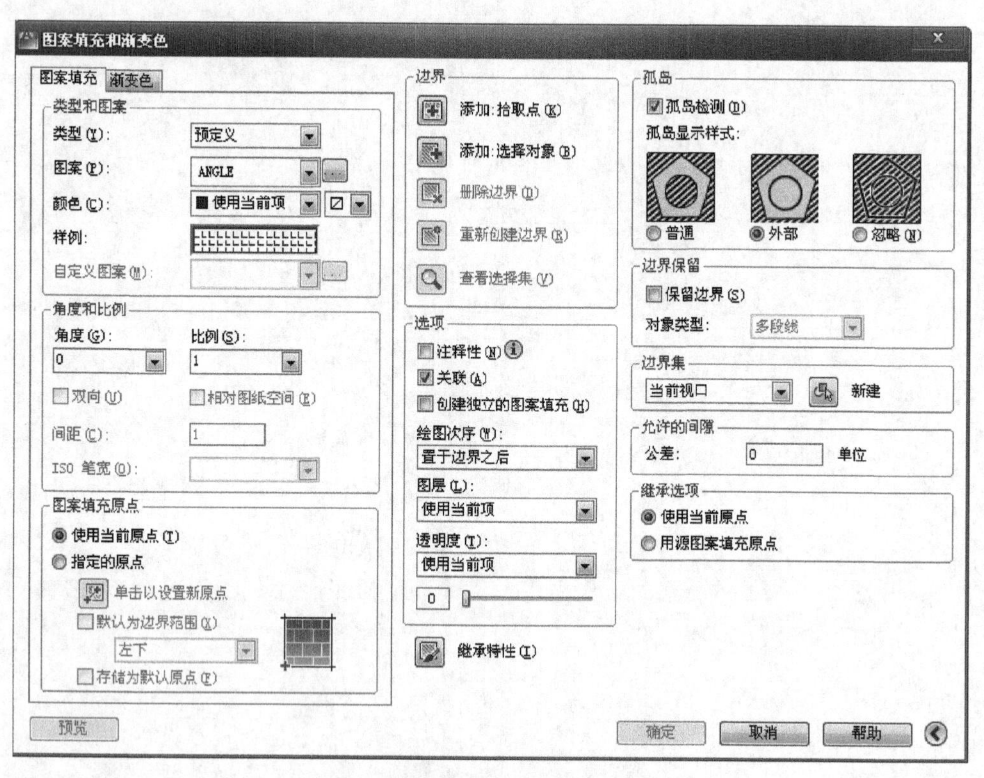

图 5-1　“图案填充和渐变色”对话框

1. “图案填充”选项卡

（1）“类型和图案”区域　主要确定填充图案的类型。

“类型”下拉列表框：提供预定义、用户定义、自定义 3 种图案类型，用于确定填充图案的类型。“预定义”图案类型为 AutoCAD 的默认方式，它使用的图案为 AutoCAD 设置好的图案；“用户定义”图案类型是用户临时定义的填充图案，该图案由一组平行线或相互垂直的两组平行线组成；“自定义”图案类型是用户选用事先定义好的图案进行填充。

“图案”下拉列表框：选择“预定义”图案类型，在“图案”下拉列表框中显示当前图案名称，可在“图案”下拉列表框中选择其他的图案名称，也可单击“图案”下拉列表框右侧的□按钮，出现“填充图案选项板”对话框，如图5-2所示。此对话框有4个选项卡：ANSI、ISO、其他预定义和自定义。每个选项卡以字母的顺序排列填充图案，用户可以预览选择。

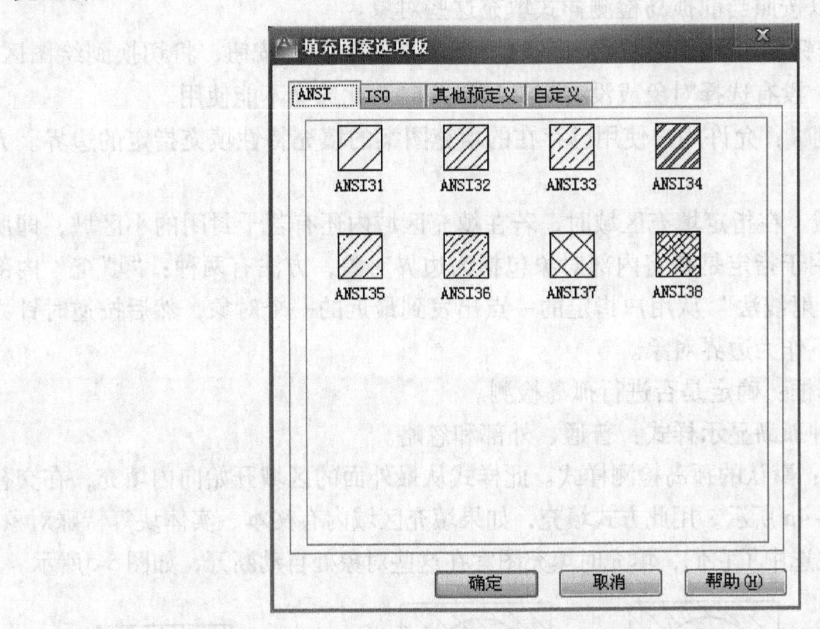

图5-2　“填充图案选项板”对话框

“样例”图形按钮：显示当前填充图案的图案样式。单击“样例图案”可出现“填充图案选项板”对话框。

“颜色”下拉列表框：使用填充图案和实体填充的指定颜色替代当前颜色。

(2)“角度和比例”区域　设置填充图形的角度和比例。

“角度”下拉列表框：指定填充图案相对UCS的X轴的角度。

注意：在机械制图中常用的金属剖面线，设置0°即为45°斜线，如图5-3a所示；设置90°即为135°斜线，如图5-3b所示。

“比例”下拉列表框：设置填充图案的比例系数，控制图案的疏密，如图5-3c所示。

“相对图纸空间”复选框：设置填充图案按图纸空间的单位比例缩放。

“双向”复选框：在“类型”为“用户定义”时可用，设置双向垂直的线。

“间距”文本框：只有选择“用户定义”图案类型时，该选项才有效。让用户指定填充平行线的间距。

“ISO笔宽”下拉列表框：只有选择“预定义”图案类型，并且选择ISO预定义图案时才有效，它设置ISO预定义图案的笔宽。

(3)“边界”区域　该区域包含的内容如下。

“添加：拾取点”按钮：在封闭对象的内部选取点，根据围绕指定点构成封闭区域的现有对象来确定图案填充的边界。

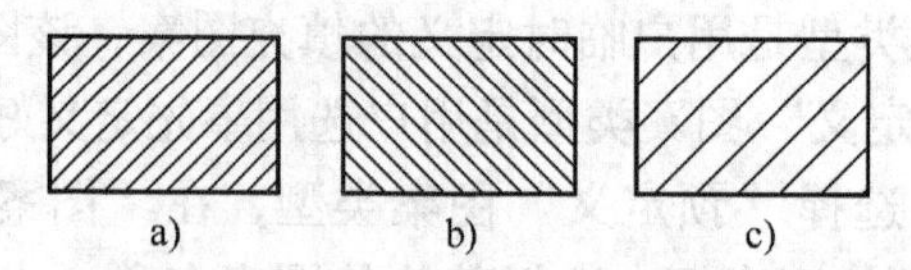

图 5-3　不同比例和角度的填充图案

a）比例 = 1 角度 = 0°　b）比例 = 1 角度 = 90°　c）比例 = 2 角度 = 0°

“添加：选择对象”按钮：根据构成封闭区域的选定对象确定图案填充边界。必须选择选定边界内的对象，以按照当前孤岛检测样式填充这些对象。

“查看选择集”按钮：用于查看已定义的填充边界。单击此按钮，将切换到绘图区，已定义的边界集显亮。没有选择对象或没有定义边界集时，此选项不能使用。

“继承特性”按钮：允许用户使用已存在的填充图案的填充特性填充指定的边界。方法和特征刷类似。

（4）“孤岛”区域　在指定填充区域时，若在填充区域内还有若干封闭的小区域，即所谓的孤岛。孤岛检测用于指定是否将内部对象包括为边界对象，方法有两种：“填充”内部孤岛作为边界对象；“射线法”从用户指定的一点出发到最近的一个对象，然后按逆时针方向扫描边界，孤岛将不作为边界对象。

“孤岛检测”复选框：确定是否进行孤岛检测。

AutoCAD 提供 3 种孤岛显示样式：普通、外部和忽略。

“普通”单选按钮：默认的孤岛检测样式。此样式从最外面的区域开始向内填充，在交替区域填充图案，如图 5-4a 所示。用此方式填充，如果填充区域内有文本、实体块等特殊对象，且在选择填充边界时也选中了它们，填充时填充图案在这些对象处自动断开，如图 5-5所示。

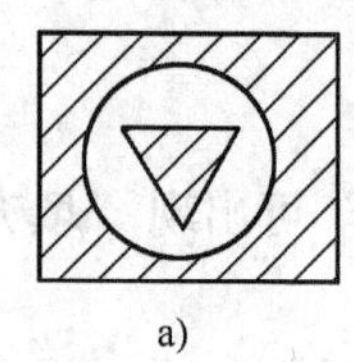

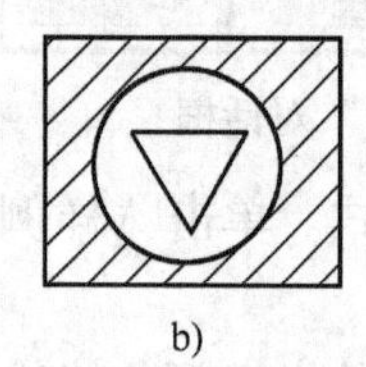

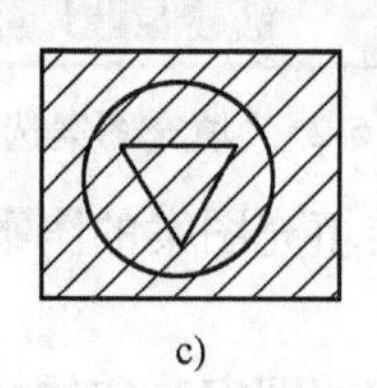

图 5-4　孤岛检测样式

a）普通样式　b）外部样式　c）忽略样式

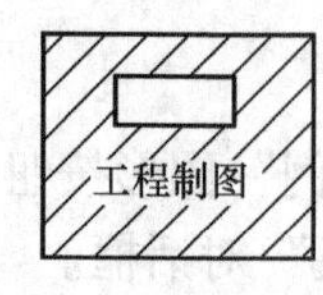

图 5-5　包含文字对象的图案填充

“外部”单选按钮：此样式从最外面的区域开始向内填充，遇到第一个内部边界后即停止填充，仅对最外层区域进行图案填充，如图 5-4b 所示。

“忽略”单选按钮：此样式将忽略所有的内部对象，将最外面的边界围成的区域全部填充图案，如图 5-4c 所示。

（5）“边界保留”区域　控制新边界对象的类型。只有选中“保留边界”复选框时，该选项才可用，可将边界创建为面域或多段线。

（6）“边界集”区域　指定使用当前视口中的对象还是使用现有选择集中的对象作为边界集。默认情况下，系统以当前视口中的所有可见对象确定填充边界。也可单击“新建”按钮切换到绘图窗口，然后通过指定对象定义边界集，此时“边界集”下拉列表框中显示为“现有集合”。

（7）“允许的间隙”区域　该选项可对不封闭区域进行填充。如图 5-6a 所示边界不封闭图形，当通过“拾取点”按钮选择填充区域时，系统会弹出如图 5-7 所示对话框，提示用户未找到有效的图案填充区域，不能进行图案填充，并在图形中用红色标出不封闭的区域。此时，可以在“公差”的文本框中输入 0～5000 的数字，忽略图形的边界缺口，单击“拾取点”按钮选择不封闭填充区域时，系统会弹出如图 5-8 所示对话框，单击“继续填充此区域”按钮，会自动形成一个封闭区域，生成的填充图案如图 5-6b 所示；单击“选择对象”按钮，直接生成的填充图案如图 5-6c 所示。

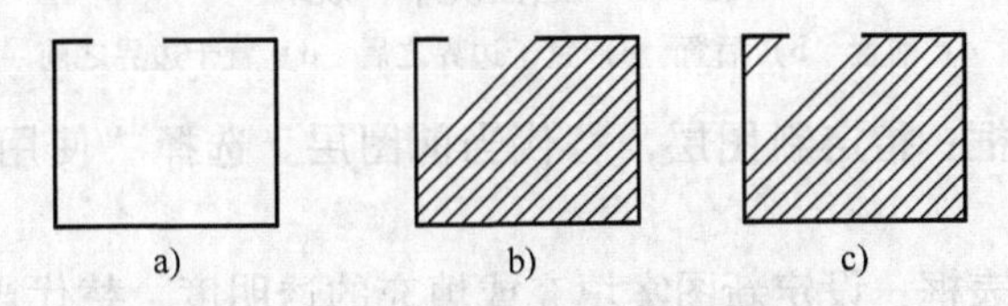

图 5-6　边界不封闭图形的图案填充

a）不封闭图形　b）单击“拾取点”按钮选择图案填充　c）单击“选择对象”按钮选择图案填充

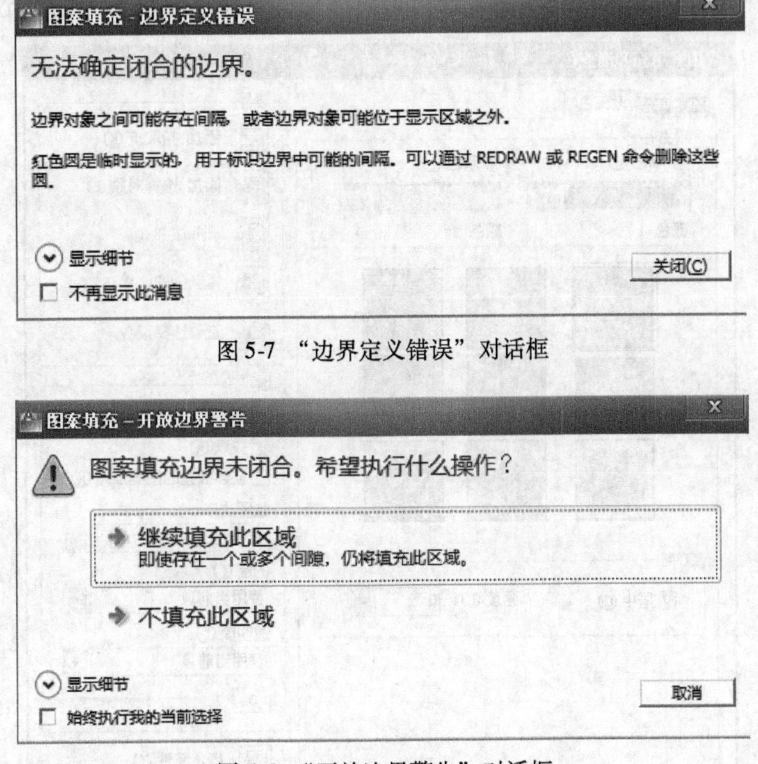

图 5-7　“边界定义错误”对话框

图 5-8　“开放边界警告”对话框

（8）“选项”区域　该区域包含的内容如下。

“注释性”复选框：会自动完成缩放注释过程，从而使注释能够以正确的大小在图纸上打印或显示。

“关联”复选框：当用户要对填充完填充图案的边界进行修改时，则填充图案也随之调整。

“创建独立的图案填充”复选框：当指定了几个单独的闭合边界时，设置是创建单个图案填充对象，还是创建多个图案填充对象。

“绘图次序”下拉列表框：对对象进行填充时，对象的相对位置及边界的设置。选项默认为“置于边界之后”效果，其他选项的效果如图 5-9 所示。

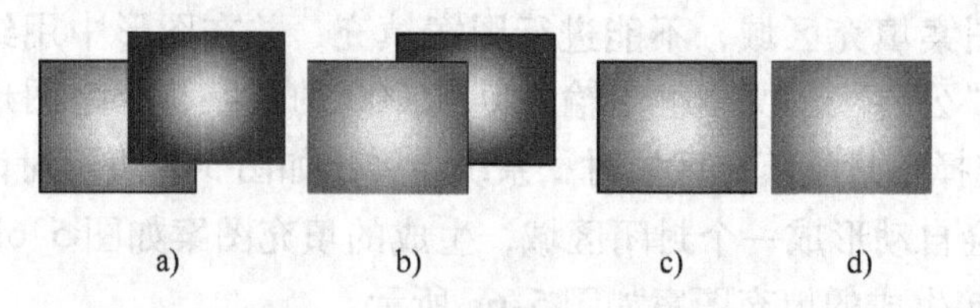

图 5-9 “绘图次序”效果

a）前置　b）后置　c）置于边界之后　d）置于边界之前

“图层”下拉列表框：指定新图层，替代当前图层。选择“使用当前项”可使用当前图层。

“透明度”下拉列表框：设定新图案填充或填充的透明度，替代当前对象的透明度。选择“使用当前项”可使用当前对象的透明度设置。

2. “渐变色”选项卡

“渐变色”选项卡如图 5-10 所示，通过该对话框可对图形创建渐变色填充。

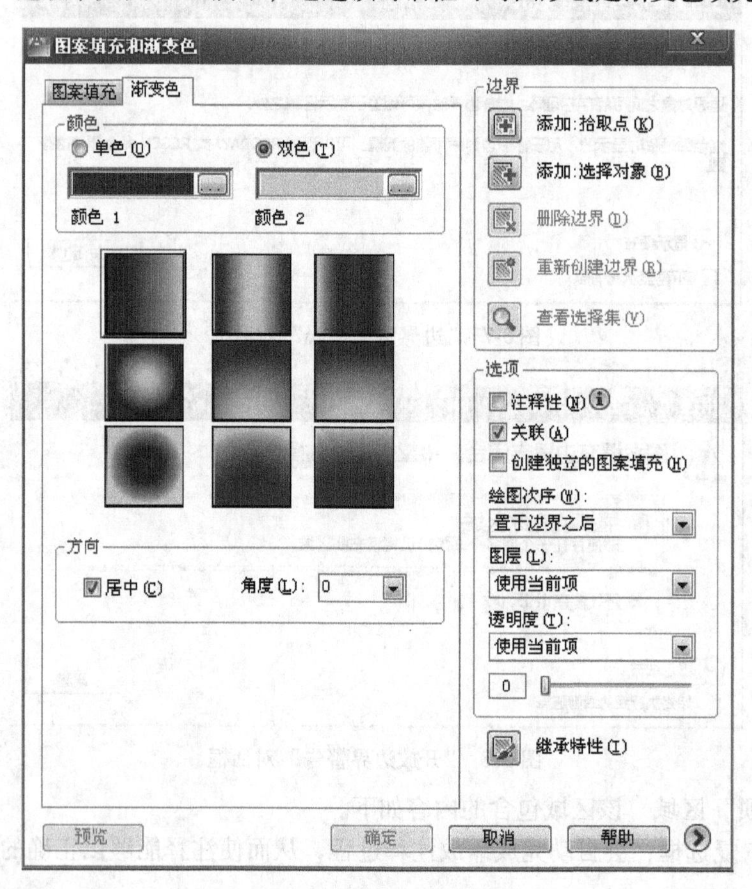

图 5-10 “渐变色”选项卡

（1）“单色”单选按钮　选择该单选按钮，可使用由一种颜色产生的渐变色进行图案填充。

（2）“双色”单选按钮　选择该单选按钮，可使用由两种颜色产生的渐变色进行图案填充。

（3）“居中”复选框　选择该复选框可使颜色对称地渐变配置。若不选，渐变填充将朝左上方变化，创建的光源在对象左边的图案上。

（4）“角度”下拉列表框　该下拉列表框指定渐变填充时颜色的填充角度。

5.2 编辑填充图案

填充图案的编辑，主要用于修改填充图案和修改已有的填充图案的图案形式。

选择下拉菜单“修改”→“对象”→“图案填充”命令或在“修改Ⅱ”工具栏上单击“编辑图案填充”按钮或在命令行输入 HatchEdit 命令或直接在绘制的图形上双击填充图案，打开“图案填充编辑”对话框，如图 5-11 所示。

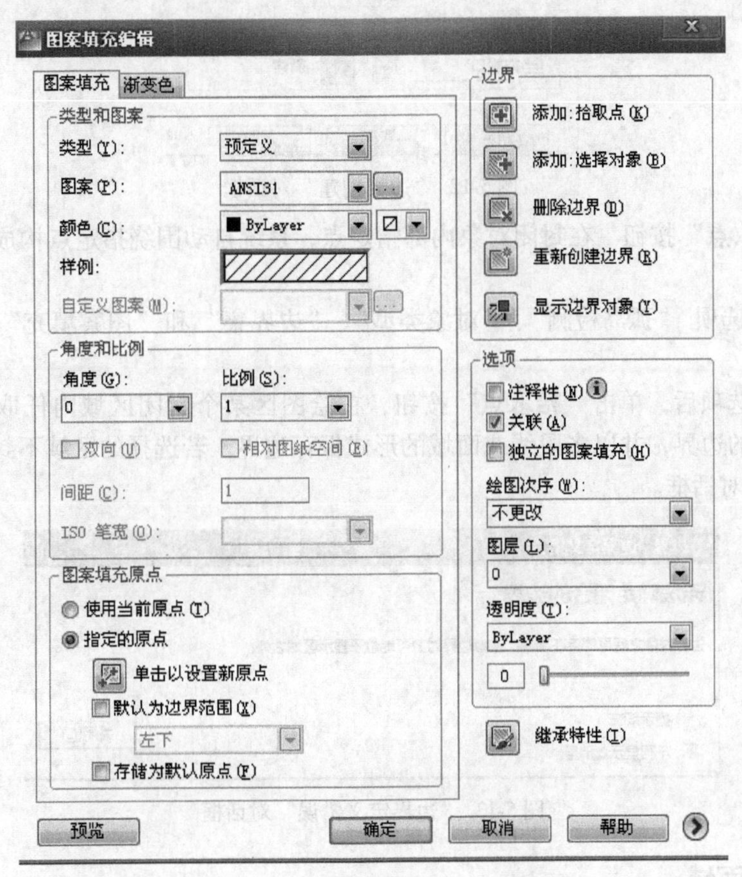

图 5-11 “图案填充编辑”对话框

“图案填充编辑”对话框和“图案填充和渐变色”对话框几乎完全一样，只是“边界”区域略有不同。使用方法和“图案填充”命令相同，用户可利用“图案填充编辑”对话框对已填充的图案进行改变填充图案、改变比例、角度等操作。

5.3 创建边界和面域

5.3.1 创建边界

边界是指某个封闭区域的轮廓，使用“边界”命令可以通过指定某封闭区域内的任一点来自动分析该区域的轮廓，并以多段线或面域的形式保存。

选择下拉菜单“绘图”→“边界”命令或在命令行输入 BOUNDARY 命令，可打开

“边界创建”对话框，如图 5-12 所示。

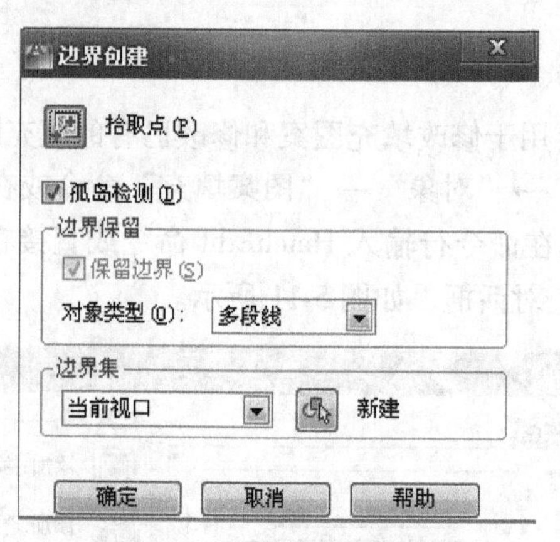

图 5-12 “边界创建”对话框

（1）“拾取点”按钮 在封闭对象内部指定点，系统自动围绕指定点构成封闭区域的对象确定边界。

（2）其他选项 “孤岛检测”、“对象类型”、“边界集”和“图案填充”命令的选择完全相同。

设置完各选项后，单击“拾取点”按钮，在绘图区某个封闭区域内任取一点，系统自动分析该区域的边界，并以多段线或面域的形式保存边界。若选择的区域不封闭，则出现如图 5-13 所示的对话框。

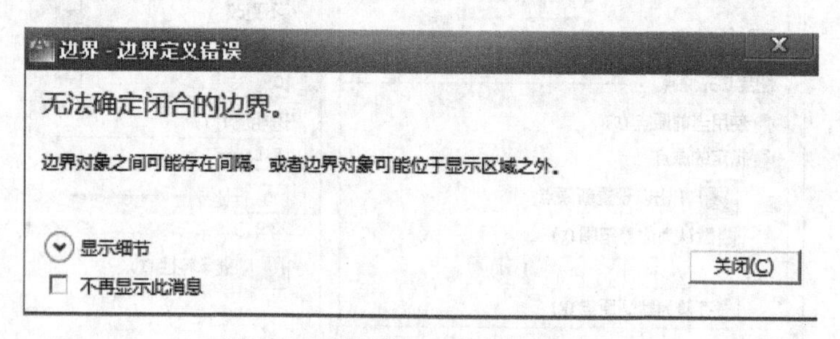

图 5-13 “边界定义错误”对话框

5.3.2 创建面域

1. “面域”命令创建面域

面域是用闭合的形状或环创建的二维区域，具有物理特性，例如形心或质量中心，可对面域进行填充、着色及数据提取。闭合多段线、闭合的多条直线和闭合的多条曲线都可以创建面域，环可以包括圆弧、圆、椭圆弧、椭圆和样条曲线或其组合。

选择下拉菜单“绘图”→“面域”命令或在“绘图”工具栏上单击“面域”按钮或在命令行输入 Region 命令，命令行出现以下提示。

命令：_region

选择对象：指定对角点：找到 1 个（选择创建面域的对象）

选择对象：（按空格键或【Enter】键结束命令，显示创建的面域情况）

已提取 1 个环。已创建 1 个面域。已删除 3 个约束

2. “边界”命令创建面域

使用“边界”命令，在“对象类型”下拉列表框中选择“面域”，可以创建面域。

3. 面域的布尔运算

运用布尔运算可以对面域进行“并”、“差”、“交”运算。选择下拉菜单“修改”→“实体编辑”→“并”命令或在“实体编辑”工具栏上单击“并”（“差”、“交”）按钮或在命令行输入 union（subtract、intersect）命令。

在对对象进行布尔运算前，要对对象创建面域。如图 5-14a 所示，对图形进行布尔运算。

命令：_region

选择对象：找到 2 个

选择对象：(按空格键或【Enter】键结束命令，将两个对象创建面域)

已提取 2 个环。已创建 2 个面域。

命令：_union

选择对象：指定对角点：找到 2 个(选择两个面域)

选择对象：(按空格键或【Enter】键结束命令，进行“并”运算，结果如图 5-14b 所示)

命令：_subtract 选择要从中减去的实体、曲面和面域...

选择对象：找到 1 个

选择对象：(选择从中减去的面域，图中的矩形)

选择要减去的实体、曲面和面域...

选择对象：找到 1 个(选择要减去的面域，图中的圆)

选择对象：(按空格键或【Enter】键结束命令，进行“差”运算，结果如图 5-14c 所示)

命令：_intersect

选择对象：指定对角点：找到 2 个(选择两个面域)

选择对象：(按空格键或【Enter】键结束命令，进行“交”运算，结果如图 5-14d 所示)

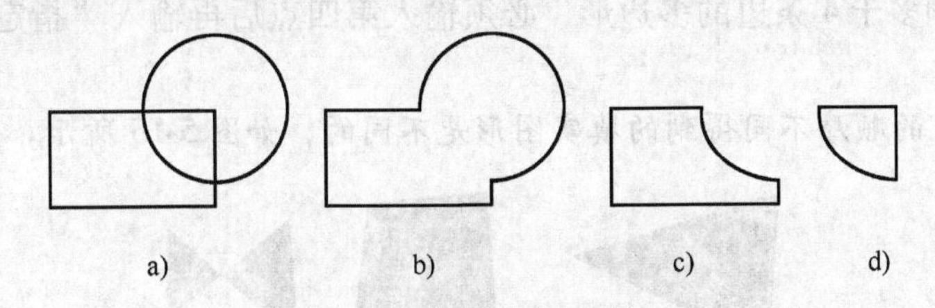

图 5-14　面域的布尔运算

a）面域原图　b）“并”运算　c）“差”运算　d）“交”运算

4. 面域的数据提取

选择下拉菜单“工具”→“查询”→“面域/质量特性”提取面域的数据。

命令：_massprop

选择对象：找到 1 个

选择对象：(选择面域对象，则显示面域的各种数据)

```
----------------------    面域    ----------------------
面积：                 3381.7932
周长：                 247.6669
边界框：             X:167.9395  --  250.0247
                     Y:84.5684   --  142.7461
质心：               X:210.6935
                     Y:109.9448
```

惯性矩：　　　　　　X:41605915.8902
　　　　　　　　　　Y:151698774.6438
惯性积：　　　　　　XY:78798117.5047
旋转半径：　　　　　X:110.9185
　　　　　　　　　　Y:211.7959
主力矩与质心的 X-Y 方向：
　　　　　　　　　　I:525607.0838 沿[0.91590.4015]
　　　　　　　　　　J:1776674.5057 沿[-0.40150.9159]
是否将分析结果写入文件？[是(Y)/否(N)] <否>:y(是否形成.mpr 文件)

5.4 使用二维填充命令

二维填充命令将对三角形或四边形组成的多边形区域填实。在命令行输入 Solid 命令可以绘制二维填充。执行命令后，命令行提示以下信息：

solid
指定第一点：（输入第一点）
指定第二点：（输入第二点）
指定第三点：（输入第三点）
指定第四点或 <退出>：（输入第四点，若是三角形在此结束命令）
指定第三点：（输入第三点）
指定第四点或 <退出>：（不断提示，直到结束命令）

使用该命令时每次最多给定 4 个点，若绘制三角形，只要在提示给定第四点时选择“退出”即可；若绘制多于 4 条边的多边形，必须输入第四点后再输入“指定第三点”和“指定第四点”。

注意：输入点的顺序不同得到的填实图形是不同的，如图 5-15 所示。

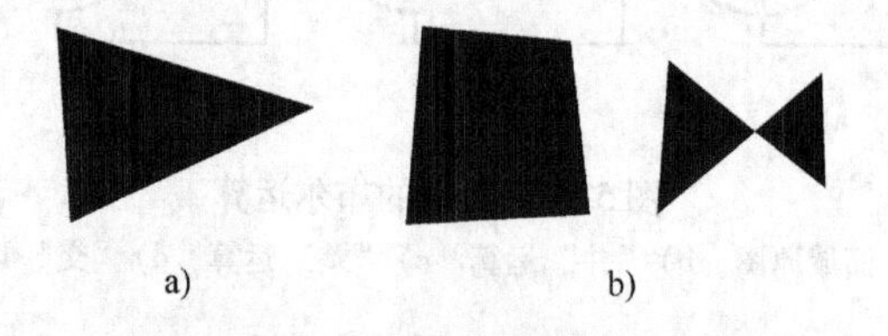

图 5-15　使用二维实体填充
a）三角形实体填充　b）第三、四点顺序不同得到的实体填充

“多段线”命令也可绘制填充对象。

注意：所有的对对象进行填充的命令，必须在填充模式为 ON，即 Fill 命令设置为 ON 时才可以进行，否则不显示填充。

5.5 综合实例——绘制剖视图

实例 1　绘制如图 5-16 所示的螺纹紧固件连接。

（1）设置绘图环境　根据图形的大小及复杂程度，设置图幅、单位精度及图层（包括线型、颜色、线宽）。本例设置图幅为 297 × 210；图层分为 4 层，main 层为白色 Continue 线用于画可见轮廓线，Center 层为红色 Center 线用于画对称线、中心线，Dim 层为蓝色 Continue 线用于标注尺寸和细实线，0 层为原有层保持不变以备用。

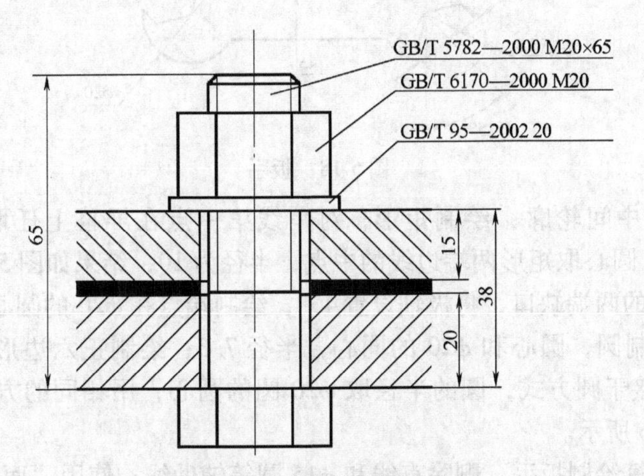

图 5-16　绘制螺纹紧固件连接

(2) 绘制中心线　在 Center 层使用“直线”命令绘制垂直的中心线。

(3) 绘制被连接件轮廓线　在 main 层上绘制直线，长度约 70，沿中心线对称分布；使用“偏移”命令按偏距为 20、23 和 38 作等距线，连接等距线的边线，如图 5-17a 所示。

(4) 绘制螺纹紧固件连接轮廓线　使用“直线”命令绘制 M20 × 65 的螺栓（查手册得：螺栓头厚 K = 12.5，正六边形外接圆直径 e = 33.53，螺纹长度 b = 46）、垫圈 20（厚度 h = 3，外径 d_2 = 37）和 M20 的螺母（厚 K = 18，正六边形外接圆直径 e = 32.95），修剪被螺栓挡住的线，结果如图 5-17b 所示。

(5) 绘制剖面线　在 Dim 层使用“图案填充”命令，打开“图案填充和渐变色”对话框，单击“类型和图案”区域中“图案”下拉列表框后的按钮，在“填充图案选项板”的 ANSI 选项卡中选择“ANSI31”，在“边界”区域单击“添加：拾取点”按钮，在下连接件图形中拾取，其他选项默认，绘制下连接件的剖面线；用同样方法绘制上连接件和中间垫片的剖面线，不同选择之处：填充上连接件时“角度”下拉列表框中选择“90°”，填充中间垫片时在“填充图案选项板”的“其他预定义”选项卡中选择“SOLID”。删除等距线的边界，结果如图 5-17c 所示。

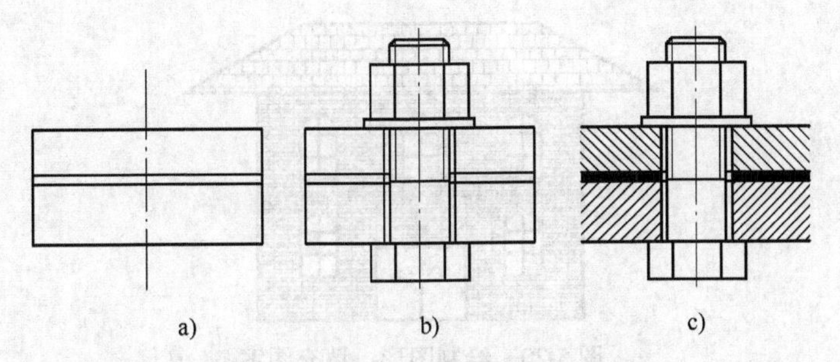

图 5-17　绘制螺纹紧固件连接的步骤

a）绘制被连接件轮廓线　b）绘制螺纹紧固件连接轮廓线　c）绘制剖面线

实例 2　用面域的布尔运算绘制如图 5-18 所示的扳手。

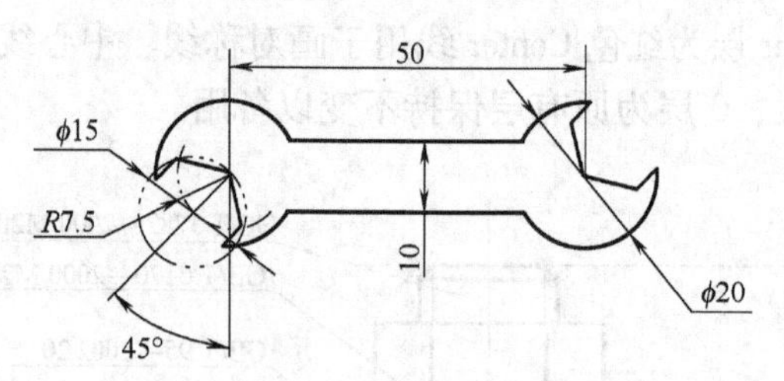

图 5-18　扳手

（1）绘制扳手中间轮廓　绘制矩形，对角线第一点在屏幕上任取，第二点（@ 50，10）；绘制两端圆，圆心取矩形两端边线的中点，半径为 10，结果如图 5-19a 所示。

（2）绘制扳手的两端缺口　将极轴设置 45°，绘制端点在 $\phi20$ 的圆心，角度为 225°，长度任取的直线；绘制圆，圆心和 $\phi20$ 的同心，半径 7.5；绘制正六边形，中心点取直线和 $\phi15$ 圆的交点，内接于圆方式，圆的半径取 $\phi20$ 圆的圆心，用相同的方法绘制另一侧的图形，结果如图 5-19b 所示。

（3）用布尔运算绘制扳手　删除直线和 $\phi15$ 圆等辅助线；使用"面域"命令，选择圆、矩形和六边形，可以生成 5 个面域；用布尔运算的"并"，选择矩形和圆；用布尔运算的"差"，先选择刚才并的面域，再选择六边形，结果如图 5-19c 所示。

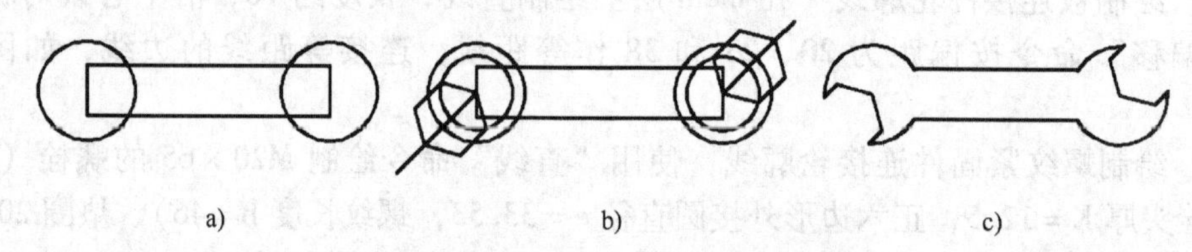

图 5-19　用布尔运算绘制扳手的步骤
a）绘制中间的轮廓线　b）绘制两端缺口　c）用布尔运算得到的扳手图形

习题与上机训练

5-1. 图案填充时，用户可以选择哪几种图案类型？

5-2. 在 AutoCAD 中，如何使用渐变色填充图案？

5-3. 什么是填充图案的关联性？图案填充的线型和颜色取决于什么？

5-4. 绘制如图 5-20 所示图形（图形尺寸用户自行确定）。

图 5-20　绘制图形，填充图案

5-5. 绘制如图 5-21 所示图形。

5-6. 运用面域绘制如图 5-22 所示图形。

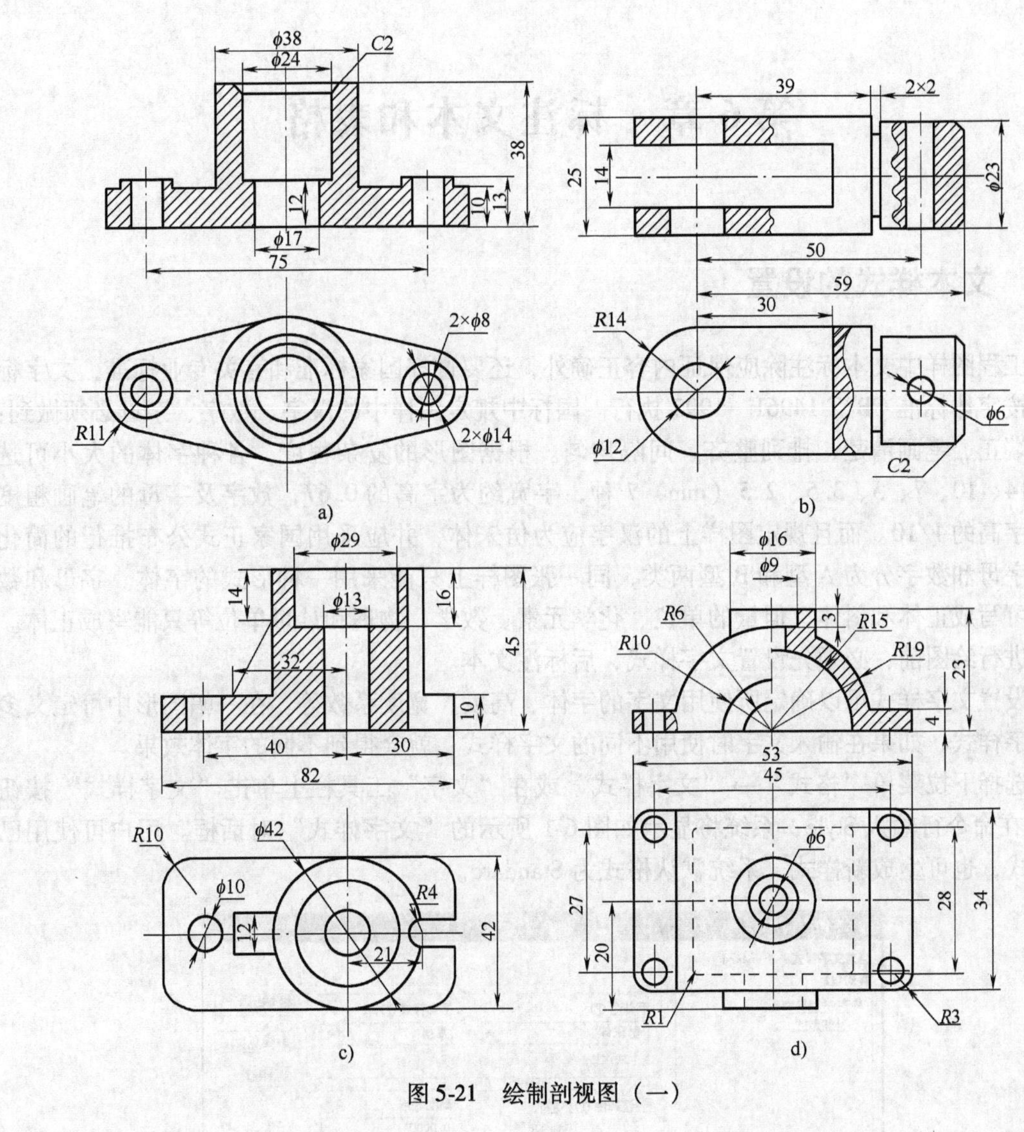

图 5-21　绘制剖视图（一）

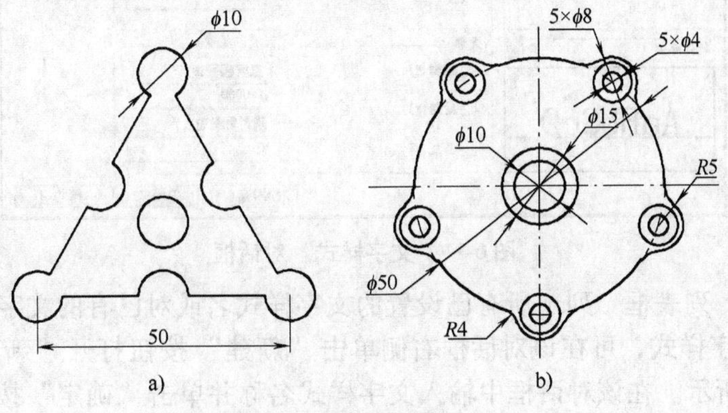

图 5-22　绘制剖视图（二）

第6章　标注文本和表格

6.1　文本样式的设置

工程图样中文本标注除应保证内容正确外，还要遵守国家标准和有关专业标准，文字标注应按字体标准 GB/T 14961—1993 执行。国标中规定图样中的汉字、数字、字母必须做到：字体端正、笔画清楚、排列整齐、间隔均匀。根据图形的复杂程度，各种字体的大小可选20、14、10、7、5、3.5、2.5（mm）7种，字宽约为字高的0.67，数字及字母的笔画粗度约为字高的1/10。而且规定图样上的汉字应为仿宋体，并应采用国家正式公布推行的简化字，字母和数字分为A型和B型两类，同一张图样上只能采用一种形式的字体。字母和数字均可写成正体和斜体，但量的单位、化学元素、数学、物理和计量单位等只能写成正体。

进行绘图前，必须先设置文字样式，后标注文本。

设置文字样式可以确定所使用文字的字体、高度、宽度系数等。在一幅图形中可定义多种文字样式，如果在输入文字时使用不同的文字样式，就会得到不同的字体效果。

选择下拉菜单“格式”→“文字样式”或在“文字”工具栏上单击“文字样式”按钮 A 或在命令行输入 Style，系统将显示如图6-1所示的“文字样式”对话框。用户可使用已有样式，也可生成新样式。系统默认格式为 Standard。

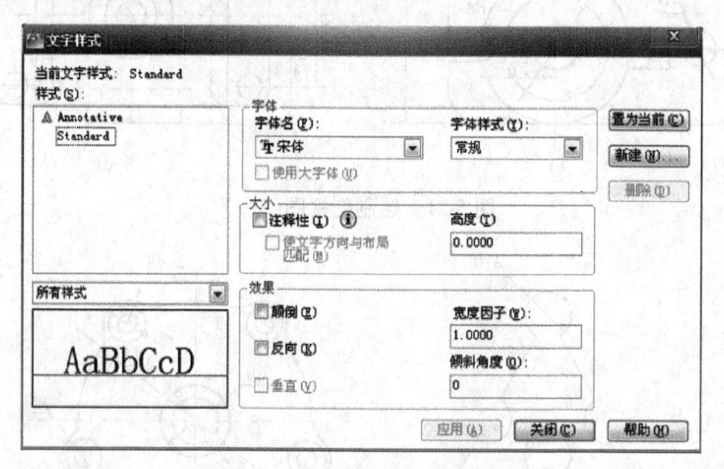

图6-1　“文字样式”对话框

（1）“样式”列表框　列出所有已设置的文字样式名或对已有的文字样式进行相关操作。要生成新文字样式，可在该对话框右侧单击“新建”按钮打开“新建文字样式”对话框，如图6-2所示。在该对话框中输入文字样式名称并单击“确定”按钮，新建文字样式名加入“样式”列表框。随后可通过其他按钮或文本框调整其设置。要修改文字样式名，在“样式”列表框中选择某个文字样式单击鼠标右键，在弹出的快捷菜单中选择“重命名”命令，即可修改选中文字样式的名称。

（2）“字体名”下拉列表框　用于选定字体。只有那些已注册的 True Type 字体和所有

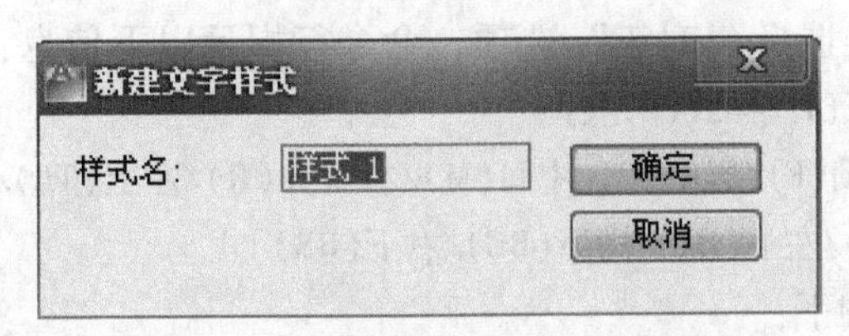

图 6-2　“新建文字样式”对话框

AutoCAD 的编译型（.shx）字体才会出现在该下拉列表框中。

（3）“字体样式”下拉列表框　指定字体格式，比如斜体、粗体或者常规字体。选择“使用大字体”复选框后，该选项变为“大字体”，用于选择大字体文件。

（4）“使用大字体”复选框　指定亚洲语言的大字体文件。只有 SHX 文件可以创建“大字体”。

（5）“高度”文本框　该选项用于设置输入文字的高度。如将其设置为 0，则在输入文本时将被提示指定文字高度。

（6）“注释性”复选框　指定文字为注释性。当文字有注释性特性后，可根据当前注释比例设置进行缩放，并自动以正确的大小显示，注释性对象按图纸高度进行定义，并以注释比例确定的大小显示。

（7）“宽度因子”文本框　确定字体的宽度系数，即字符宽度与高度之比。

（8）“倾斜角度”文本框　指定文本字符的倾斜角（默认为 0，即不倾斜），其范围为 -85°~85°。向右倾斜时，角度为正，反之角度为负。

（9）“效果”区域　有“颠倒”、“反向”、“垂直”3 个复选框选项，它们用于设置文字的效果。

（10）“应用”按钮　将对文字样式所进行的调整应用于当前图形。例如，假定已创建了文本类型“新文字样式”，且使用该格式输入了某些文字，如果希望将该格式文本的宽度系数由 1 改为 0.8，则可在该对话框中进行修改，然后单击“应用”按钮。

6.2　创建单行文字和使用文字控制符

6.2.1　创建单行文字

单行文字是指创建的每行文字都是一个独立的对象，可以单独对每行的对象进行编辑等操作。

选择下拉菜单“绘图”→“文字”→“单行文字”或在“文字”工具栏上单击“单行文字”按钮A|或在命令行输入 Text 命令，可以在图形中注写文字。执行命令后，命令行提示以下信息：

命令：text
当前文字样式：“Annotative”　文字高度：　10.0000　注释性：　是（当前文字样式）
指定文字的起点或[对正(J)/样式(S)]：（指定文字的放置起点或选择其他选项，确定点）
指定图纸高度 <10.0000>：（确定文字高度）
指定文字的旋转角度 <0>：（确定文字旋转角度）
输入文字：机械制图（输入文字，按【Enter】键换行）
输入文字：（按空格键或【Enter】键结束命令）

（1）“对正”选项　选择“对正”选项，命令行提示以下信息：

指定文字的起点或[对正(J)/样式(S)]:j

输入选项[对齐(A)/布满(F)/居中(C)/中间(M)/右对齐(R)/左上(TL)/中上(TC)/右上(TR)/左中(ML)/正中(MC)/右中(MR)/左下(BL)/中下(BC)/右下(BR)]:

以上各选项的意义如下：

“对齐”选项：可确定文本串的起点和终点，AutoCAD 调整文本高度以使文本适合放在两点之间。

“布满”选项：确定文本串的起点、终点。不改变高度，AutoCAD 调整宽度系数以使文本适合放在两点间。

“居中”选项：确定文本串基线的水平中点。

“中间”选项：确定文本串基线的水平和竖直中点。

“右对齐”选项：确定文本串基线的右端点。

“左上”选项：文本对齐在第一个字符的文本单元的左上角。

“中上”选项：文本对齐在文本单元串的顶部，文本串向中间对齐。

“右上”选项：文本对齐在文本串最后一个文本单元的右上角。

“左中”选项：文本对齐在第一个文本单元左侧的垂直中点。

“正中”选项：文本对齐在文本串的垂直中点和水平中点。

“右中”选项：文本对齐在右侧文本单元的垂直中点。

“左下”选项：文本对齐在第一个文字单元的左角点。

“中下”选项：文本对齐在基线中点。

“右下”选项：文本对齐在基线的最右侧。

（2）“样式”选项　选择所注文字的样式。选择“样式”选项，命令行提示以下信息：

指定文字的起点或[对正(J)/样式(S)]:s

输入样式名或[?]<Annotative>:

6.2.2　使用文字控制符

在 AutoCAD 中，某些符号不能用标准键盘直接输入，这些符号包括：上画线、下画线、°、ϕ、±、%等。但是，AutoCAD 提供了相应的控制符，以实现标注这些特殊字符的要求。AutoCAD 提供的控制符是由两个百分号（%%）和一个字符构成的。表 6-1 列出了 AutoCAD提供的常用的控制符。例如，要生成字符串<u>AutoCAD</u> Special Character，可用如下命令:%%UAutoCAD%%U Special Character。

表 6-1　AutoCAD 提供的常用的控制符

输入代码	对应字符
%%O	上画线
%%U	下画线
%%D	角度（°）
%%C	圆直径 ϕ
%%P	±
%%%	%

6.3　创建多行文字

选择下拉菜单“绘图”→“文字”→“多行文字”或在“绘图”工具栏上单击“多行文字”按钮 A 或在“文字”工具栏上单击“多行文字”按钮 A 或在命令行输入 Mtext 命令，可以在图形中注写多行文字。执行命令后，命令行提示以下信息：

命令:_mtext 当前文字样式:“Annotative”　文字高度:10　注释性:是

指定第一角点:(确定多行文字放置范围的矩形的一个角点)

指定对角点或[高度(H)/对正(J)/行距(L)/旋转(R)/样式(S)/宽度(W)/栏(C)]:(确定多行文字放置范围的矩形的另一个角点或选择其他选项)

若默认选项，AutoCAD 在设置的矩形框内输入文字，并且弹出如图 6-3 所示的“文字格式”工具栏和文字输入窗口。

图 6-3　“文字格式”工具栏和文字输入窗口

在文字输入窗口中，不仅可以输入文字，还可利用“文字格式”工具栏对输入的文字进行编辑，改变文字的对齐方式、大小、颜色、字体等。

在文字输入窗口中单击鼠标右键，可弹出快捷菜单，如图 6-4 所示。利用它可对多行文字进行更多的设置。

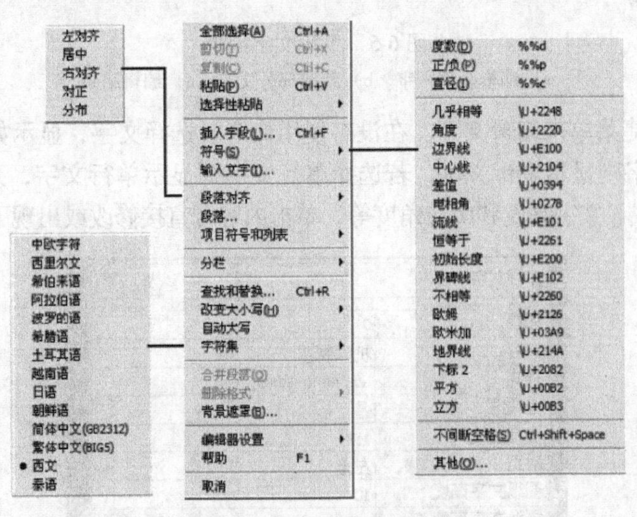

图 6-4　多行文字快捷菜单

其他各选项的意义如下。

“高度”选项：设置多行文本行的字高。

“对正”选项：输入对正方式（和单行文本“对正”选项相似）。

“行距”选项：确定文本行的行间距，有“至少”和“精确”两种方式。在“至少”方式下，系统自动根据每行文本中最大的字符调整行间距；在“精确”方式下，系统为多行文本设置一个固定的行距。

“旋转”选项：指定旋转角度<0>。

“样式”选项：输入样式名或［?］<样式>。

“宽度”选项：指定多行文本的宽度。

6.4　编辑文字

一般来讲，文字编辑应涉及两个方面，即修改文本内容和文本特性。但是对于“单行文字”仅可改变其字体和内容，其中字体改变可通过修改文字样式来完成，文本内容的修改则可通过“文字编辑”命令来实现。对于“多行文字”文本，既可修改其内容，又可修改其各种特性。关于文字样式的修改前面已介绍过，故此处不再赘述。

选择下拉菜单“修改”→“对象”→“文字”→“编辑”或在“文字”工具栏上单击“编辑”按钮或在命令行输入 Ddedit 命令，可对文字修改。执行命令后，命令行提示以下信息：

命令：_ddedit

选择注释对象或[放弃(U)]：(选择编辑的文字对象)

若编辑的文字是多行文字，则弹出如图 6-3 所示的“文字格式”工具栏和文字输入窗口，在文字输入窗口内编辑多行文字；若编辑的文字是单行文字，则在文字周围形成文本框并且文字有底色，直接输入文字可替换原来的文字，如图 6-5a 所示；若要编辑其中的文字，则要先选择文字，再输入文字替换，如图 6-5b 所示。两种编辑结果如图 6-5c 所示。

机械工程　　机械工程　　工程制图　机械制图

a)　　b)　　c)

图 6-5　单行文字编辑

a) 编辑全部文字　b) 编辑部分文字　c) 编辑结果

还可以选择快捷菜单来编辑文字。在没有使用命令时选择文字，显示如图 6-6 所示的列表框，若选择多行文字则显示多行文字，若选择单行文字则显示单行文字，列表内包含文字的内容、样式、对正方式、文字高度和旋转角度等，单击内容可直接修改或出现下拉条供用户选择。

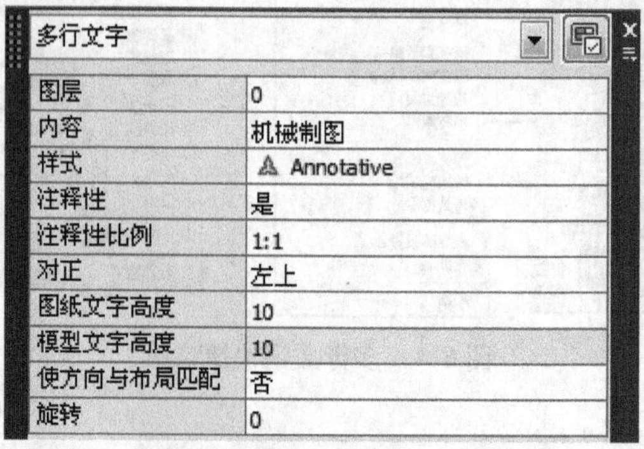

多行文字

图层	0
内容	机械制图
样式	Annotative
注释性	是
注释性比例	1:1
对正	左上
图纸文字高度	10
模型文字高度	10
使方向与布局匹配	否
旋转	0

图 6-6　快捷方式编辑文字

另外，使用“特性”命令也可修改文字。方法和修改其他对象类似，不再详细叙述。

6.5　创建表格样式和表格

在 AutoCAD 中，可以使用创建表的命令创建数据表或标题块，还可以从 Microsoft Excel 中直接复制表格，将其作为 AutoCAD 表对象粘贴到图形中。

6.5.1　新建表格样式

用户在使用表格时，可以使用 AutoCAD 默认的表格样式，也可自定义表格样式。

选择下拉菜单“格式”→“表格样式”命令或在“样式”工具栏上单击“表格样式”按钮或在命令行输入 Tablestyle 命令，打开“表格样式”对话框，如图 6-7 所示。

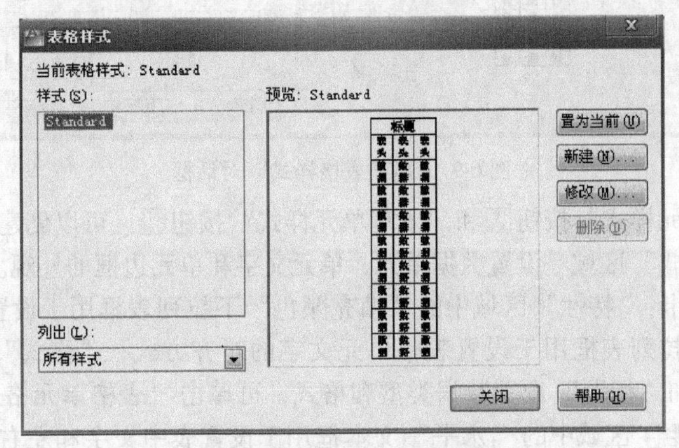

图 6-7　“表格样式”对话框

在“表格样式”对话框中，可以单击“新建”按钮，使用弹出的“创建新的表格样式”对话框创建新表样式，如图 6-8 所示。

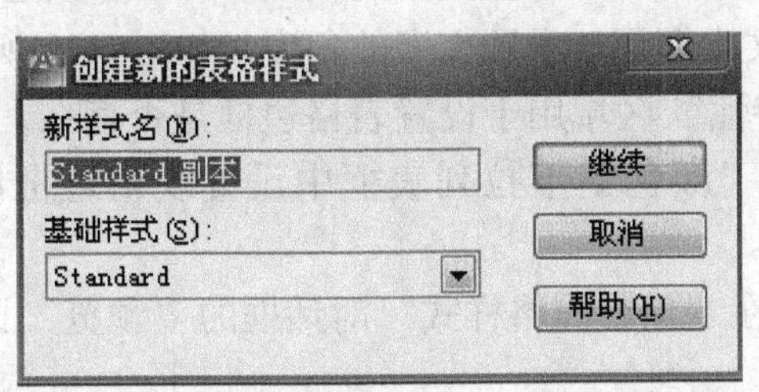

图 6-8　“创建新的表格样式”对话框

在“新样式名”文本框中输入新的表名；在“基础样式”下拉列表框中选择基础表格样式，新建的表格样式将在此基础上修改。单击“继续”按钮，出现“新建表格样式”对话框，如图 6-9 所示。

(1)“起始表格”区域　单击按钮，可以在图形中指定一个表格用做样例来设置此表格样式的格式。选择表格后，可以指定要从该表格复制到表格样式的结构和内容。

(2)“表格方向”下拉列表框　设置表格读取方向是“向下”还是“向上”。

(3)“单元样式”下拉列表框　定义新的单元样式或修改现有单元样式。可以创建任意数量的单元样式。列表框中有“数据”、“表头”和“标题”，分别控制表格的数据、列标题和总标题的相关参数。

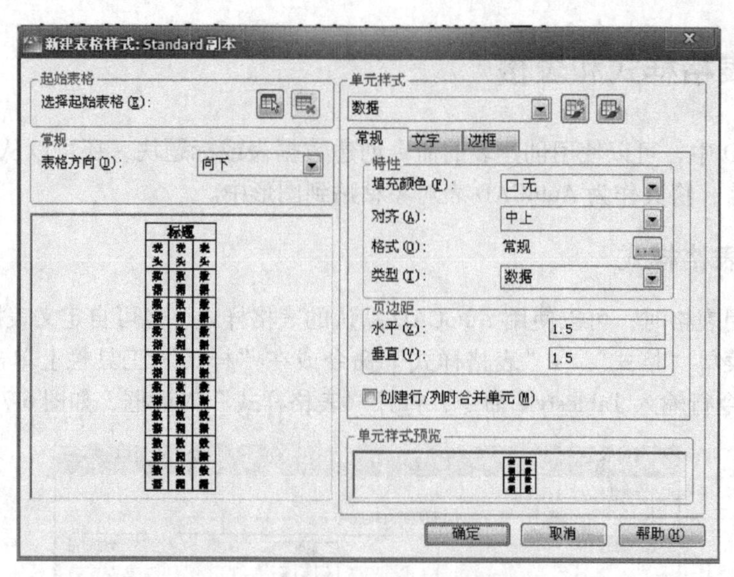

图 6-9 “新建表格样式”对话框

（4）“创建单元样式”按钮和“管理单元样式”按钮 可以创建管理单元样式。

（5）“单元样式”区域 设置数据单元、单元文字和单元边框的外观。

“常规”选项卡：“特性”区域中的“填充颜色”下拉列表框用于设置表格背景的填充颜色；“对齐”下拉列表框用于设置表格单元文字的对齐方式；“格式”为表格中的“数据”、“列标题”和“标题”设置数据类型和格式，可单击“表格单元格式”按钮，进一步设置。“页边距”区域中的“水平”文本框用于设置表中文字和左右单元边框的距离；“垂直”文本框用于设置表中文字和上下单元边框的距离，如图 6-9 所示。

“文字”选项卡：“文字样式”下拉列表框用于选择文字样式，也可单击按钮设置文字样式；“文字高度”文本框用于设置文字的高度；“文字颜色”下拉列表框用于设置文字的颜色；“文字角度”文本框用于设置文字的角度，如图 6-10 所示。

“边框”选项卡：“特性”区域用于设置表格边框是否存在，若存在表格边框，则分别在“线宽”、“线型”和“颜色”下拉列表框中设置表格边框的线宽、线型和颜色，如图 6-11所示。

所创建的表格样式可在“新建表格样式”对话框的“预览”区显示。

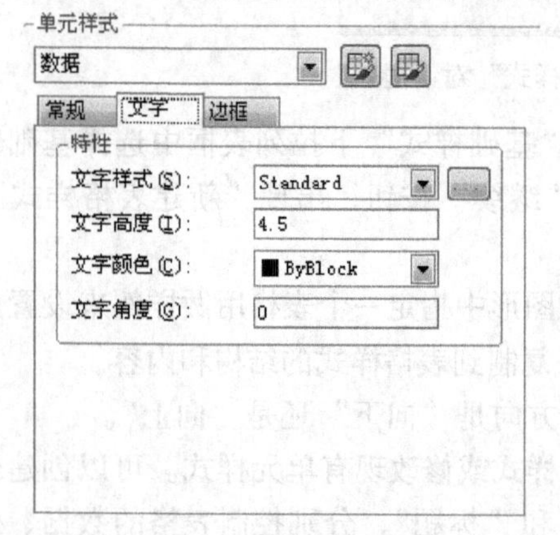

图 6-10 “文字”选项卡

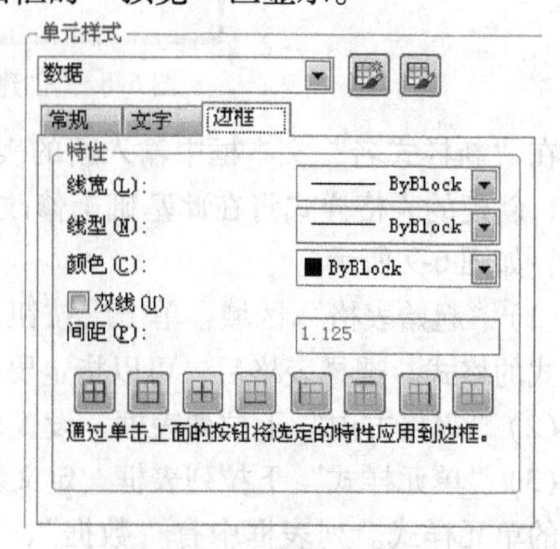

图 6-11 “边框”选项卡

6.5.2　创建表格

选择下拉菜单“绘图”→“表格”或在“绘图”工具栏上单击“表格”按钮或在命令行输入 Table 命令，打开“插入表格”对话框，如图 6-12 所示。

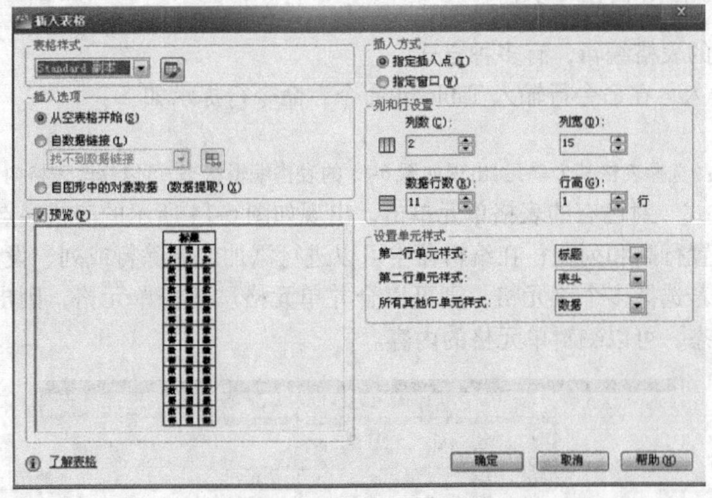

图 6-12　“插入表格”对话框

(1)“表格样式”下拉列表框　设置表格样式，也可单击按钮设置表格样式。在“预览”区可以预览选择的表格样式。

(2)“插入方式”区域　“指定插入点”单选按钮，可以在绘图窗口某点插入固定大小的表格；“指定窗口”单选按钮，可以在绘图窗口中通过拖动表格边框来控制表格的大小。

(3)“行和列设置”区域　可以通过“数据行数”、“列数”、“列宽”和“行高”微调框设置表格的行数、列数和列距、行距。

注意：最小列宽为一个字符；文字的行高由文字的高度和单元边距决定，这两项均在表格样式中设置。

(4)“插入选项”区域　设置表格插入的方式。“从空表格开始”单选按钮，创建可以手动填写的空表格；“自数据链接”单选按钮，从外部电子表格中的数据创建表格；“自图形中的对象数据”单选按钮，启用数据提取向导提取图形中的数据。

(5)“设置单元样式”区域　设置表格第一行、第二行和其他行的单元样式。默认第一行为标题，第二行为表头，其他行为数据。

例如，要创建 3 列 5 行带有标题和列标题的表。

运用“插入表格”命令，用系统默认的表格样式创建，输入 3 列 5 行，用指定插入点的插入方式，单击“确定”按钮，在绘图窗口选择一点，则出现如图 6-13 所示的编辑表格

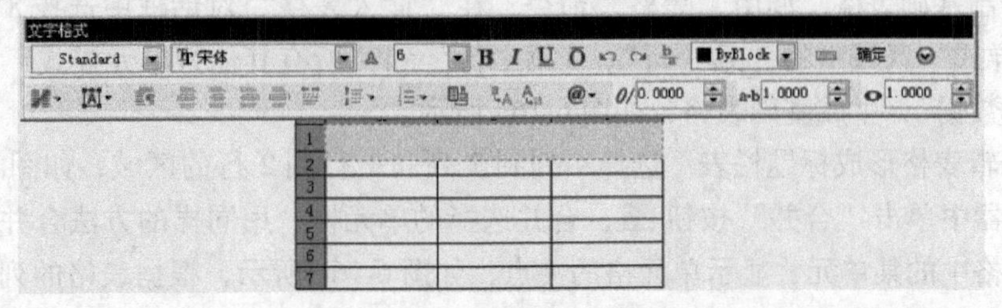

图 6-13　编辑表格内容状态

内容状态。灰色区域是表格中要输入的表格单元，在此输入表格单元内容即可。单击其他单元格或用上、下、左、右键选择要输入文字的表格单元，输入相应的文字内容，最后单击文本编辑器中的“确定”按钮即可生成表格。

6.5.3　编辑表格和表格单元

可以对已有的表格编辑，有多种方式。

（1）命令输入　在命令行输入 Tabledit 命令，命令行提示如下：

命令：tabledit

拾取表格单元：(选择表格某个单元，出现如图 6-13 的表格编辑状态，可以修改表格内容)

（2）快捷方式　对已有的表格单元单击，出现如图 6-14 所示的表格夹点和表格编辑器。拖动夹点可以设置行高和列宽；在编辑器中可以进行添加或删除行或列、设置单元格式、边框设置等操作；若选择多个单元格，则可以合并单元格。双击单元格，则出现如图 6-13 所示的表格编辑状态，可以编辑单元格的内容。

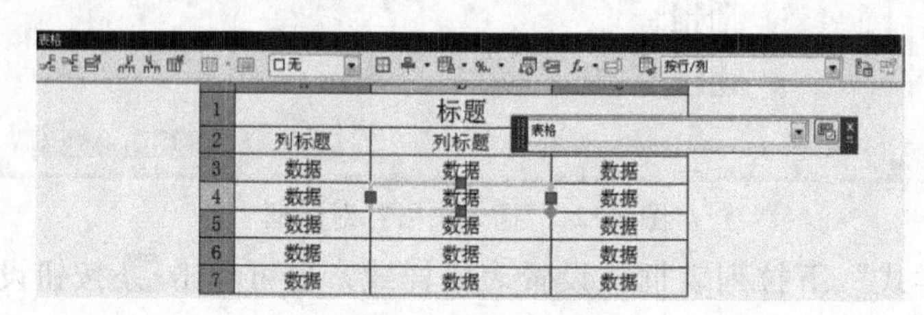

图 6-14　表格编辑器

6.6　综合实例——使用表格绘制机械图样中的标题栏

实例　使用表格绘制机械图样中的标题栏，如图 6-15 所示。

设计							
制图							
工艺			重量		比例		
标准化			共 张 第 张				
审核							

图 6-15　标题栏

（1）设置表格样式　调用“表格样式”命令，新建名称为“标题栏”的表格样式；在“新建表格样式”对话框中的“单元样式”下拉列表框中选择“数据”，在“常规”选项卡中设置对齐方式为“正中”，其他选项默认对话框中的设置，单击“确定”按钮关闭。在“新建表格样式”对话框中，将“标题栏”表格样式设置为当前。

（2）绘制基础表格　调用“表格”命令，在“插入表格”对话框中选择 8 列 3 行，在“设置单元样式”区域中的“第一行”、“第二行”和“所有其他行单元样式”下拉列表框中都选择“数据”，生成基础表格，如图 6-16a 所示。

（3）编辑表格形成标题栏表　选择 4 列到 7 列和 1 行到 2 行的区域，如图 6-16b 所示，在表格编辑器中单击“合并”按钮▦，合并选择的单元格，用同样的方法合并其他的单元格。选择表格中的某单元，显示单元格的夹点，如图 6-16c 所示，根据表格的列距拖动单元格中的夹点调整列距大小，结果如图 6-16d 所示。

（4）填写文字　双击表格中要填写文字的单元格，在图 6-13 所示状态下输入文字，通过双击或键盘的上、下、左、右键选择其他单元格填写文字，结果如图 6-15 所示。

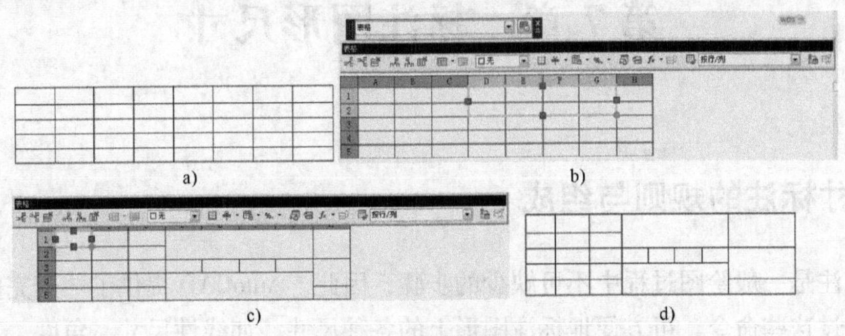

图 6-16　绘制标题栏

a）基础表格　b）合并单元格　c）调整列间距　d）标题栏表格

习题与上机训练

6-1. 用“多行文本”或“单行文本”书写下列文字，如图 6-17 所示。

滑动轴承工作原理：

滑动轴承是支承轴系的一个部件，轴伸进轴衬的轴孔中并在其中转动；

油杯中的油通过油杯轴承座和轴衬的通孔，逐渐到达轴衬上的油槽，润

滑轴衬和轴的接触面，使轴在转动时不断得到润滑。

a)

技术要求

1. 未注铸造圆角均为$R3$。
2. 锐边去除毛刺。
3. 铸件不得有气孔、夹砂。

b)

图 6-17　书写文本

6-2. 用“表格”命令绘制下列表格，如图 6-18 所示。

4	轴 衬	1	ZCuSn5Pb5Zn5		
3	轴承座	1	HT200		
2	油杯体	1	65Mn		
1	油杯盖	1	35钢		
序号	名 称	数量	材料	备 注	
滑动轴承		比例	1:1	共 张	第 张
制图	(姓名)	(时间)	(单位名称)		
审核					

a)

模数		2
齿数		105
齿形角		20°
齿顶高系数		1
螺旋角及旋向		21.30°左旋
法向变位系数		−0.326
精度等级		7HK GB/T10095—2008
公法线W		88.777
跨齿数		15
齿轮副中心距及极限偏差		138.5 ±0.02
配对齿轮	图号	
	齿数	23
径向跳动		0.039
齿廓总偏差		0.014
螺旋线总偏差		0.018
齿距累计总偏差		0.049
单个齿距极限偏差		±0.012
一齿径向综合偏差		0.013
径向综合总偏差		0.053

b)

图 6-18　绘制表格

第 7 章　标注图形尺寸

7.1　尺寸标注的规则与组成

尺寸标注是一般绘图过程中不可缺少的步骤，因此，AutoCAD 提供了一套完整的尺寸标注命令。通过这些命令，可方便地标注图形上的各种尺寸，如线性尺寸、角度、直径、半径等。进行尺寸标注时，AutoCAD 会自动测量目标的大小，并在尺寸线上给出正确的数字。因此在标注尺寸之前，必须精确地绘制图形。

7.1.1　尺寸标注的规则

1. 尺寸标准

尺寸标注是由国家标准规定的，目前常用的标准组织及其标准有以下几种：

（1）ANSI　美国国家标准协会，是具有定义工程标准并且有认可权的组织。该协会制定的标准为美国认可并同国际标准兼容。

（2）ASME　美国机械工程协会。

（3）ANSI Y14.4M　定义尺寸标注和公差形式的标准规范。

（4）ISO　国际标准组织。

（5）SI Units　国际单位系统，基于公制单位。

（6）JIS　日本工业标准。

（7）DIN　早期的欧洲标准，现已并入 ISO 标准。

我国目前使用的标准是 2008 年修订并由国家标准局发布的《机械制图》（简称国标），其代号为 GB。该标准详细规定了适用于我国的图纸幅面及格式、比例、字体、图线、尺寸标注方法、公差规格等。

尽管 AutoCAD 提供了若干尺寸标注类型，对于我国绘图者而言，在进行尺寸标注时，应按照我国的国标规定以及 AutoCAD 提供的各种尺寸控制选项选择合适的尺寸标注特性。

2. 尺寸标注基本规则

1）机件的真实大小应以图样上标注的尺寸数值为依据，与图形的大小及绘图的精确度无关。由于 AutoCAD 通常是以真实尺寸绘图的，因此，在绘制图形时机件的真实大小与图形的大小以及图样上标注的尺寸数据是一致的。但是，由于图形输出时通常不是以 1∶1 的比例进行，而且还会存在打印误差，所以机件的真实大小仍应以图样上标注的尺寸数值为依据。

2）图样中的尺寸以毫米（mm）为单位时，不需标明计量单位的代号或名称。如需采用其他单位，如度（°）、厘米（cm）、米（m）等，则需注明相应计量单位的代号或名称。

3）图样中所标明的尺寸为该图样所示机件的最后完工尺寸，否则应另加说明。

4）机件的每一尺寸，一般只标注一次，并应标注在反映该结构最清晰的图形上。

7.1.2 尺寸标注的组成

国家标准“GB/T 4458.4—2003 机械制图尺寸标注”和“GB/T 16675.2—1996 技术制图 简化表示法尺寸标注”对尺寸标注作了规定，绘图时要严格遵守国家标准的规定，正确标注尺寸。

一个完整的尺寸由尺寸数字、尺寸线、尺寸界线、尺寸终端符号组成，AutoCAD 中的尺寸对象也同样由这些部分组成，如图7-1所示。

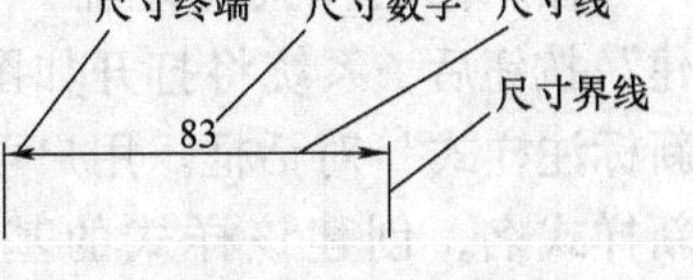

图7-1 尺寸组成

通常情况下，尺寸数字应按标准字体书写，且同一张图上的字高要一致。尺寸数字在图中遇到图线时，需将图线断开。如图线断开影响图形表达时，需调整尺寸标注的位置。

一般情况下，尺寸线不能用其他图线代替，也不得与其他图线重合或画在其他图线的延长线上。

尺寸终端符号有两种形式，即箭头和斜线，机械图中通常采用箭头，而建筑图中通常采用斜线。同一张图中的箭头或斜线大小要一致，并应采用同一种形式。箭头尖端应与尺寸界线接触。此外，当采用箭头时，在空间不够的情况下，允许用圆点或斜线代替箭头。

尺寸界线应自图形的轮廓线、轴线、对称中心线引出，其中轮廓线、轴线、对称中心线也可作为尺寸界线。此外，尺寸线和尺寸界线通常用细实线绘制。

7.2 创建与设置标注样式

选择下拉菜单“格式”→“标注样式”或单击“标注”工具栏上的“标注样式”按钮或在命令行输入 Dimstyle 命令，打开“标注样式管理器”对话框，如图7-2所示。

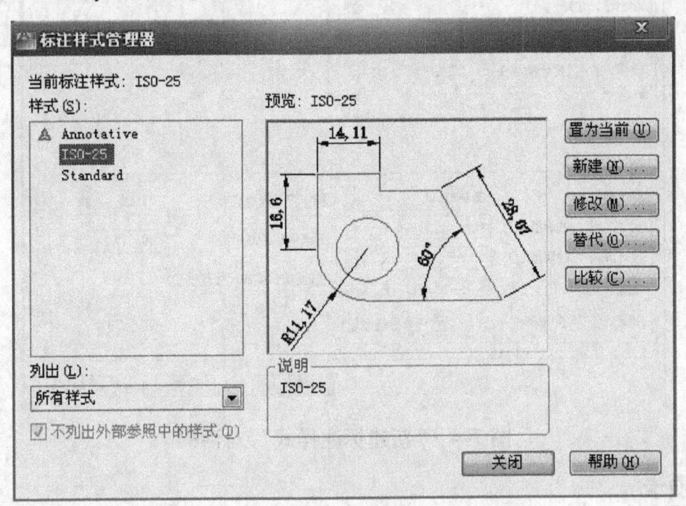

图7-2 “标注样式管理器”对话框

该对话框左侧的“样式”列表列出了当前可用的尺寸样式，系统默认 ISO－25 标准尺寸格式。“预览”区显示了当前尺寸标注样式的预览结果。其他几个按钮的意义如下：

(1)“置为当前”按钮 选定尺寸标注样式设置为当前尺寸标注样式。

(2)“新建”按钮 单击该按钮可创建新尺寸标注样式。

(3)“修改”按钮 单击该按钮可修改选定的尺寸标注样式。

（4）“替代”按钮　单击该按钮，可设置选定样式的替代样式。通常情况下，使用某种样式进行尺寸标注后，若标注样式改变，则使用该标注样式的相应尺寸标注也将相应修改。但是利用替代样式，可以为使用同一标注类型的尺寸设置不同的标注效果。也就是说，修改替代样式后，原来使用该样式标注的尺寸标注将不受影响。

（5）“比较”按钮　单击该按钮将打开“比较标注样式”对话框，可利用该对话框对当前已创建的样式进行比较，并找出区别。

在“标注样式管理器”对话框中单击“新建”按钮后，系统将打开如图7-3所示的“创建新标注样式”对话框。用户可通过该对话框设置新样式名，创建该样式的基础样式、应用范围（所有标注或某类标注）和尺寸标注是否具有“注释性”。其中，通过指定标注样式的应用范围，用户可分别为线性标注、圆心标注等设置不同的标注样式。

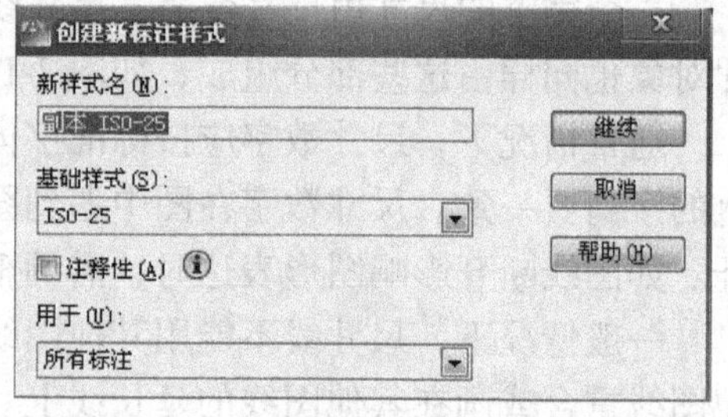

图7-3 “创建新标注样式”对话框

单击“继续”按钮，系统将显示如图7-4所示的“新建标注样式”对话框。“新建标注样式”对话框包括了“线”、“符号和箭头”、“文字”、“调整”、“主单位”、“换算单位”、“公差”等多个选项卡。

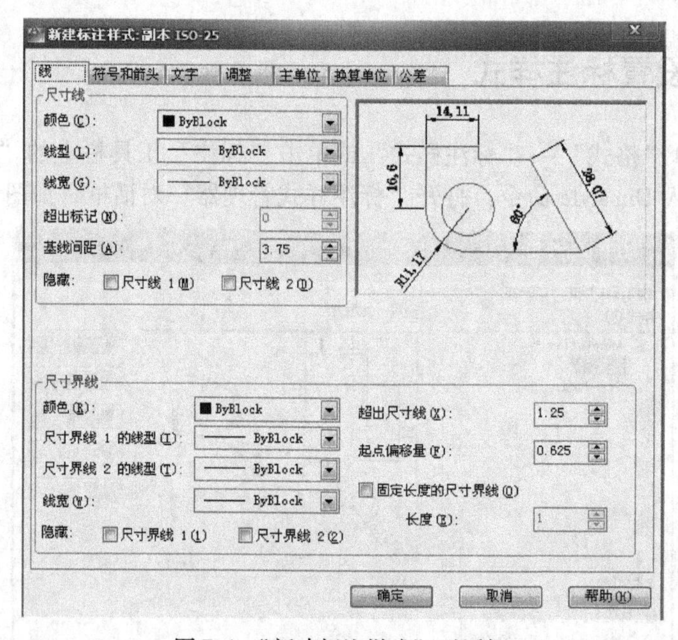

图7-4 “新建标注样式”对话框

1. “线”选项卡

可在该选项卡中设置标注样式的尺寸线和尺寸界线的尺寸、方式、颜色等，如图7-4所示。其各设置项的意义如下。

（1）“尺寸线”区域　设置尺寸线样式，可设置尺寸线的颜色、线型和宽度；可控制尺寸线第一部分和第二部分的可见性；可控制尺寸线延长到尺寸界线外面的长度，但是只有当尺寸线两端采用斜线、建筑用斜线等非箭头时，才能为其指定数值；还可控制使用基线型尺寸标注时，两条尺寸线之间的距离。

（2）“尺寸界线”区域　设置尺寸界线样式，可以设置尺寸界线的颜色、线宽和线型；设置尺寸界线越过尺寸线的距离；可设置尺寸界线到特征点的距离；可控制第一条和第二条尺寸界线的可见性。“固定长度的尺寸界线”复选框可以设置尺寸界线为固定的尺寸长度，具体值在“长度”文本框中输入。

2. “符号和箭头”选项卡

可在“符号和箭头”选项卡中设置标注样式箭头的形式和大小、圆心标记的形式和大小及折断大小等，如图7-5所示。其各设置项的意义如下。

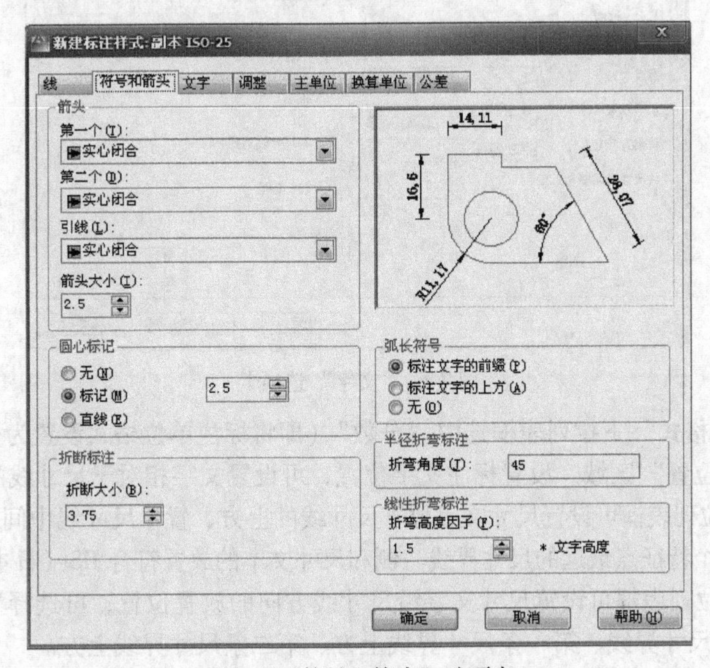

图7-5　“符号和箭头”选项卡

（1）“箭头”区域　设置尺寸箭头和引线箭头的样式和大小。

（2）“圆心标记”区域　设置圆心标记样式，用单选按钮选择标注圆心时的类型（不标记、使用标记和使用直线）和尺寸。

（3）“折断标注”区域　控制折断标注的间隙宽度。“折断大小”微调框显示和设定用于折断标注的间隙大小。

（4）“弧长符号”区域　控制弧长标注中圆弧符号的显示。有“标注文字的前缀”、“标注文字的上方”和“无”3个单选按钮控制。

（5）“半径折弯标注”区域　控制折弯（Z字形）半径标注的显示。当标注大半径的圆或圆弧时可以采用折弯标注，“折弯角度”文本框用于确定折弯半径标注中尺寸线的横向线段的角度。

（6）“线性折弯标注”区域　控制线性标注折弯的显示。

3.“文字”选项卡

可在“文字”选项卡中设置标注文字的外观、文字位置和对齐方式等，如图7-6所示。其各设置项的意义如下。

（1）“文字外观”区域　设置标注文字外观，可设置文字样式、颜色、填充颜色、高度、分数高度比例以及是否添加文字边框。其中，“分数高度比例”微调框仅在“主单位”

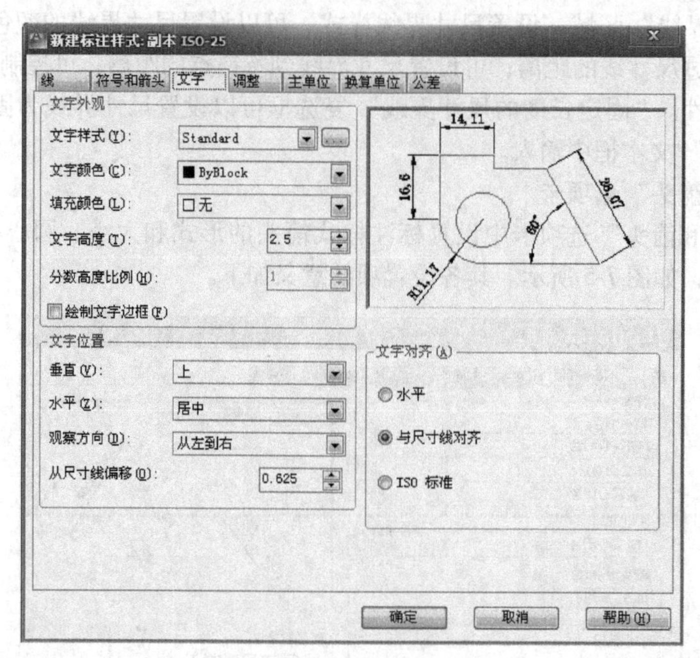

图 7-6 “文字”选项卡

选项卡的“单位格式”下拉列表框选中“分数”（即将标注单位格式设置为分数）时有效。

（2）“文字位置”区域　设置标注文字位置，可设置文字相对于尺寸线的位置。

“垂直”下拉列表框可设置尺寸文字位于尺寸线的上方、置于尺寸线中间、尺寸文本放置在尺寸线离第一个特征点最远的尺寸界线一侧和尺寸文本的放置符合 JIS（日本工业标准）。

“水平”下拉列表框可设置尺寸文字沿尺寸线方向的放置位置，可选择置中、第一条尺寸界线、第二条尺寸界线、第一条尺寸界线上方、第二条尺寸界线上方。

“从尺寸线偏移”微调框可设置尺寸文字与尺寸线的距离。

“观察方向”下拉列表框可控制标注文字的观察方向，有从左到右和从右到左两种。

（3）“文字对齐”区域　设置文字对齐方式，可设置文字的对齐方式。若选中“水平”单选按钮，表示所有尺寸文字均水平放置，标注角度尺寸时应设置文字对齐方式为“水平”；若选中“与尺寸线对齐”单选按钮，表示尺寸文字与尺寸线对齐，标注线性尺寸时应设置文字对齐方式为“与尺寸线对齐”；若选中“ISO 标准”单选按钮，表示按 ISO 标准放置尺寸文字。

4. “调整”选项卡

可在“调整”选项卡中可控制标注文字、箭头、引线和尺寸线的放置，如图 7-7 所示。其各设置项的意义如下。

（1）“调整选项”区域　如果尺寸界线之间没有足够的空间同时放置文字和箭头，那么首先从尺寸界线中移出：选择该区域中合适的选项。

该设置区中各单选按钮的意义如下：

“文字或箭头（最佳效果）”单选按钮：AutoCAD 自动选择最佳放置，这是默认选项。

“箭头”单选按钮：如果空间足够放下箭头，AutoCAD 将箭头放在尺寸界线之间，而将文本放在尺寸界线之外。否则，将两者均放在尺寸界线之外。移动尺寸文本时，尺寸界线自动移动。

“文字”单选按钮：如果空间足够，AutoCAD 将文本放在尺寸界线之间，并将箭头放在

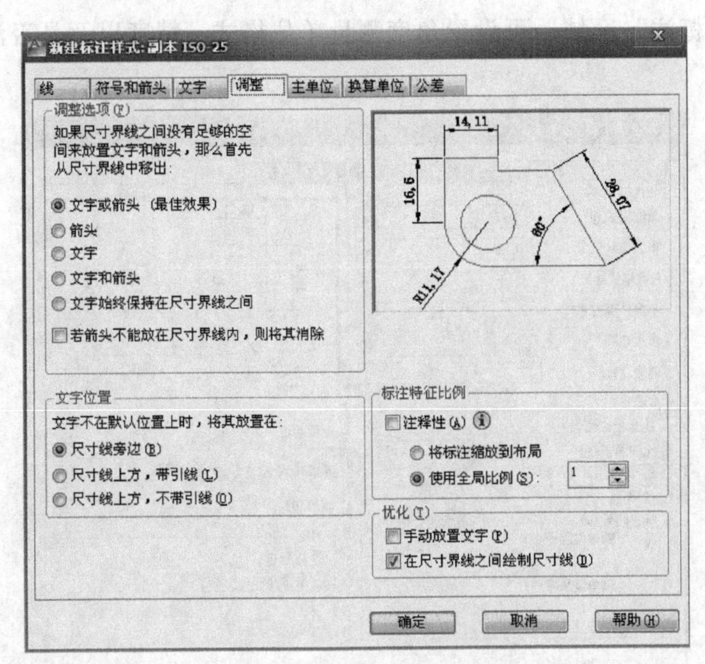

图7-7 “调整”选项卡

尺寸界线之外，否则将两者均放在尺寸界线之外。移动尺寸文本时，尺寸界线自动移动。

“文字和箭头”单选钮：如果空间不足，系统将尺寸文本和箭头均放在尺寸界线之外。移动尺寸文本时，尺寸界线自动移动。

“文字始终保持在尺寸界线之间”单选按钮：总是将文字放在尺寸界线之间。

“若箭头不能放在尺寸界线内，则将其消除”复选框：如果不能将箭头和文字放在尺寸界线内，则隐藏箭头。

（2）“文字位置”区域　当文字不在其默认位置时，可调整放置。该区域的选项有：将文字放在尺寸线旁；将文字放在尺寸线上方，加引线；将文字放在尺寸线上方，不加引线。

（3）“标注特征比例”区域　“注释性”复选框可将标注定义为注释性属性；“使用全局比例”单选按钮，则可利用其右侧的微调框设置尺寸元素的整体缩放比例因子，使之符合当前图形的要求。若选中“将标注缩放到布局”单选按钮，则系统会自动根据当前模型空间视框比例因子设置标注比例因子。

（4）“优化”区域　可以选择标注时手工放置文字，也可选择总是在尺寸界线之间绘制尺寸线（默认）。

5. “主单位”选项卡

可在“主单位”选项卡中设置标注样式的单位格式、精度、是否消去前导零或后续零等，如图7-8所示。

（1）“线性标注”区域　设置单位格式；设置单位精度；设置分数格式，仅当单位格式设置为分数时有效；设置小数分隔符；设置舍入值，所有测量值都按此处设置的倍数进行取舍；设置放置尺寸文本的前缀、后缀；设置测量比例因子，该值默认为1，如将其设置为2，则所有测量结果将乘2；若选中“仅应用到布局标注”复选框，则表示此处所设比例因子仅用于布局标注。

（2）“消零”区域　可设置是否在标注中消除前导零或后续零。

（3）“角度标注”区域　可设置角度测量单位格式、精度以及是否消除前导零和后续零。

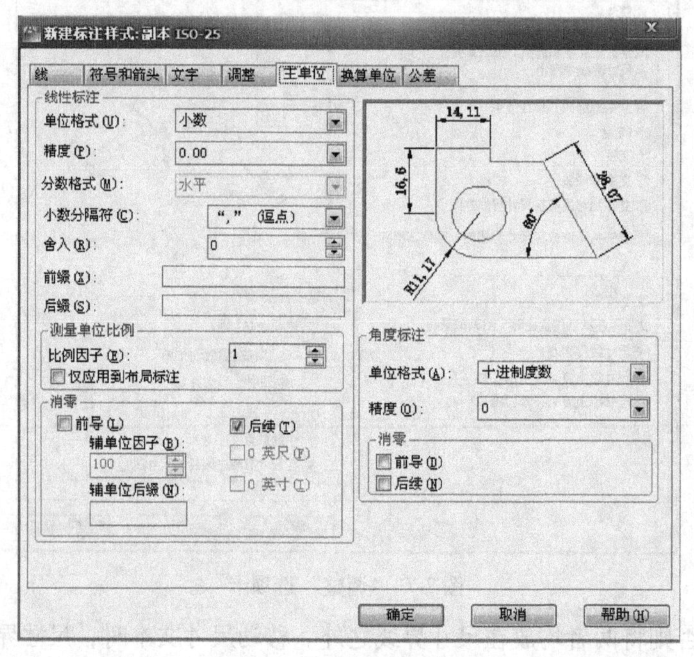

图 7-8 “主单位”选项卡

6. “换算单位”选项卡

可在“换算单位”选项卡中设置辅助测量单位格式。例如，用户标注的主单位可能为 mm，而辅助单位为英寸，因此，只要在此选项卡中选中“显示换算单位”复选框，便可同时以两种单位标注尺寸。这两种单位之间的关系可通过“换算单位倍数”文本框进行设置，如图 7-9 所示。

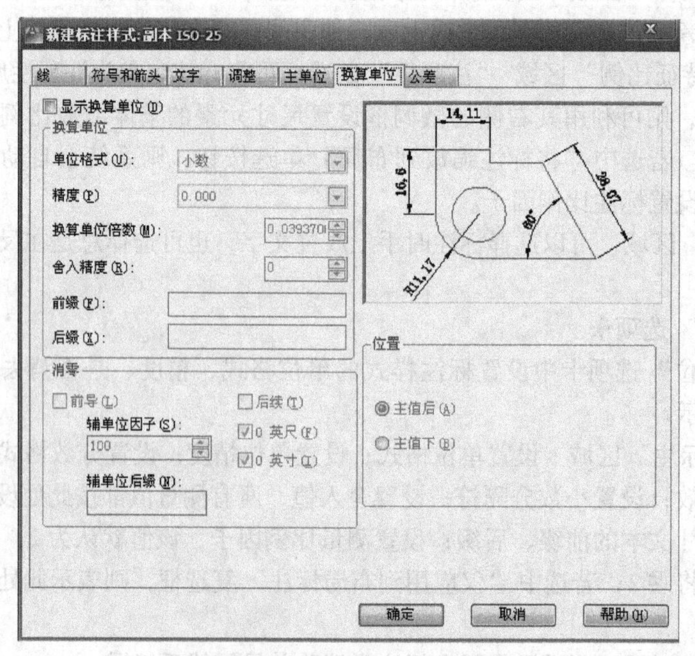

图 7-9 “换算单位”选项卡

7. “公差”选项卡

可在“公差”选项卡中设置选用的公差类型等，如图 7-10 所示。

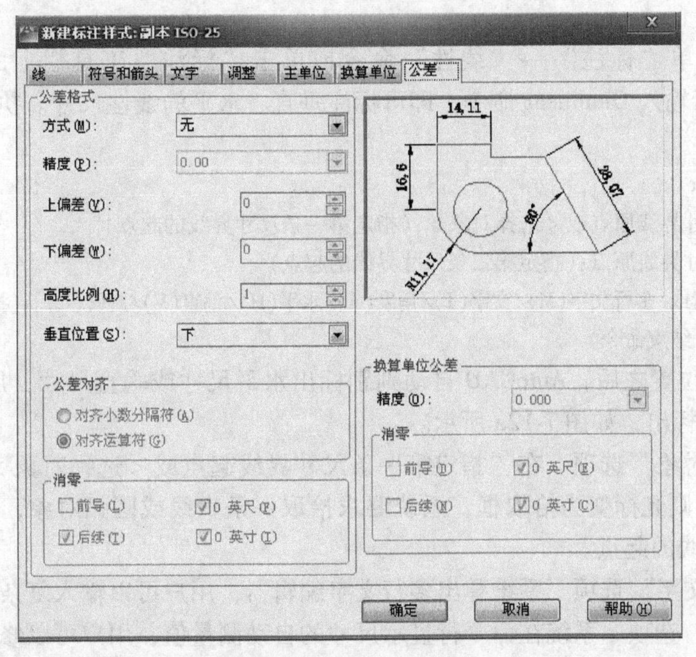

图 7-10 “公差”选项卡

目前，系统提供了 4 种公差类型，其意义如下。

(1) 对称　以“测量值 ± 偏差”形式标注尺寸。

(2) 极限偏差　以“测量值（$\frac{\text{上偏差}}{\text{下偏差}}$）”形式标注尺寸。

(3) 极限尺寸　以“$\begin{matrix}\text{最大值}\\ \text{最小值}\end{matrix}$”形式标注尺寸。

(4) 基本尺寸　以“$\boxed{\text{测量值}}$”形式标注尺寸。

此外，利用“高度比例”微调框，可为尺寸的分数和公差文本设置比例因子。利用“垂直位置”下拉列表框可为对称、极限偏差公差类型设置文本的对齐方式（上、中和下）。

当完成以上各种设置后，单击“确定”按钮可从“新建标注样式”对话框返回“标注样式管理器”对话框。若希望将所创建的样式设置为当前样式，单击“置为当前”按钮即可。

若要修改标注样式，在“尺寸样式管理器”对话框选择“修改”按钮即可。

7.3　标注各种类型尺寸

AutoCAD 提供了多种尺寸标注命令，可以对长度、半径、直径等进行标注。有单独的“标注”下拉菜单和工具栏，如图 7-11 所示。

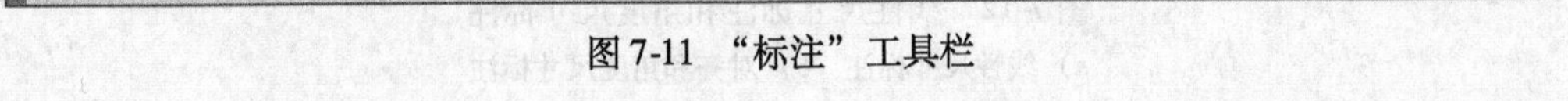

图 7-11 “标注”工具栏

7.3.1　线性和对齐标注

1. 线性标注

选择下拉菜单“标注”→“线性”命令或单击“标注”工具栏上的“线性”按钮 或在命令行输入 Dimlinear 命令，即可标注垂直、水平的线性尺寸。执行命令后，命令行提示以下信息：

命令：_dimlinear

指定第一条尺寸界线原点或 <选择对象>：(指定第一条尺寸界线的起点)

指定第二条尺寸界线原点：(指定第二条尺寸界线的起点)

指定尺寸线位置或[多行文字(M)/文字(T)/角度(A)/水平(H)/垂直(V)/旋转(R)]：(指定尺寸线的位置)

标注文字 =48(结束命令)

指定尺寸线位置之后，AutoCAD 自动判别标出水平尺寸或垂直尺寸，尺寸文字按 AutoCAD 自动测量值标出，如图 7-12a 所示。

(1)“选择对象”选项　在“指定第一条尺寸界线起点或 <选择对象>：”提示下，若按【Enter】键，则光标变为拾取框，系统要求拾取一条直线或圆弧对象，并自动取其两端点为两条尺寸界线的起点。

(2)“多行文字”选项　系统弹出多行文字编辑器，用户可以输入复杂的标注文字。

(3)“文字”选项　系统在命令行显示尺寸的自动测量值，用户可以修改尺寸值。

(4)“角度”选项　可指定尺寸文字的倾斜角度，使尺寸文字倾斜标注。

(5)“水平”选项　取消自动判断并限定标注水平尺寸。

(6)“垂直”选项　取消自动判断并限定标注垂直尺寸。

(7)“旋转”选项　取消自动判断，尺寸线按用户输入的倾斜角标注斜向尺寸。

2. 对齐标注

选择下拉菜单“标注”→“对齐”命令或单击“标注”工具栏上的“对齐”按钮 或在命令行输入 Dimaligned 命令，即可标注对齐尺寸。其特点是尺寸线和两条尺寸界线起点连线平行。执行命令后，命令行提示以下信息：

命令：_dimaligned

指定第一条尺寸界线原点或 <选择对象>：(指定 A 点，如图 7-12b 所示)

指定第二条尺寸界线原点：(指定 B 点)

指定尺寸线位置或[多行文字(M)/文字(T)/角度(A)]：(指定尺寸线的位置)

标注文字 =79

尺寸线位置确定之后，AutoCAD 即自动标出尺寸，尺寸线和 AB 平行，如图 7-12b 所示。

选择项中的 M、T、A 的含义与和线性标注中选项相同。

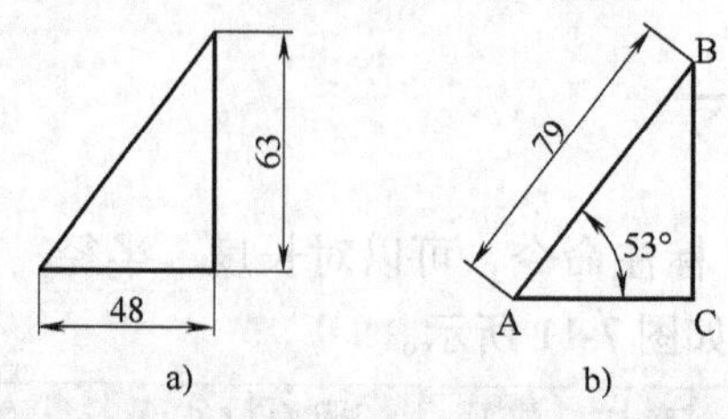

图 7-12　线性尺寸标注和角度尺寸标注

a）线性尺寸标注　b）对齐和角度尺寸标注

7.3.2　半径和直径标注

1. 半径标注

选择下拉菜单“标注”→“半径”命令或单击“标注”工具栏中的“半径”按钮或在命令行输入 Dimradius 命令，可标注半径尺寸。它可在圆弧上标注半径尺寸，并自动加载半径符号“*R*”。执行命令后，命令行提示以下信息：

命令：_dimradius

选择圆弧或圆：(选择圆弧，我国标准规定对圆及大于半圆的圆弧应标注直径)

标注文字 = 10(测量值为 10)

指定尺寸线位置或[多行文字(M)/文字(T)/角度(A)]：(确定尺寸线的位置，尺寸线总是指向或通过圆心，结果如图 7-13 所示)

3 个选项的含义与和线性标注中选项相同。

注意：当设置尺寸“标注样式”中的“文字”选项卡中的“文字对齐”方式为“与尺寸线对齐”方式时，可绘制如图 7-14a 所示的半径尺寸形式；设置为“水平”方式时，可绘制如图 7-14b 所示的半径尺寸形式。

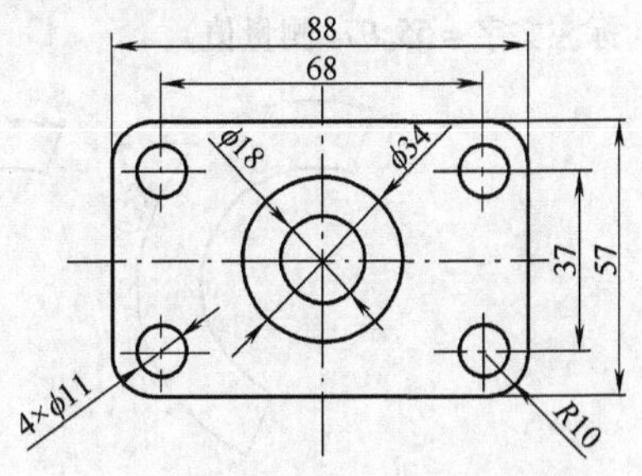

图 7-13　半径标注、直径标注

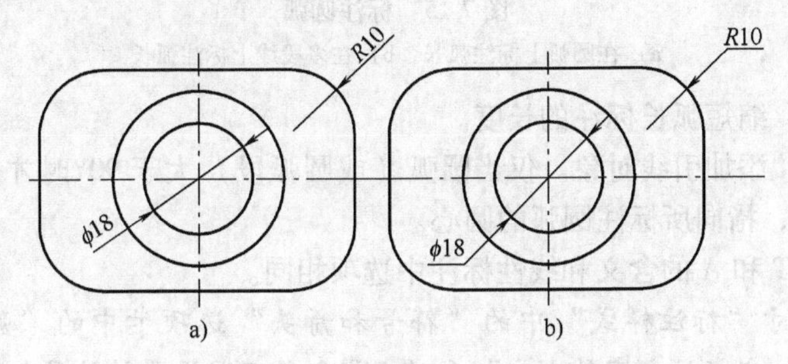

图 7-14　“文字”选项卡中尺寸对齐方式

a)“与尺寸线对齐”方式　b)“水平”方式

2. 直径标注

选择下拉菜单“标注”→“直径”或单击“标注”工具栏上的“直径”按钮或在命令行输入 Dimdiameter 命令，即可标注直径尺寸。它可在圆或圆弧上标注直径尺寸，并自动加载直径符号“ϕ”。执行命令后，命令行提示以下信息：

命令：_dimdiameter

选择圆弧或圆：(选择要标注直径的圆弧或圆，如图 7-13 所示)

标注文字 = 11(测量值为 11)

指定尺寸线位置或[多行文字(M)/文字(T)/角度(A)]：t(输入选项 T)

输入标注文字 <11 >：4 × %% c11(“< >”表示测量值，“4 ×”为附加前缀)

指定尺寸线位置或[多行文字(M)/文字(T)/角度(A)]：(确定尺寸线位置，结果如图 7-13 所示的 4 × ϕ11)

命令选项 M、T 和 A 的含义和线性标注中选项相同。当选择 M 或 T 选项在多行文字编辑器或命令行修改尺寸文字的内容时，用“< >”表示保留 AutoCAD 的自动测量值。若取消“< >”，则用户可以完全改变尺寸文字的内容。

直径标注的形式和半径标注相似，在“标注样式”中可设置不同的文字对齐方式。

7.3.3 弧长标注

选择下拉菜单“标注”→“弧长”或单击“标注”工具栏上的“弧长”按钮或在命令行输入 Dimarc 命令，即可标注圆弧的弧长尺寸。它可在弧线段或多段线圆弧段上标注弧长尺寸。执行命令后，命令行提示以下信息：

命令：_dimarc

选择弧线段或多段线圆弧段：(选择要标注弧长的圆弧或多段线圆弧段，如图 7-15 所示)

指定弧长标注位置或[多行文字(M)/文字(T)/角度(A)/部分(P)/引线(L)]：(放置弧长位置)

标注文字 = 55.97(测量值)

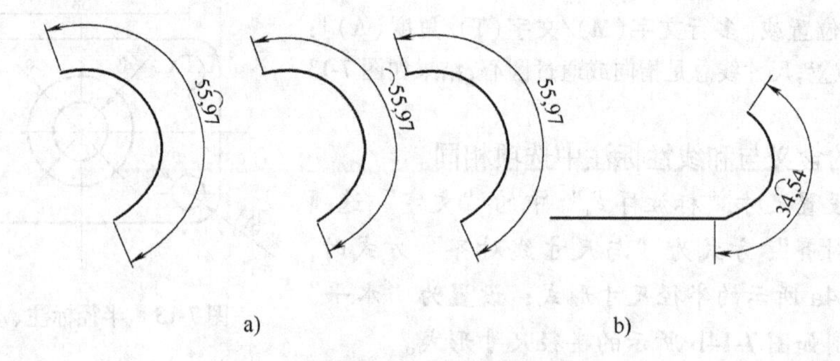

图 7-15 标注圆弧
a）在圆弧上标注弧长 b）在多段线上标注弧长

“部分”选项：缩短弧长标注的长度。

“引线”选项：添加引线对象。仅当圆弧（或圆弧段）大于 90°时才会显示此选项。引线是按径向绘制的，指向所标注圆弧的圆心。

命令选项 M、T 和 A 的含义和线性标注中选项相同。

注意：设置尺寸“标注样式”中的“符号和箭头”选项卡中的“弧长符号”方式为“标注文字的前缀”、“标注文字的上方”和“无”3 种不同设置的结果如图 7-15a 所示。

7.3.4 基线和连续标注

1. 基线标注

基线标注用于标注有公共的第一条尺寸界线（作为基线）的一组尺寸线互相平行的线性尺寸或角度尺寸。但必须先标注第一个尺寸后才能使用此命令，如图 7-16a 所示，在标注 AB 间尺寸 17 后，可用“基线”命令选择第二条尺寸界线的起点 C、D 来标注尺寸 37、61。

选择下拉菜单“标注”→“基线”或单击“标注”工具栏上的“基线”按钮或在命令行输入 Dimbaseline 命令，可标注基线尺寸。执行命令后，命令行提示以下信息：

命令：_dimbaseline

指定第二条尺寸界线原点或[放弃(U)/选择(S)] <选择>：(按【Enter】键选择作为基线的尺寸标注)

选择基准标注：(如图 7-16a 所示，选择 AB 间的尺寸标注 17 为基准标注)

指定第二条尺寸界线原点或[放弃(U)/选择(S)] <选择>：(指定 C 点标注出尺寸 37)

标注文字 = 37

指定第二条尺寸界线原点或[放弃(U)/选择(S)] <选择>：(指定 D 点标注出尺寸 61)

标注文字 = 61

指定第二条尺寸界线原点或[放弃(U)/选择(S)]<选择>:(按空格键或【Enter】键,结束命令)

2. 连续标注

连续标注用于标注尺寸线连续或链状的一组线性尺寸或角度尺寸，如图7-16b所示，从A点标注尺寸21后，可用“连续”命令继续选择第二条尺寸界线起点，链式标注尺寸28、27。

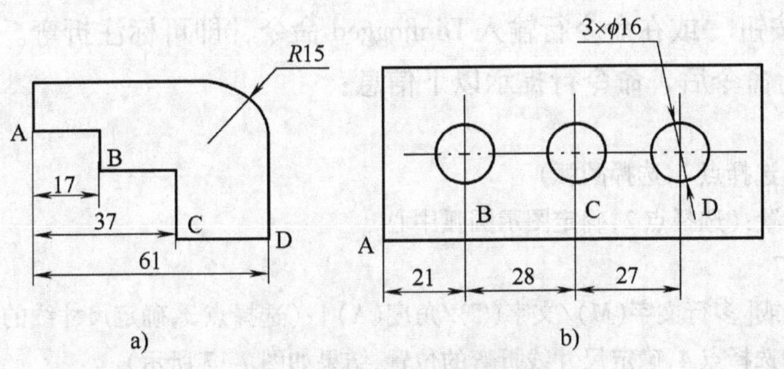

图7-16 基线标注和连续标注
a) 基线标注 b) 连续标注

选择下拉菜单“标注”→“连续”或单击“标注”工具栏上的“连续”按钮或在命令行输入Dimcontinue命令，可标注连续尺寸。执行命令后，命令行提示以下信息：

命令:_dimcontinue

指定第二条尺寸界线原点或[放弃(U)/选择(S)]<选择>:(按【Enter】键,重新选择基线,或选择第二条尺寸界线,选C点)

标注文字=28

指定第二条尺寸界线原点或[放弃(U)/选择(S)]<选择>:(选择D点)

标注文字=27

指定第二条尺寸界线原点或[放弃(U)/选择(S)]<选择>:(按【Enter】键,结束选择)

选择连续标注:(按【Enter】键,结束命令)

7.3.5 角度标注

选择下拉菜单“标注”→“角度”或单击“标注”工具栏上的“角度”按钮或在命令行输入Dimangular命令，即可标注角度尺寸。此命令可标注两条直线所夹的角、圆弧的中心角及三点确定的角。执行命令后，命令行提示以下信息：

命令:_dimangular

选择圆弧、圆、直线或<指定顶点>:(选择角的第一条边,选择AB直线,如图7-12b所示)

选择第二条直线:(选择角的第二条边,选择AC直线)

指定标注弧线位置或[多行文字(M)/文字(T)/角度(A)/象限点(Q)]:(确定尺寸弧的位置)

标注文字=53

“象限点”选项：指定角度标注应锁定到的象限。指定角度标注的象限后，将标注文字放置在指定象限外时，尺寸线会延伸超过尺寸界线。

命令选项M、T和A的含义和线性标注中选项相同。

注意：机械制图国标中规定角度尺寸的尺寸数字不管在何位置，标注时都必须水平书写。因此标注角度时，“标注样式”中的“文字”选项卡中的“文字对齐”方式必须设置为“水平”方式。

7.3.6 折弯和折断标注

1. 折弯标注

当圆弧或圆的中心位于布局之外并且无法在其实际位置显示时，将创建折弯标注。可以在更方便的位置指定标注的原点。选择下拉菜单“标注”→“折弯”或单击“标注”工具栏上的“折弯”按钮或在命令行输入 Dimjogged 命令，即可标注折弯。此命令可标注圆弧或圆的半径。执行命令后，命令行提示以下信息：

命令：_dimjogged

选择圆弧或圆：(选择点 1，选择圆弧)

指定图示中心位置：(选择点 2，确定图示圆弧中心)

标注文字 = 85.27

指定尺寸线位置或[多行文字(M)/文字(T)/角度(A)]：(选择点 3，确定尺寸线的位置)

指定折弯位置：(选择点 4，确定尺寸线折弯的位置，结果如图 7-17 所示)

命令选项 M、T 和 A 的含义和线性标注中选项相同。

注意：折弯标注在折弯位置形成的折弯角度是由“标注样式”中的“符号和箭头”选项卡中“半径折弯标注”区域的“折弯角度”文本框设置的，默认的角度是“45°”。

2. 折断标注

折断标注将尺寸标注的尺寸线或尺寸界线打断，其可以折断线性标注、角度标注和坐标标注等。选择下拉菜单“标注”→“标注打断”或单击“标注”工具栏上的“折断标注”按钮或在命令行输入 Dimbreak 命令，可对已标注的尺寸打断。执行命令后，命令行提示以下信息：

命令：_dimbreak

选择要添加/删除折断的标注或[多个(M)]：(选择标注的尺寸线或尺寸界线)

选择要折断标注的对象或[自动(A)/手动(M)/删除(R)] <自动>：m(选择手动打断)

指定第一个打断点：_nea 到(用对象捕捉最近点，取点 1)

指定第二个打断点：_nea 到(用对象捕捉最近点，取点 2，则点 1、点 2 之间的线被打断，如图 7-18 所示)

1 个对象已修改

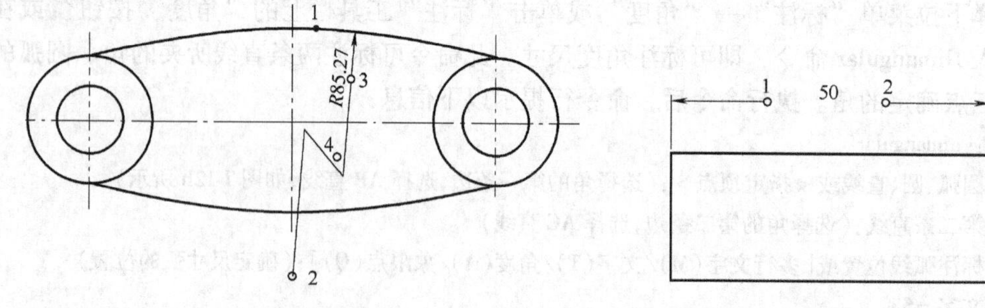

图 7-17 折弯标注　　　图 7-18 折断标注

7.3.7 坐标标注

选择下拉菜单“标注”→“坐标”或单击“标注”工具栏上的“坐标”按钮或在命令行输入 Dimordinate 命令，可标注指定点相对于 UCS 原点的 X 坐标或 Y 坐标值。执行命令后，命令行提示以下信息：

命令:dimordinate

指定点坐标:(选择图形中的某点)

指定引线端点或[X基准(X)/Y基准(Y)/多行文字(M)/文字(T)/角度(A)]:(由引线标出X或Y坐标)

标注文字=0.46

7.3.8　等距标注

等距标注用于调整线性标注或角度标注之间的间距，将平行尺寸线之间的间距设为相等。选择下拉菜单“标注”→“标注间距”或单击“标注”工具栏上的“等距标注”按钮或在命令行输入Dimspace命令。执行命令后，命令行提示以下信息：

命令:_dimspace

选择基准标注:(取点a,选择基准尺寸标注,如图7-19a所示)

选择要产生间距的标注:找到1个(取点b,选择1个标注)

选择要产生间距的标注:找到1个,总计2个(取点c,选择1个标注,共选择两个标注)

选择要产生间距的标注:(结束选择)

输入值或[自动(A)]<自动>:8(输入尺寸线之间的距离8,单击鼠标右键或按【Enter】键结束命令)

同样的方法，使用等距标注选择3个垂直尺寸，输入值取“0”，得到3个尺寸共线，结果如图7-19b所示。

“自动”选项：基于在选定基准标注的标注样式中指定的文字高度自动计算间距。所得的间距值是标注文字高度的两倍。

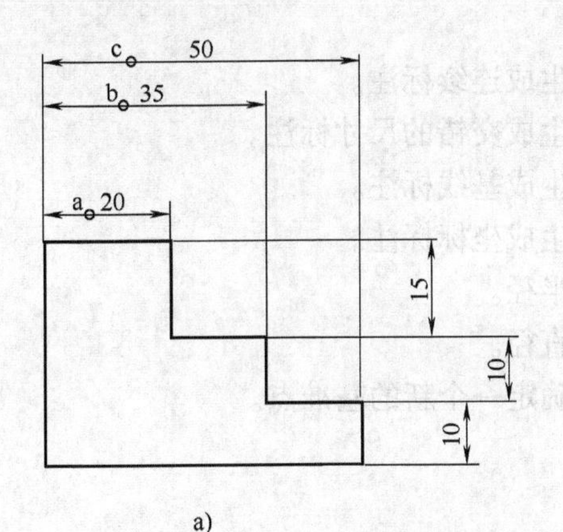

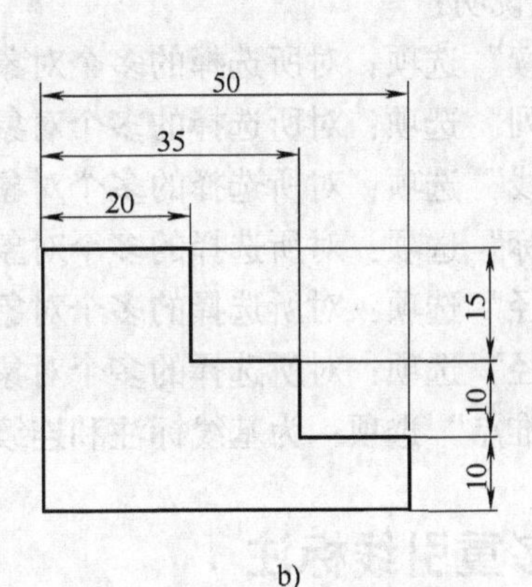

图7-19　等距标注

a）标注前的图形　b）标注后的图形

7.3.9　圆心标记

选择下拉菜单“标注”→“圆心标记”或单击“标注”工具栏上的“圆心标记”按钮或在命令行输入Dimcenter命令，可标注指定的圆或圆弧，画出圆心符号。对于小圆，可用此命令画出圆的中心线，圆心标记如图7-20所示。执行命令后，命令行提示以下信息：

命令:_dimcenter

选择圆弧或圆:(选择圆或圆弧,自动绘出圆心标记)

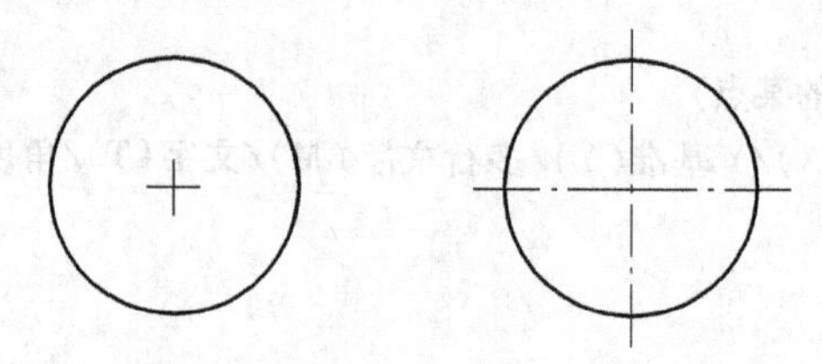

图 7-20　圆心标记

注意：圆心标记显示的中心线的方式和大小在“标注样式”中的“符号和箭头”选项卡的“圆心标记”区域选择。

7.3.10　快速标注

快速标注可以一次选择多个对象，可同时标注多个相同类型的尺寸，这样可大大节省时间，提高工作效率。

选择下拉菜单“标注”→“快速标注”或单击“标注”工具栏上的“快速标注”按钮或在命令行输入 Qdim 命令，可进行快速标注。执行命令后，命令行提示以下信息：

命令：_qdim

选择要标注的几何图形：找到 1 个（选择需要标注的对象）

选择要标注的几何图形：（选择要标注的几何对象，单击鼠标右键或按【Enter】键结束选择）

指定尺寸线位置或[连续(C)/并列(S)/基线(B)/坐标(O)/半径(R)/直径(D)/基准点(P)/编辑(E)/设置(T)]<连续>：（系统默认状态为指定尺寸线的位置，通过拖动鼠标可以调整尺寸线的位置）

选项说明：

“连续”选项：对所选择的多个对象快速生成连续标注。

“并列”选项：对所选择的多个对象快速生成交错的尺寸标注。

“基线”选项：对所选择的多个对象快速生成基线标注。

“坐标”选项：对所选择的多个对象快速生成坐标标注。

“半径”选项：对所选择的多个对象标注半径。

“直径”选项：对所选择的多个对象标注直径。

“基准点”选项：为基线标注和连续标注确定一个新的基准点。

7.4　多重引线标注

多重引线对象通常包含箭头、水平基线、引线或曲线和多行文字对象或块，如图 7-21 所示。

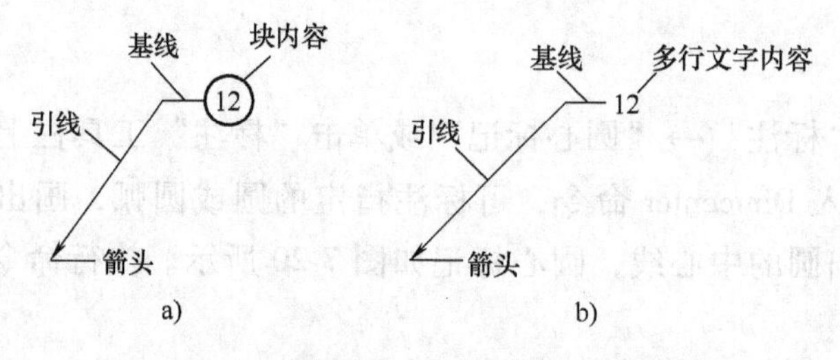

图 7-21　多重引线

a）带块内容的引线　b）带文字内容的引线

7.4.1　创建和设置多重引线样式

选择下拉菜单“格式”→“多重引线样式”或单击“多重引线”工具栏上的“多重引线样式”按钮或在命令行输入 Mleaderstyle 命令，打开“多重引线样式管理器”对话框，如图7-22所示。

该对话框左侧的“样式”列表列出了当前可用的多重引线样式，系统默认“Standard”。“预览”区显示了当前多重引线样式预览结果。其他几个按钮的含义如下：

(1)“置为当前”按钮　将选定的多重引线样式设置为当前多重引线样式。

(2)“新建”按钮　单击该按钮可创建新的多重引线样式。

(3)“修改”按钮　单击该按钮可修改选定的多重引线样式。

在“多重引线样式管理器”对话框中单击“新建”按钮后，系统将打开如图7-23所示的“创建新多重引线样式”对话框。用户可通过该对话框设置新样式名，创建该样式的基础样式和多重引线是否具有“注释性”。

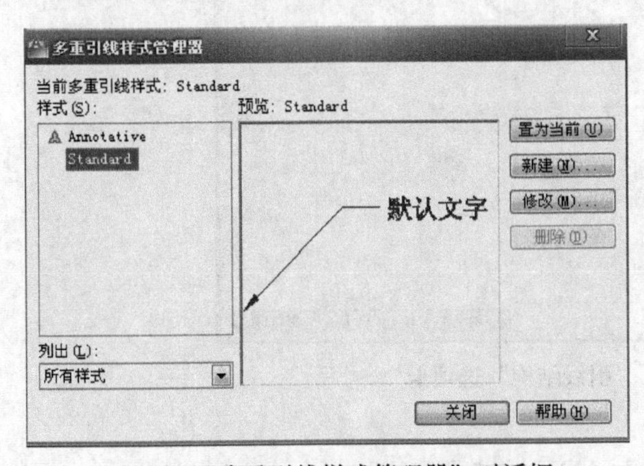

图7-22　“多重引线样式管理器”对话框

图7-23　“创建新多重引线样式”对话框

单击“继续”按钮，系统将显示如图7-24所示的“修改多重引线样式”对话框。“修改多重引线样式”对话框包括“引线格式”、“引线结构”和“内容”3个选项卡。

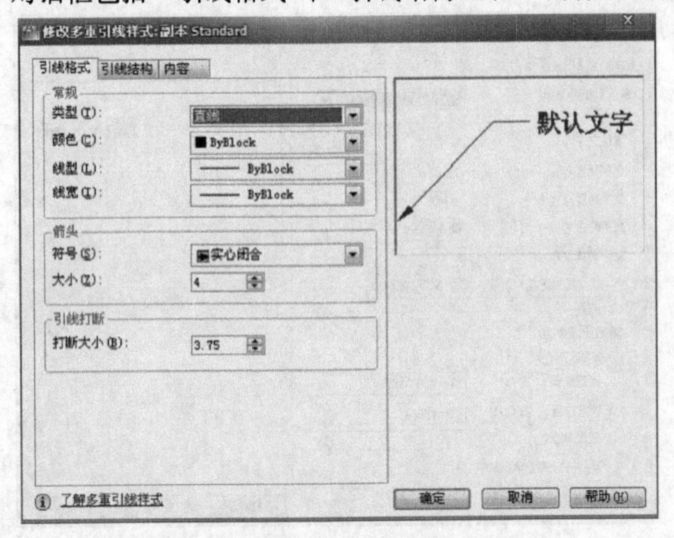

图7-24　“修改多重引线样式”对话框

1. “引线格式”选项卡

“引线格式”选项卡用于设置多重引线的引线和箭头的格式。主要包括：确定引线的类型，可以选择直线、样条曲线或无引线；引线的颜色、线型和线宽；引线箭头的形状和大小等，如图 7-24 所示。

2. “引线结构”选项卡

“引线结构”选项卡用于设置多重引线的约束、基线和比例，如图 7-25 所示。主要包括：设置引线的最大点数、引线中第一个点的角度、引线基线中的第二个点的角度、确定多重引线基线的固定距离和控制多重引线的缩放等内容。

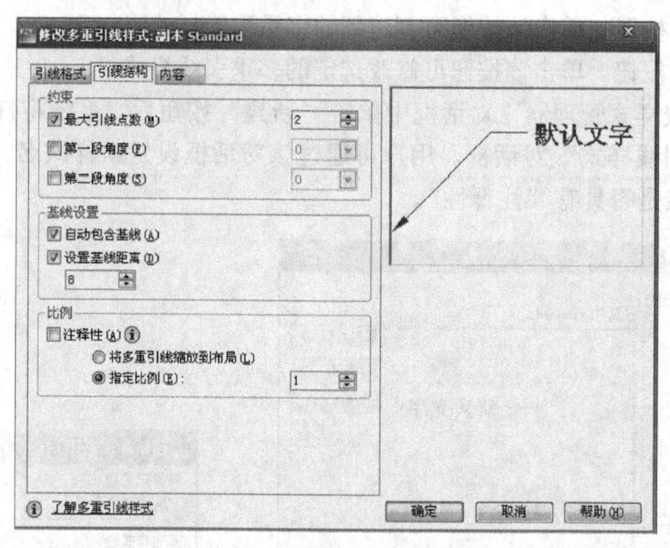

图 7-25 “引线结构”选项卡

3. “内容”选项卡

“内容”选项卡用于确定多重引线是包含文字还是包含块。在“多重引线类型”下拉列表框中选择“多行文字”时，“内容”选项卡如图 7-26 所示。主要用于设置文字的样式、角度、对齐、颜色、高度和引线连接位置等内容。

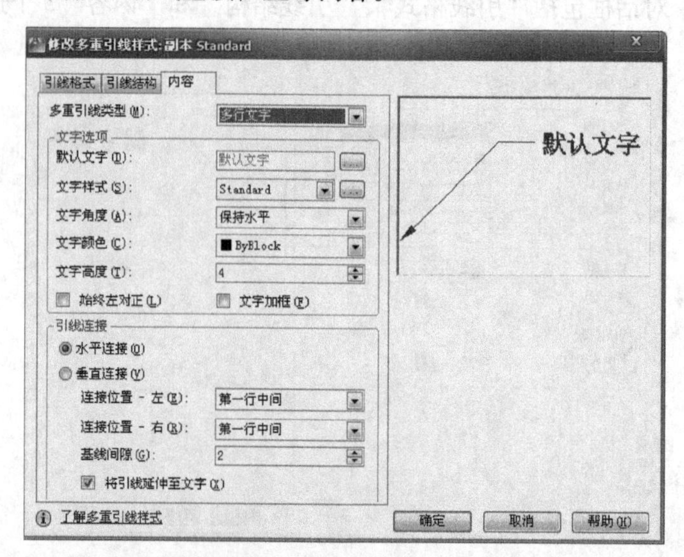

图 7-26 引线类型为“多行文字”的“内容”选项卡

在“多重引线类型”下拉列表框中选择“块”时，“内容”选项卡如图 7-27 所示。主要用于设置多重引线内容的块；设置将块附着到多重引线对象的方式。可以通过指定块的插入点或块的圆心来附着块；设置多重引线块内容的颜色、比例等。

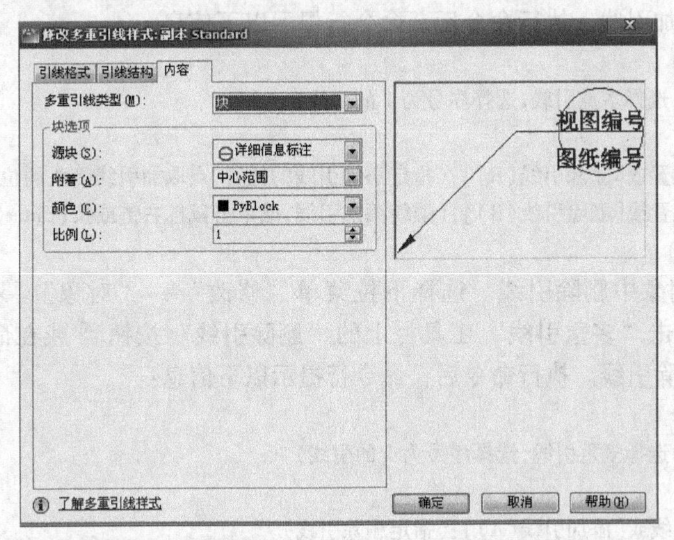

图 7-27　引线类型为“块”的“内容”选项卡

7.4.2　使用多重引线

选择下拉菜单“标注”→“多重引线”或单击“多重引线”工具栏上的“多重引线”按钮或在命令行输入 Mleader 命令，可标注多重引线。执行命令后，命令行提示以下信息：

命令：_mleader

指定引线箭头的位置或[引线基线优先(L)/内容优先(C)/选项(O)]<选项>：(取点，选择箭头位置)

指定引线基线的位置：(取点，选择基线位置，出现多行文本编辑器，输入文本，按【Enter】键结束命令)

其他选项说明如下：

“引线基线优先”选项：创建多重引线对象时，先确定基线的位置，后确定箭头位置。若不选择“引线基线优先”，则默认为“引线箭头优先”，先确定箭头的位置，后确定基线位置。

“内容优先”选项：创建多重引线对象时，先确定与多重引线对象相关联的文字或块的位置，后确定箭头位置。

“选项”选项：选择“选项”时，命令行提示：

指定文字的第一个角点或[引线箭头优先(H)/引线基线优先(L)/选项(O)]<选项>：o

输入选项[引线类型(L)/引线基线(A)/内容类型(C)/最大节点数(M)/第一个角度(F)/第二个角度(S)/退出选项(X)]<内容类型>：

可以重新设置“多重引线样式”中的内容，此处不再详细解释。

7.4.3　编辑多重引线

对已标注的多重引线，可对多重引线进行添加、删除、对齐和合并等操作。选择下拉菜单“修改”→“对象”→“多重引线”或单击“多重引线”工具栏，如图 7-28 所示。

图 7-28　“多重引线”工具栏

1. 添加或删除引线

将引线添加至多重引线对象。选择下拉菜单“修改”→“对象”→“多重引线”→“添加引线”或单击“多重引线”工具栏上的“添加引线”按钮或在命令行输入 Mleaderedit 命令，可添加引线。执行命令后，命令行提示以下信息：

命令:mleaderedit

选择多重引线:(选择多重引线,选择序号为 1 的引线)

找到 1 个

指定引线箭头位置或[删除引线(R)]:(指定添加引线的位置,点取加引线箭头的位置)

指定引线箭头位置或[删除引线(R)]:(继续添加引线,或单击鼠标右键或按【Enter】键结束选择,添加的结果如图 7-29a 所示)

从多重引线对象中删除引线。选择下拉菜单“修改”→“对象”→“多重引线”→“删除引线”或单击“多重引线”工具栏上的“删除引线”按钮或在命令行输入 Mleaderedit 命令，可删除引线。执行命令后，命令行提示以下信息：

命令:mleaderedit

选择多重引线:(选择多重引线,选择序号为 1 的引线)

找到 1 个

指定要删除的引线或[添加引线(A)]:(指定删除引线)

指定要删除的引线或[添加引线(A)]:(继续删除引线,或单击鼠标右键或按【Enter】键结束选择,删除的结果如图 7-29b 所示)

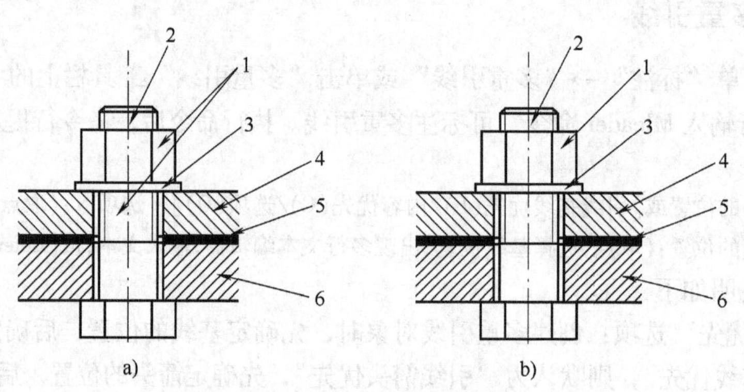

图 7-29 添加和删除引线

a）添加引线 b）删除引线

2. 对齐多重引线

对齐间隔排列选定的多重引线对象。选择下拉菜单“修改”→“对象”→“多重引线”→“对齐”或单击“多重引线”工具栏上的“多重引线对齐”按钮或在命令行输入 Mleaderalign 命令，可对齐引线。执行命令后，命令行提示以下信息：

命令:_mleaderalign

选择多重引线:找到 1 个(选择要对齐的多重引线,如图 7-30a 所示)

选择多重引线:找到 1 个,总计 2 个

选择多重引线:找到 1 个,总计 3 个(选择序号 4 ~6)

选择多重引线:(继续选择引线,或单击鼠标右键或按【Enter】键结束选择)

当前模式:使用当前间距,选择要对齐到的多重引线或[选项(O)]:(选择要对齐引线的基准引线,选择序号 5)

指定方向:(指定对齐的方向,选择垂直方向,结果如图 7-30b 所示)

当选择“选项”时，命令行提示：

选择要对齐到的多重引线或[选项(O)]:o

输入选项[分布(D)/使引线线段平行(P)/指定间距(S)/使用当前间距(U)]<使用当前间距>:

“分布”选项：将内容在两个选定的点之间均匀隔开。

“使引线线段平行”选项：使选定多重引线中的每条最后的引线线段均平行。

“指定间距”选项：指定选定的多重引线内容范围之间的间距。

“使用当前间距”选项：使用多重引线内容之间的当前间距。

3. 合并多重引线

将包含块的选定多重引线整理到行或列中，并通过单引线显示结果。选择下拉菜单“修改”→“对象”→“多重引线”→“合并”或单击“多重引线”工具栏上的“多重引线合并”按钮或在命令行输入 Mleadercollect 命令，可合并引线。执行命令后，命令行提示以下信息：

命令:_mleadercollect

选择多重引线:找到1个(选择要对齐的多重引线,如图7-30a所示)

选择多重引线:找到1个,总计2个

选择多重引线:找到1个,总计3个(选择序号1~3)

选择多重引线:(继续选择引线,或单击鼠标右键或按【Enter】键结束选择)

指定收集的多重引线位置或[垂直(V)/水平(H)/缠绕(W)]<水平>:(指定合并的多重引线的位置,结果如图7-30b所示)

其他选项说明如下：

“垂直”选项：将多重引线集合放置在一列或多列中。

“水平”选项：将多重引线集合放置在一行或多行中。

“缠绕”选项：指定缠绕的多重引线集合的宽度，并设置每行的最大数目。

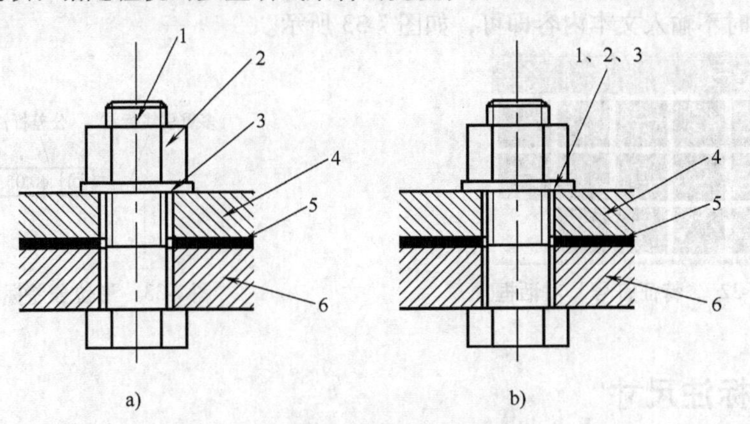

图7-30 对齐和合并多重引线

a）编辑前的图形 b）对齐和合并引线后的图形

7.5 标注形位公差

对于一个零件，其实际形状和位置相对于理想形状和位置存在一定的误差，该误差称为形位公差（根据GB/T 1182—2008，应称为几何公差，由于软件界面原因，本书仍用形位公差）。在图形中，应当标注出零件某些重要因素的形位公差。AutoCAD提供了标注形位公差的功能。系统变量 DIMTXT 设置所标注的形位公差的文字的大小。

选择下拉菜单“标注”→“公差”或单击“标注”工具栏上的“公差”按钮或在命令行输入 Tolerance 命令，则打开“形位公差”对话框，如图 7-31 所示。

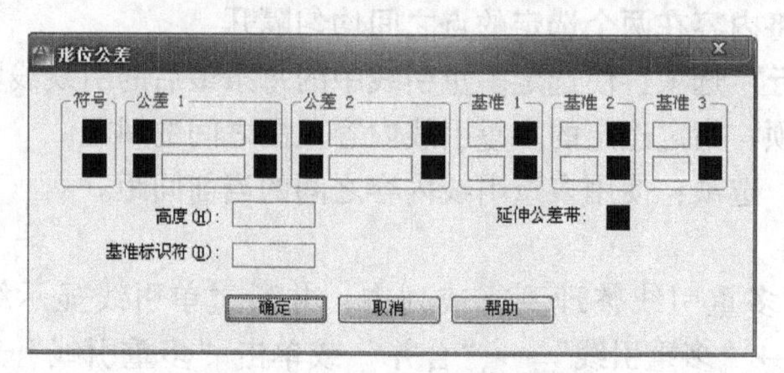

图 7-31　“形位公差”对话框

具体操作步骤如下：

1）在“形位公差”对话框中单击“符号”区域下面的黑色方块，打开“特征符号”对话框，如图 7-32 所示，通过该对话框可以设置形位公差的代号。在该对话框中，选择某个符号则单击该符号，若不进行选择，则单击右下角的白色方块或按【Esc】键。

2）在“公差 1”文本框中输入公差数值，单击文本框左侧的黑色方块则设置直径符号 ϕ，单击文本框右侧的黑色方块则打开“包容条件”对话框，利用该对话框设置包容条件。

若需要设置两个公差，则利用同样的方法在“公差 2”文本框中进行设置。

3）在“基准”文本框中设置基准。在“基准”文本框中输入基准的代号，单击文本框右侧的黑色方块，则可设置包容条件。

4）标注位置公差的基准符号可直接画出，或用图块设置的方式解决。

形位公差命令只标注了形位公差的框格代号，框格代号前面的引线可用多重引线标注，标注多重引线时不输入文本内容即可，如图 7-33 所示。

图 7-32　“特征符号”对话框

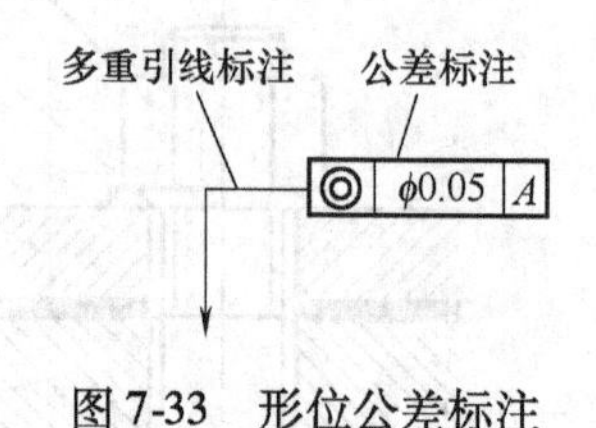

图 7-33　形位公差标注

7.6　编辑标注尺寸

在进行尺寸标注时，系统的标注形式可能不符合具体要求，在此情况下，可以根据需要对所标注的尺寸进行编辑。

7.6.1　编辑标注

单击“标注”工具栏上的“编辑标注”按钮或在命令行输入 Dimedit 命令，可进行标注编辑。执行命令后，命令行提示以下信息：

命令：_dimedit

输入标注编辑类型[默认(H)/新建(N)/旋转(R)/倾斜(O)]<默认>:

选项说明如下:

“默认”选项:使标注文字放回到默认位置。

“新建”选项:修改标注文字内容。

“旋转”选项:使标注文字旋转一个角度。

“倾斜”选项:使尺寸线倾斜,与此相对应的下拉菜单是“标注”→“倾斜”。例如,可把如图 7-34a 所示的尺寸线修改成如图 7-34b 所示的尺寸。

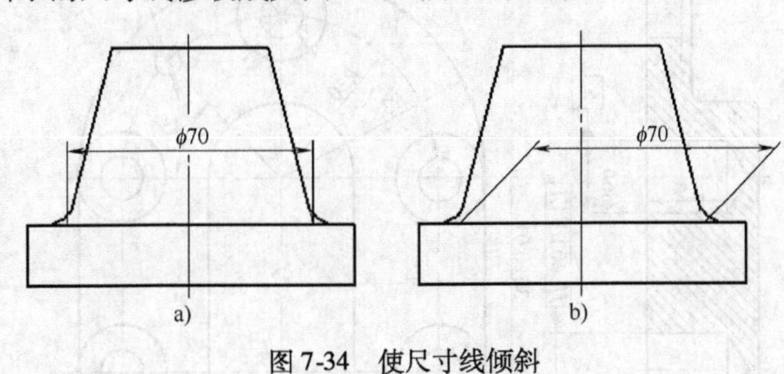

图 7-34　使尺寸线倾斜

7.6.2　编辑标注文字

单击“标注”工具栏上的“编辑标注文字”按钮或在命令行输入 Dimtedit 命令,可以实现移动或旋转标注文字,也有动态拖动文字的功能。执行命令后,命令行提示以下信息:

命令:_dimtedit

选择标注:(选择一标注对象)

为标注文字指定新位置或[左对齐(L)/右对齐(R)/居中(C)/默认(H)/角度(A)]:

提示默认状态为指定标注所选择的标注对象的新位置,用鼠标拖动所选对象到合适的位置。

选项说明如下:

“左对齐”选项:把标注文字左移。

“右对齐”选项:把标注文字右移。

“居中”选项:把标注文字放在尺寸线上的中间位置。

“默认”选项:把标注文字恢复为默认位置。

“角度”选项:把标注文字旋转一个角度。

7.6.3　标注更新

选择下拉菜单“标注”→“更新”或单击“标注”工具栏上的“标注更新”按钮或在命令行输入 Dimstyle 命令,可进行标注样式的更新,用当前标注样式替代图形中已经标注的尺寸样式。执行命令后,命令行提示以下信息:

命令:_dimstyle

当前标注样式:ISO - 25　　注释性:否

输入标注样式选项[注释性(AN)/保存(S)/恢复(R)/状态(ST)/变量(V)/应用(A)/?]<恢复>:_apply

选择对象:找到 1 个(选择要更新的尺寸标注)

选择对象:(单击鼠标右键或按【Enter】键结束命令)

还可以使用“特性”命令对尺寸样式和尺寸标注进行编辑。

7.7 综合实例——标注剖视图尺寸

实例 绘制如图 7-35 所示的剖视图，并标注尺寸。

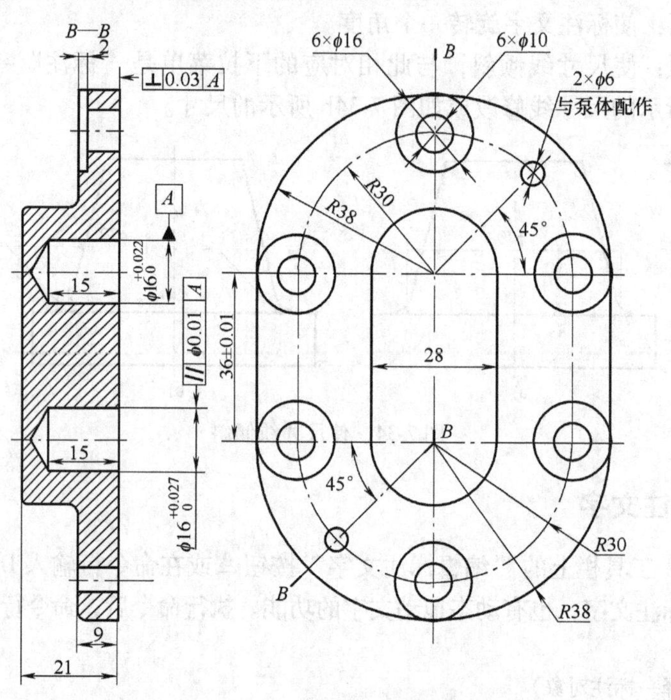

图 7-35 绘制剖视图的尺寸

（1）设置绘图环境 根据图形的大小及复杂程度，设置图幅、单位精度及图层（包括线型、颜色、线宽）。本例设置图幅为 297 × 210；图层分为 5 层，粗实线层为白色 Continue 线用于画可见轮廓线，中心线层为红色 Center 线用于画对称线、中心线，尺寸层为蓝色 Continue 线用于标注尺寸，细实线层为黄色 Continue 线用于画其他细实线（如剖面线等），0 层为原有层保持不变以备用。

（2）绘制机件的剖视图 在中心线层绘制定位的中心线；在粗实线层运用绘图命令和编辑命令绘制图形的轮廓线；在细实线层用“图案填充”命令绘制剖面线，完成剖视图的绘制，如图 7-36a 所示。

（3）设置标注样式 阅读视图，确定标注样式的种类（注意：只要设置了某种标注样式且应用所有标注，将其设置为当前样式，则所有的尺寸标注都符合这种标注样式。例如，某种标注样式设置了公差，则所有尺寸标注都带相同的公差），可以设置 3 种标注样式（样式名由用户定义）：线性尺寸标注样式，设置和系统的 ISO－25 相同，主要标注尺寸数字和尺寸线平行所有尺寸；角度尺寸标注样式，将“标注样式”中的“文字”选项卡中的“文字对齐”方式设置为“水平”，主要标注角度尺寸和尺寸线水平折弯的尺寸；非圆尺寸样式，在“标注样式”中的“主单位”选项卡中的“前缀”文本框中输入“%%c”，主要在非圆图形上标注直径。其他设置根据具体的图形进行设置，比如尺寸数字的字高等。

（4）标注尺寸 将线性尺寸样式设置为当前样式，用线性标注和半径标注按要求标注尺寸，如图 7-36b 所示；将角度尺寸样式设置为当前样式，用角度标注、半径标注和直径标注在左视图中按要求标注尺寸，如图7-36c所示；将非圆尺寸样式设置为当前样式，用线性标注标注主视图中两ϕ16的孔尺寸，如图7-36c所示。选择左视图中ϕ10的尺寸，调用“特性”命令，在“主单位”选项卡的“前缀”文本框中输入“6×%%c”，则尺寸更变为6×ϕ10，同样方法更变其他有前缀的尺寸；选择36尺寸，调用“特性”命令，在“公差”区域的“显示公差”中选择“对称”，在“上偏差”文本框中输入“0.01”，则尺寸变为36±0.01，用同样的方法对主视图中两ϕ16的孔尺寸修改，只是“显示公差”选择“极限偏差”且上下偏差（根据GB/T 1800.1—2009，应称为上极限偏差和下极限偏差，由于软件界面原因，本书仍用上偏差和下偏差）不同，结果如图7-36d所示。

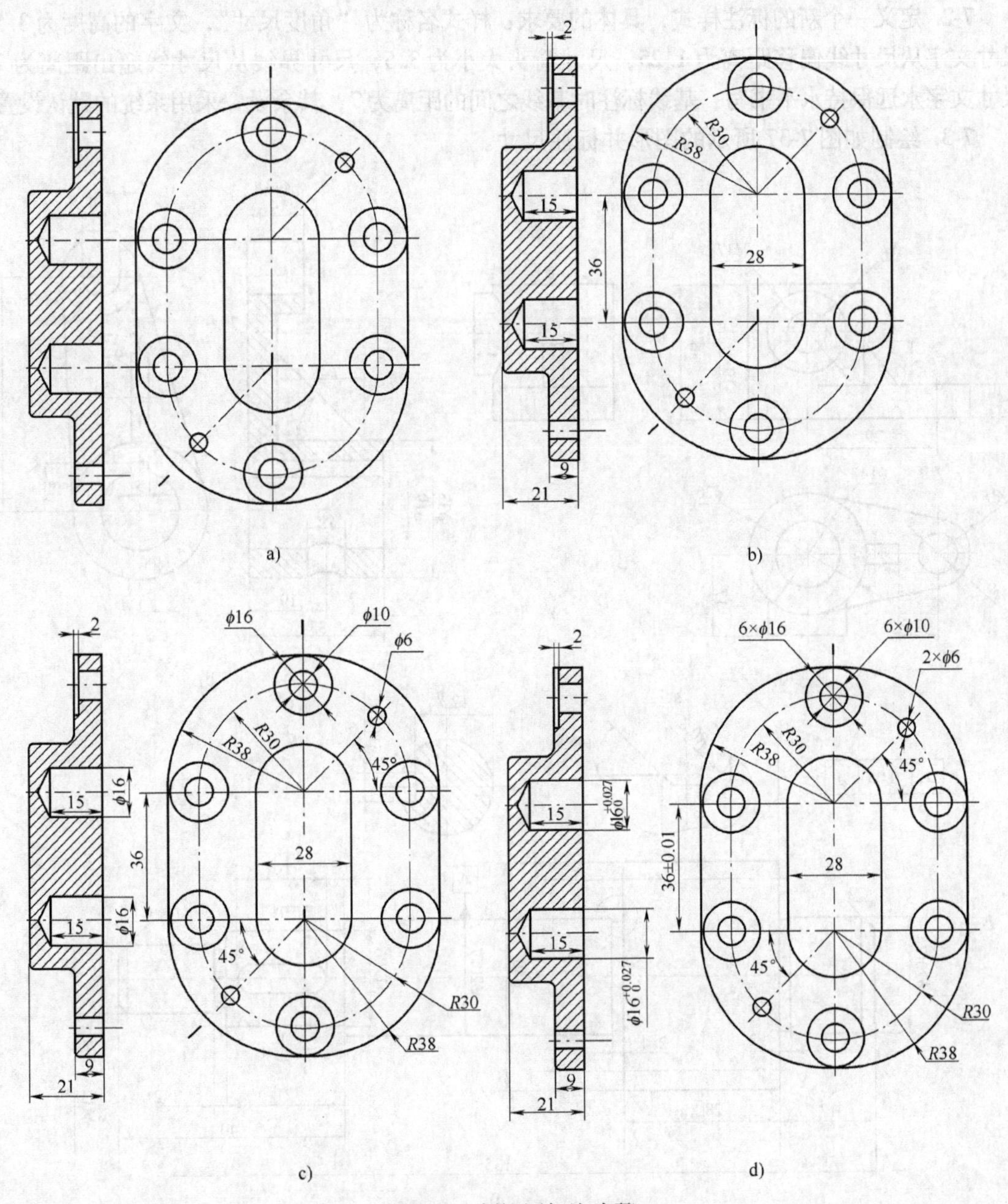

图7-36　剖视图标注步骤

注意：在标注尺寸时，不能修改尺寸值，否则不能用“特性”命令添加“前缀”、“后缀”、“公差”等，在图形比例缩放时，尺寸值不会随图形的大小而自动变化。

（5）标注形位公差和文本　用“多重引线”命令和“公差”命令绘制形位公差；用“文本”命令书写文字；形位公差基准符号直接绘制；其他的剖切符号等直接绘制，结果如图 7-35 所示。

习题与上机训练

7-1. 在 AutoCAD 中形位公差是如何标注的？

7-2. 定义一个新的标注样式，具体的要求：样式名称为“角度尺寸”，文字的高度为 3.5，尺寸文字从尺寸线偏移距离为 1.25，尺寸箭头大小为 3.5，尺寸界线从尺寸线超出距离为 2，尺寸文字永远保持水平书写，基线标注时基线之间的距离为 7，其余设置采用系统的默认设置。

7-3. 绘制如图 7-37 所示的图形并标注尺寸。

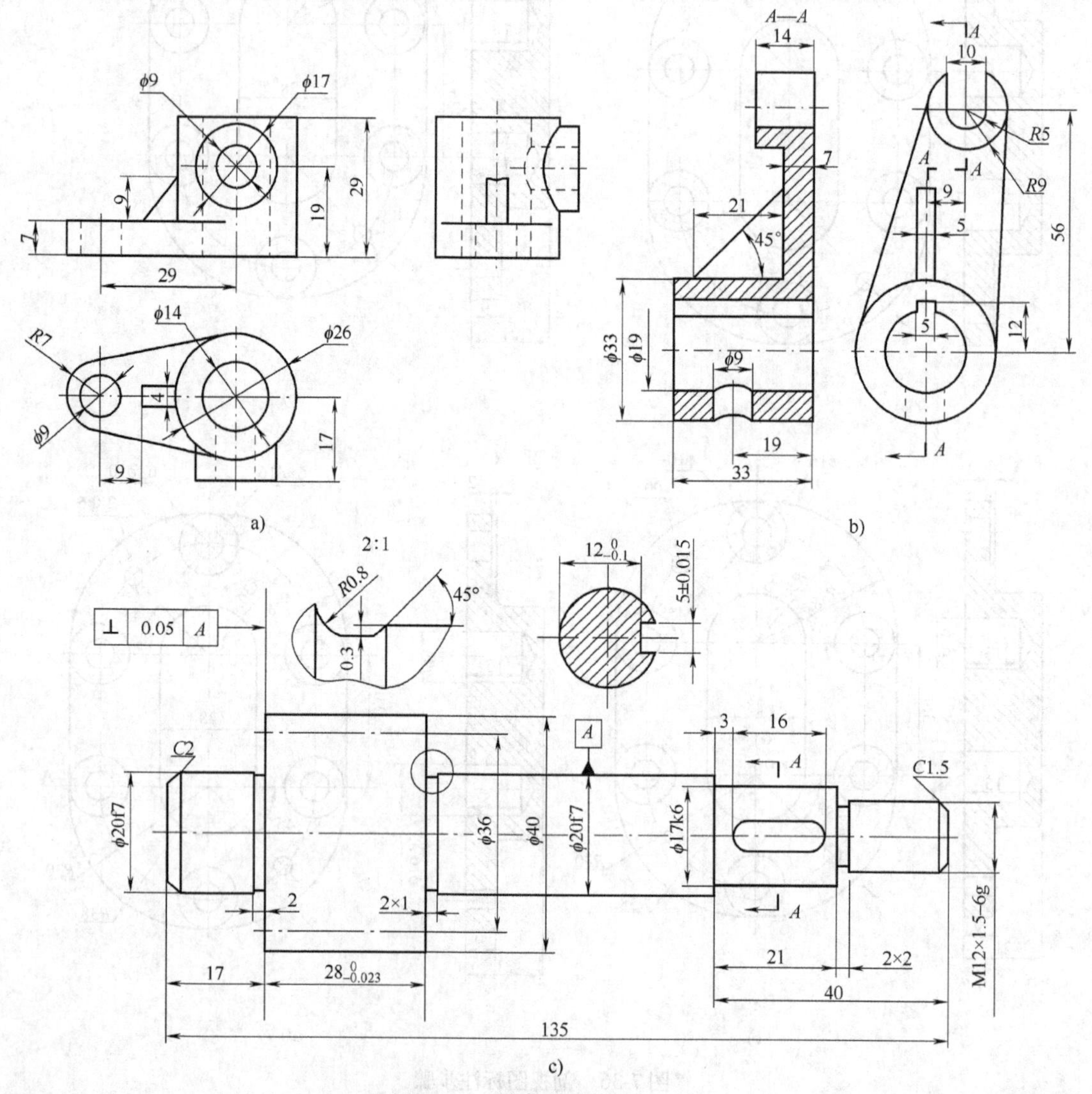

图 7-37　绘制图形并标注尺寸

第8章　图块和设计中心

无论绘制机械制图还是建筑制图，都有一些通用零部件，如齿轮、螺纹连接件、门窗、家具以及各种符号等。将这些在绘图中需重复绘制的图形创建成块，在需要时可以直接插入它们，从而提高绘图的准确性和绘图效率，同时用户在创建块时还可以定义块的非图形信息属性。

AutoCAD 设计中心是一个和 Windows 资源管理器类似的图形文件管理工具。它具有浏览图形文件和符号库；查看图形文件中的对象；将对象插入、复制到当前图形中等功能。

8.1　创建与编辑块

图块是用户在定义图块时指定的全部图形的集合。图块一旦被定义，就以一个整体出现（除非分解它）。图块只存在于定义它的图形文件中，如果在当前图形中引用外部图形文件中的块，则它必须用“写块”（Wblock）命令命名块。事实上，“写块”命令将图块保存为一个图形文件（*.dwg），从这个意义上说，任何图形文件都可以作为图块插入到其他图形文件中。

图块的主要作用如下：

（1）建立图形库　可以将经常出现的图形制成图块，建成图库。用插入图块的方法来拼合图形，可以避免许多重复性的工作，提高设计与绘图的效率和质量。

（2）节省存储空间　加入到当前图形中的每个图形都会增大磁盘文件，因为 AutoCAD 必须保存每个图形的信息。而把图形制成图块，就不必记录重复的图形构造信息，这样可以提高绘图速度，节省存储空间。图块定义越复杂，插入的次数越多，就越能体现其优越性。

（3）便于修改和重新定义　图块可被分解为相互独立的图线，这些独立的图线可被修改，并可重新定义这个图块。如果零件是一个插入的图块，则仅需重新定义这个图块，图中所有引用这个图块的地方将自动更新。

（4）定义非图形信息　图块还可以带有文本等非图形信息，称为属性。这些信息可在图块插入时带入或者重新输入，可以设置它的可见性，还能从图形中提取这些信息，传送给外部数据库进行管理和处理。

8.1.1　创建块

用户在创建块前，必须先绘制要创建块的图形。

选择下拉菜单“绘图”→“块”→“创建”或在“绘图”工具栏上单击“创建块”按钮或在命令行输入 Block 命令，可打开“块定义”对话框，如图 8-1 所示。

1.“名称”下拉列表框

在“名称”下拉列表框中指定块名，它可以是中文或由字母、数字、下画线构成的字符串。

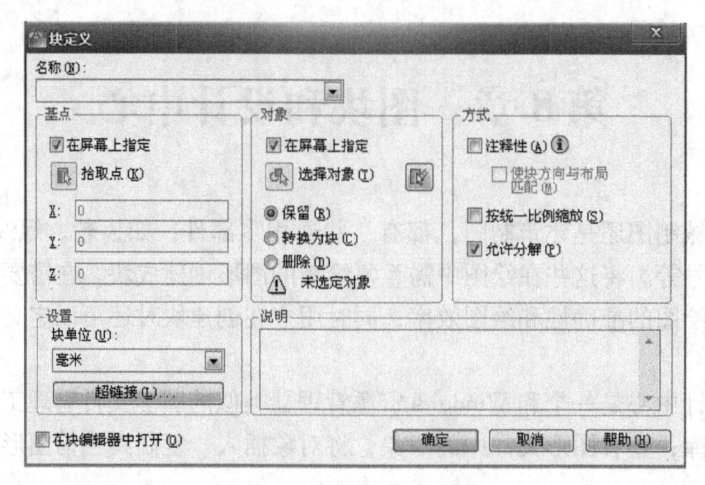

图 8-1 “块定义”对话框

2. “基点”区域

“基点”区域用于设置图块插入时的参考点。可以用 3 种方式指定基点，一是“在屏幕上指定”，关闭对话框时，将提示用户指定基点；二是“拾取点”按钮，暂时关闭对话框以使用户能在当前图形中拾取插入基点；三是直接输入基点的 X、Y、Z 坐标值。

3. “对象”区域

“对象”区域用于指定新块中要包含的对象，以及创建块之后如何处理这些对象，是保留还是删除选定的对象或者是将它们转换成块。

（1）定义图块中的对象　“在屏幕上指定”复选框，关闭对话框时，将提示用户选择对象；“选择对象”按钮，暂时关闭对话框以使用户能在当前图形中选择对象；“快速选择”按钮，系统将出现“快速选择”对话框，使用该对话框可以定义一个选择集。选择完毕后重新显示对话框，原“对象”区域下部显示的“未选定对象”变为“已选定 X 个对象”。

（2）“保留”单选按钮　将构成图块的图线定义为块时，仍保留原来的图线。

（3）“转换为块”单选按钮　将构成图块的图线定义为块时，把原来的图线转换为块。

（4）“删除”单选按钮　将构成图块的图线定义为块时，原来的图线对象被删除。可以用 OOPS 命令恢复构成图块的图线。

4. “方式”区域

（1）“注释性”复选框　指定块为注释性。“使块方向与布局匹配”复选框，使图纸空间视口中的块参照的方向与布局的方向匹配，如果未选择“注释性”复选框，则该复选框不可用。

（2）“按统一比例缩放”复选框　指定是否阻止块参照不按统一比例缩放。

（3）“允许分解”复选框　指定块参照是否可以被分解。

5. “设置”区域

“设置”区域用于设置块插入单位，默认单位为毫米；设置超级链接文档。

在定义完图块后，单击“确定”按钮。如果用户指定的图块名已被定义，则 AutoCAD 显示一个警告信息，询问是否重新建立图块定义，如果选择重新建立，则同名的旧图块定义将被取代。

8.1.2　创建带属性块

图块除了包含图形元素以外，还可以具有非图形信息，例如把一个三极管图形定义为图块后，还可把其型号、参数、价格以及说明等文本信息一并加入到图块中。图块的这些非图形信息，叫做图块的属性，它是图块的一个组成部分，与图形元素一起构成一个整体。在插入图块时，AutoCAD 把图形元素连同属性一起插入到图形中。

一个属性包括属性标记和属性值两方面的内容。在定义图块之前，要先定义每个属性，包括属性标记、属性提示、属性的默认值、属性的显示格式（在图中是否可见）、属性在图中的位置等。属性定义好后，以其标记在图中显示出来，而把有关信息保存在图形文件中。

当插入图块时，AutoCAD 通过属性提示要求用户输入属性值，图块插入后属性以属性值显示出来。同一图块，在不同点插入时可以具有不同的属性值。若在属性定义时把属性值定义为常量，AutoCAD 则不询问属性值。在图块插入以后，可以对属性进行编辑，把属性单独提取出来写入文件，以供统计、制表用，也可以与其他高级语言或数据库进行数据通信。

选择下拉菜单“绘图”→“块”→“定义属性”或在命令行输入 Attdef 命令，可打开“属性定义”对话框，如图 8-2 所示。

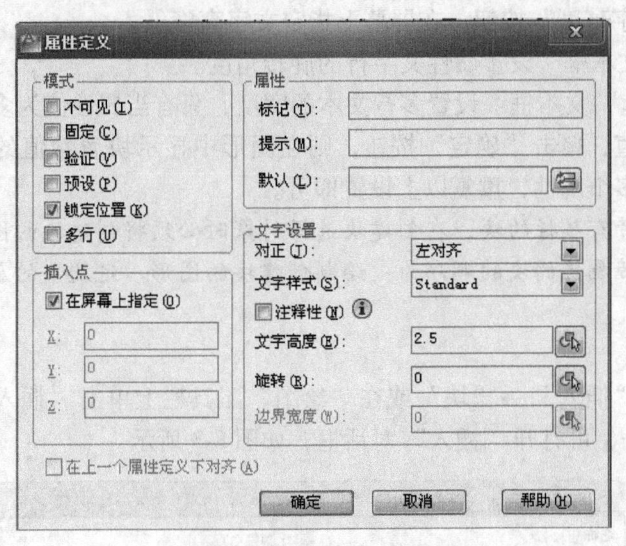

图 8-2　“属性定义”对话框

1. “模式”区域

（1）“不可见”复选框　设置块属性的显示。选中该复选框，则插入块时属性不可见；否则插入块时属性可见。

（2）“固定”复选框　设置块属性是否是定值。选中该复选框，则块的属性为定值，定值的大小在“属性”区域的“默认”文本框中输入；未选中该复选框，则属性值可以变化。

（3）“验证”复选框　设置对块属性值的验证。选中该复选框，在插入块时要对块的属性验证。

（4）“预设”复选框　把在“属性”区域的“默认”文本框中输入的值预置为块属性值。

（5）“锁定位置”复选框　锁定块参照中属性的位置。解锁后，属性可以相对于使用夹点编辑的块的其他部分移动，并且可以调整多行文字属性的大小。

（6）“多行”复选框　指定属性值可以包含多行文字。选定此复选框后，可以指定属性的边界宽度。

2. “属性”区域

（1）“标记”文本框　输入属性的标记。

（2）“提示”文本框　插入块时系统提示的信息。

（3）“默认”文本框　输入默认的块属性值。

3. “插入点”区域

“插入点”区域用于确定块属性值的插入点。选中“在屏幕上指定”复选框，则用鼠标在屏幕上拾取插入点；否则在 X、Y、Z 文本框中输入坐标，确定属性值的插入点。

4. “文字设置”区域

“文字设置”区域用于确定属性文字的特性。

（1）“对正”下拉列表框　确定属性文字的对齐方式。

（2）“文字样式”下拉列表框　确定属性文字的文字样式。系统默认只有“Standard”，若用户设置了其他文字样式，可在下拉列表框中选择。

（3）“文字高度”文本框　设置属性文字的高度。用户可以在文本框中直接输入文字高度，也可单击“文字高度”按钮，在屏幕上指定文字高度。

（4）“旋转”文本框　设置属性文字行的旋转角度。

（5）“边界宽度”文本框　设置多行文本的宽度，只有当属性值为多行文本时才适用。

设置好块属性值，单击“确定”按钮，则在图形中显示块属性值的标记。对于一个图形，用户可以设置多个属性，重复以上设置即可。

注意：要定义带有属性的块，在创建块选择对象时必须将创建块的图形和定义的块属性一起选中，即创建带属性的块的顺序为：绘制创建块的图形、定义块的属性、创建块。

8.1.3　插入块

选择下拉菜单“插入”→“块”或在“绘图”工具栏上单击“插入块”按钮或在命令行输入 Insert 命令，可打开“插入”对话框，如图 8-3 所示。

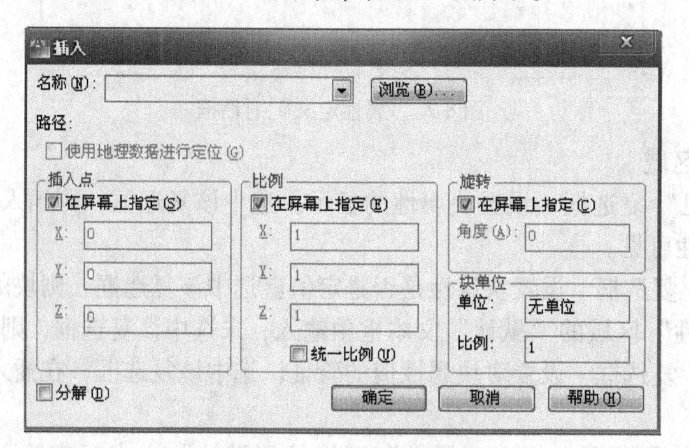

图 8-3　“插入”对话框

1. “名称”下拉列表框

“名称”下拉列表框列出当前图中已定义的图块名表供选用。若插入的是图形文件，则单击“浏览”按钮，打开“选择文件”对话框。在此对话框中可选一图形文件插入到当前图形中，并在当前图形中生成一个内部图块。

2. “插入点”区域

“插入点”区域用于设置块的插入位置。用户可以直接在 X、Y、Z 文本框中输入插入点的坐标；也可选中“在屏幕上指定”复选框，这时 X、Y、Z 文本框变为隐性，在屏幕上指定插入点。

3. “比例”区域

“比例”区域用于设置块的插入比例。用户可以直接在 X、Y、Z 文本框中输入插块的比例；也可选中“在屏幕上指定”复选框，这时 X、Y、Z 文本框变为隐性，在命令行输入缩放比例。“统一比例”复选框用于确定 X、Y 和 Z 坐标相同的比例值。

4. “旋转”区域

“旋转”区域用于设置块插入时的旋转角度。用户可以直接在“角度”文本框中输入块的旋转角度，也可选中“在屏幕上指定”复选框，这时“角度”文本框变为隐性，在命令行输入旋转角度。

5. “分解”复选框

“分解”复选框用于决定插入块时是作为单个对象还是分解为若干对象。若选中该复选框，则图块插入后分解为构成图块的各图形元素；反之，图块插入后仍是一个整体。

6. “块单位”区域

“单位”文本框指定插入块时进行自动缩放所使用的图形单位值。“比例”文本框显示单位比例因子，它是根据块和图形单位值计算出来的。

当“插入点”、“比例”、“旋转”区域都选择“在屏幕上指定”复选框时，单击“确定”按钮后，命令行提示以下信息：

命令:_insert

指定插入点或[基点(B)/比例(S)/X/Y/Z/旋转(R)]:(给出插入点)

输入 X 比例因子,指定对角点,或[角点(C)/XYZ(XYZ)] <1>:(给出 X 方向的比例因子)

输入 Y 比例因子或 <使用 X 比例因子>:(给出 Y 方向的比例因子或默认和 X 方向相同)

指定旋转角度 <0>:(给出旋转角度)

输入属性值

输入序号 <1>:(属性的输入)

8.1.4 存储块

用“块”命令创建的块只能在存储该块的图形文件中使用，要在其他的文件中也使用定义的块，必须用 Wblock 命令来实现。Wblock 命令的功能是将当前图形中的图块或图形存为图形文件，以便其他图形文件引用，这种图块又称为“外部图块”。

在命令行输入 Wblock 命令可打开“写块”对话框，如图 8-4 所示。

1. “源”区域

“源”区域用于指定存盘图形的类型。

(1)“块”单选按钮 当前图形文件中已定义的块，可从下拉列表框中选定。

(2)“整个图形”单选按钮 将当前图形文件存盘，相当于“保存”命令，但未被引用过的命名元素，如块、线型、图层、字样等不写入文件。

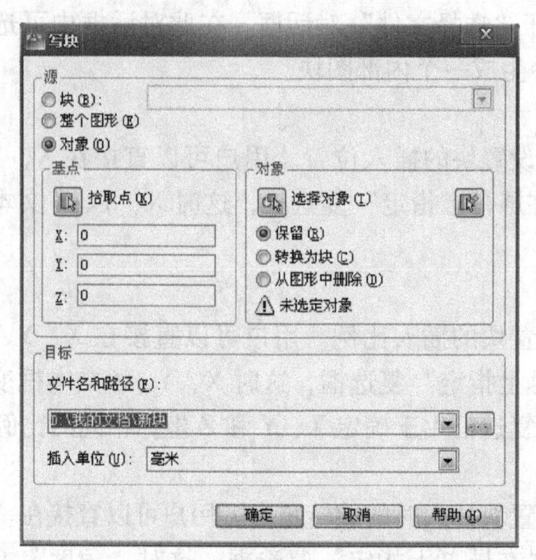

图 8-4 “写块”对话框

（3）“对象”单选按钮　将当前图形中指定的图形元素赋名存盘，相当于在定义图块的同时将其存盘。

2. “基点”区域和“对象”区域

“基点”区域和“对象”区域和创建块的相同，这里不再介绍。

3. “目标”区域

“目标”区域用于设置块文件保存的位置和名称。在“文件名和路径”下拉列表框显示保存的文件名称和路径，可单击⋯按钮，显示“浏览文件夹”对话框，确定块的保存位置。“插入单位”下拉列表框用于设置创建的块文件插入其他图形时所使用的单位。

8.1.5　块与图层的关系

图块插入后，插入的信息（如插入点、比例、旋转角度等）记录在当前图层中，插入的各图形元素一般继承各自原有的图层、颜色、线型等特性。若组成图块的各元素在0层上绘制，且颜色或线型定义为随层（ByLayer），在创建图块时，则图块采用白色和连续线绘制，但在插入时则按当前层设置的颜色或线型画出。

8.1.6　编辑块的属性

选择下拉菜单“修改”→“对象”→“属性”→“单个”或在“修改Ⅱ”工具栏上单击“编辑属性”按钮或在命令行输入 Eattedit 命令，执行命令后，系统提示选择块，可打开“增强属性编辑器”对话框，如图 8-5 所示。

1. “属性”选项卡

在“属性”选项卡的列表框中显示了每个块属性的标记、提示和值，如图 8-5 所示。选中某个属性后，“值”文本框中将显示出该属性的值，并可以修改值。

2. “文字选项”选项卡

“文字选项”选项卡可以修改属性文字的格式，如图 8-6 所示。可以修改文字样式、对正方式、文字高度、旋转角度、文字的宽度比例、倾斜角度，还可以设置标注时是反向还是颠倒。

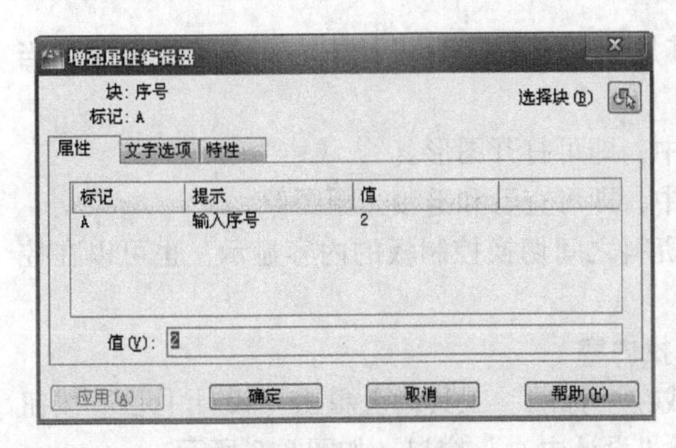

图 8-5 “属性”选项卡

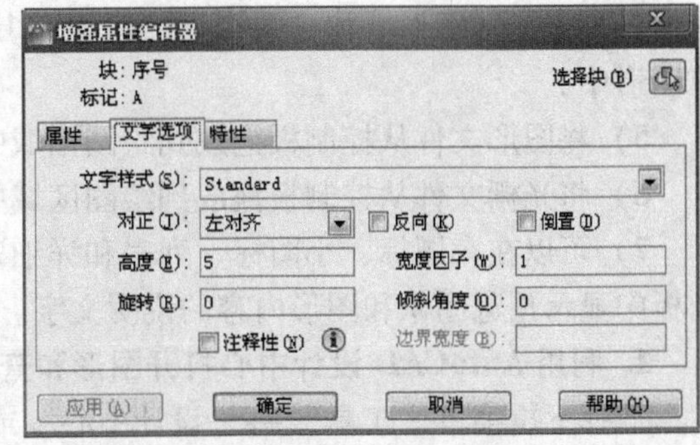

图 8-6 “文字选项”选项卡

3. “特性”选项卡

“特性”选项卡用于修改块属性文字的图层、线型、颜色、线宽以及打印样式等，如图 8-7所示。

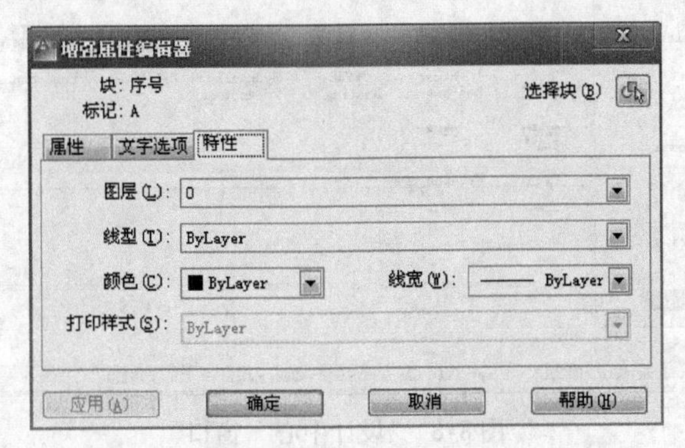

图 8-7 “特性”选项卡

8.2 AutoCAD 设计中心

使用 AutoCAD 设计中心可以管理图块引用、外部参照以及来自其他源文件或应用程序的内容。不仅如此，如果同时打开多个图形，还可以在图形之间复制和粘贴内容（如图层定义）来简化绘图过程。

AutoCAD 设计中心也提供了查看和重复利用图形的强大工具。用户可以浏览本地系统、网络驱动器，甚至从 Internet 下载文件。

使用 Autodesk 收藏夹（AutoCAD 设计中心的默认文件夹），不用一次次寻找经常使用的图形、文件夹和 Internet 地址，从而节省了时间。收藏夹汇集了不同位置的图形内容的快捷方式。例如，用户可以创建一个快捷方式，指向经常访问的网络文件夹。

AutoCAD 设计中心有如下 7 种功能。

1）浏览不同的图形内容，从经常打开的图形文件到网页上的符号库。

2）查看图形文件中的元素（例如块和图层）的定义，将定义插入、附着、复制和粘贴到当前图形中。

3）创建指向常用图形、文件夹和 Internet 地址的快捷方式。

4）在本地和网络驱动器上查找图形内容。例如，可以按照特定图层名称或上次保存图形的日期来搜索图形。找到图形后，可以将其加载到 AutoCAD 设计中心，或直接拖放到当前图形中。

5）将图形文件从控制板拖放到绘图区域中，即可打开图形。

6）将光栅文件从控制板拖放到绘图区域中，即可查看和链接光栅图像。

7）可以在大图标、小图标、列表和详细资料之间切换控制板的内容显示，也可以在控制板中显示预览图像和图形内容的说明文字。

1. 利用 AutoCAD 设计中心打开图形和查找内容

选择下拉菜单“工具”→“设计中心”或在“标准”工具栏上单击“设计中心”按钮或在命令行输入 Adcenter 命令，系统将打开“设计中心”窗口，如图 8-8 所示。

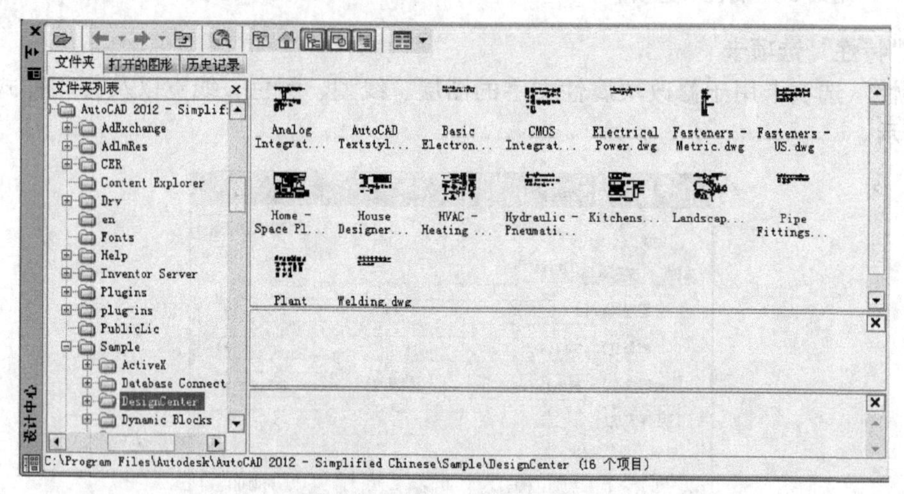

图 8-8 “设计中心”窗口

（1）“文件夹”选项卡　该选项卡显示设计中心的资源，显示计算机或网络驱动器（包括“我的电脑”和“网上邻居”）中文件和文件夹的层次结构。

（2）“打开的图形”选项卡　该选项卡显示 AutoCAD 任务中当前打开的所有图形，包括最小化的图形。此时选择某个图形文件，可看到该文件的一些设置，包括标注样式、文字样式、图层、线型、块、外部参照等。

（3）“历史记录”选项卡　显示最近在设计中心打开的文件的列表。显示历史记录后，在一个文件上单击鼠标右键显示此文件信息或从“历史记录”列表中删除此文件。

（4）“加载”按钮　将打开“加载”对话框。使用“加载”浏览本地和网络驱动器或 Web 上的文件，然后选择内容加载到内容区域。

（5）“收藏夹”按钮　在内容区域显示“收藏夹”文件夹的内容。“收藏夹”文件夹包含经常访问项目的快捷方式。要在“收藏夹”文件夹中添加项目，可以在内容区域或树状图中的项目上单击鼠标右键，然后在弹出的快捷菜单中选择“添加到收藏夹”命令。要删除“收藏夹”文件夹中的项目，可以使用快捷菜单中的“组织收藏夹”命令，然后使用快捷菜单中的“删除”命令。

（6）“搜索”按钮　可快速查找对象，单击该按钮，可打开“搜索”对话框。从中可以指定搜索条件以便在图形中查找图形、块和非图形对象。

（7）“主页”按钮　将设计中心返回到默认文件夹。安装时，默认文件夹被设置为 ...\ Sample \ DesignCenter。可以使用树状图中的快捷菜单更改默认文件夹。

(8)“树状图切换”按钮 显示和隐藏树状视图。如果绘图区域需要更多的空间，可隐藏树状图。树状图隐藏后，可以使用内容区域浏览内容并加载内容。在树状图中使用“历史”列表时，“树状图切换”按钮不可用。

(9)“预览”按钮 显示和隐藏内容区域窗格中选定项目的预览。如果选定项目没有保存的预览图像，“预览”区将为空。

(10)“说明”按钮 显示和隐藏内容区域窗格中选定项目的文字说明。如果同时显示预览图像，文字说明将位于预览图像下面。如果选定项目没有保存的说明，“说明”区域将为空。

(11)“视图”按钮 为加载到内容区域中的内容提供不同的显示格式。可以从“视图”列表中选择大图标、小图标、列表图、详细信息中的一种视图。

2. 在图形文件中插入设计中心内容

利用设计中心，用户可方便地在当前图形中插入块、在图形之间复制图块、图层、线型、标注样式、文本样式等。

1）以块的形式插入图形文件。在 AutoCAD 中，用户可以将图形文件以块的形式插入到当前打开的图形文件中。在设计中心的控制板中找到该文件，具体操作方法主要有两种。

使用鼠标左键单击图形文件，将其拖动到当前图形中，这时系统将按插入块的方法在命令行提示插入的基点、X 方向的比例、Y 方向的比例和旋转角度，将选择的图形文件插入到当前图形中。

使用鼠标右键单击图形文件，弹出快捷菜单，如图 8-9 所示，选择“插入为块”命令，则打开“插入块”对话框，按插入块的方法将选择的图形文件插入到当前图形中。

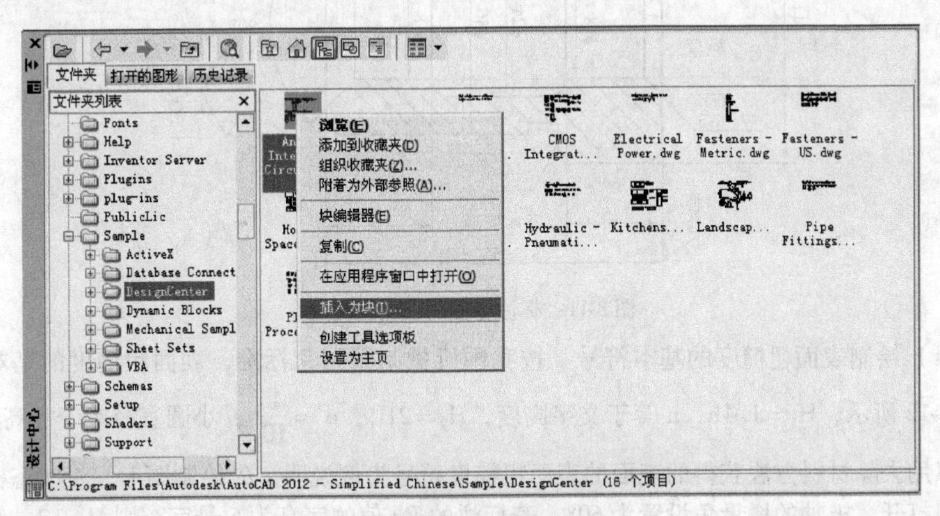

图 8-9　使用鼠标右键插入图形文件

2）将选定的块、图层、标注样式等复制到当前图形中。

要将选定的块、图层、标注样式等复制到当前图形中，可在 AutoCAD 设计中心中展开某个图形文件的块、图层、标注样式等，则在控制板中可显示设置的内容，用拖动的方式拖动到当前图形中释放即可。如图 8-10 所示，展开某图形文件的标注样式，只要选中某个标注样式拖动到当前图形文件中即可。

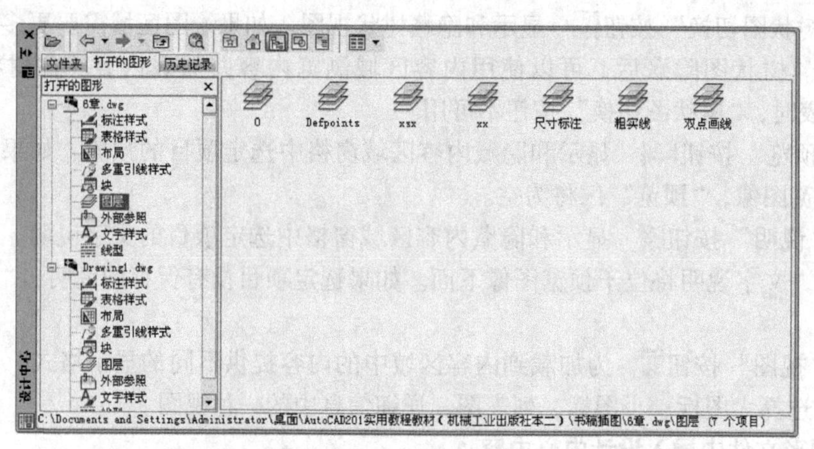

图 8-10 将选定的块、图层、标注样式等复制到当前图形中

8.3 综合实例——标注零件图表面粗糙度符号

实例 在机械制图中标注零件的表面粗糙度，如图 8-11 所示。

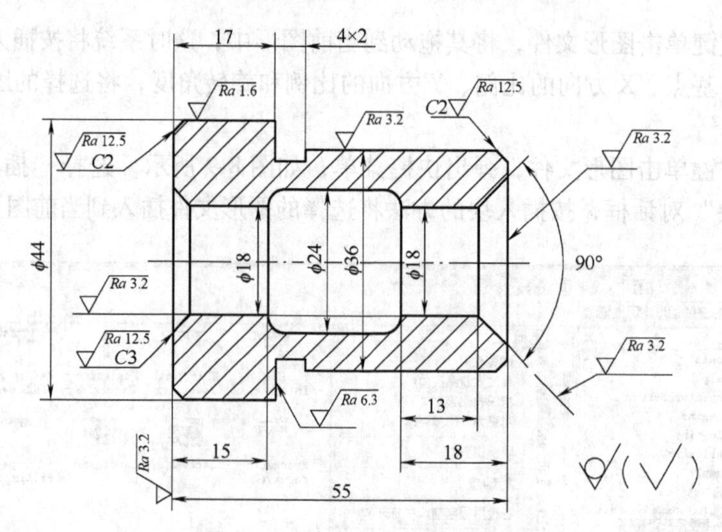

图 8-11 标注零件的表面粗糙度

（1）绘制表面粗糙度的基本符号 按我国机械制图国家标准，表面粗糙度的基本符号如图 8-12 所示，$H_1=1.4h$，h 等于文字高度，$H_2=2H_1$，$d'=\frac{1}{10}h$，小圆直径等于字高 h。

以用去除材料方法获得的表面的表面粗糙度符号为例说明，先绘制图形，将状态栏的极轴按钮打开，极轴的增量角设置为60°，若标注的 *Ra* 值的字高为5号字，则 $H_1=7$，绘制表面粗糙度符号，如图 8-13a 所示。

（2）定义图块的属性 在标注表面粗糙度符号时，不同的加工表面要求的 *Ra* 值不同，可定义图块的属性来设置。打开“属性定义”对话框，如图 8-2 所示。

设置“标记”为“*Ra*”；“提示”为“输入表面粗糙度值”；“默认”为标注较多的值“*Ra*3.2”；设置属性文字“高度”为“5”，单击“确定”按钮，对话框关闭。在要标注属性的位置拾取点 1，则图块的属性标记标注在拾取点上，如图 8-13b 所示。

（3）定义图块　打开“块定义”对话框，如图 8-1 所示。设置“名称”为“CCD”；“基点”选择表面粗糙度符号的下部的尖点，如图 8-13b 所示的 2 点；“选择对象”将要制作为块的图形和定义的属性全部选中；在“对象”区域，若选择“保留”单选按钮则定义块后仍为图 8-13b 所示的原图形，若选择“转化为块”单选按钮则定义块后原图形转化为块，如图 8-13c 所示，若选择“删除”单选按钮则定义块后将原图形删除。单击“确定”按钮，则打开“编辑属性”对话框，如图 8-14 所示，可显示已设置的图块的属性。

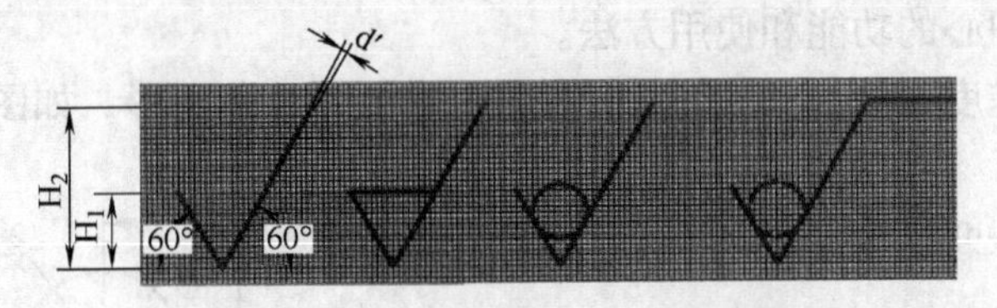

图 8-12　表面粗糙度符号的画法

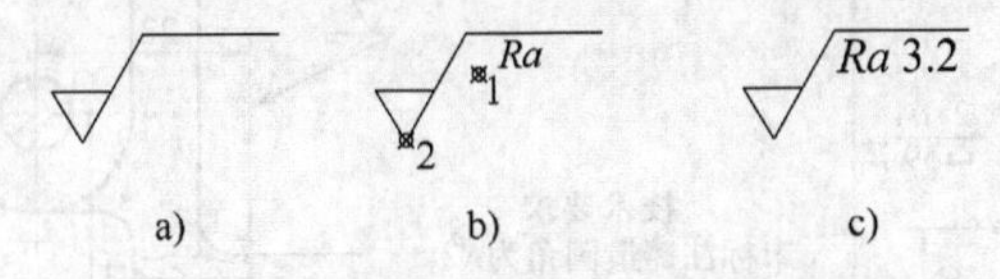

图 8-13　制作表面的表面粗糙度符号块的方法
a）绘制符号　b）定义属性　c）定义块

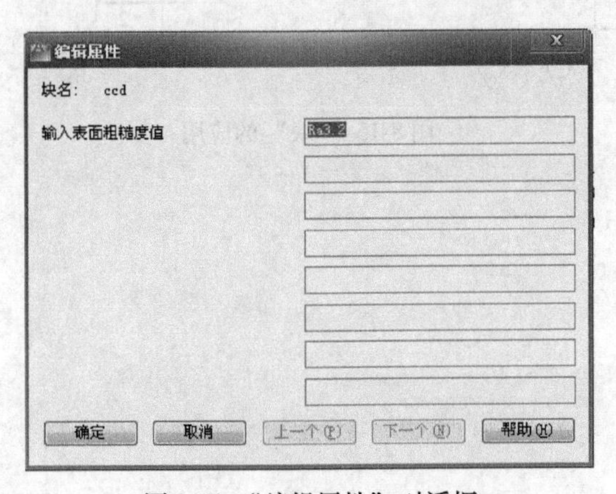

图 8-14　“编辑属性”对话框

（4）插入块　在图形的轮廓线上都要标注表面粗糙度符号。打开“插入”对话框，如图 8-3 所示。在“名称”下拉列表框中选择已定义的块“CCD”，其他选项都选择“在屏幕上指定”，则单击“确定”按钮后命令行提示信息：

命令:_insert

指定插入点或[基点(B)/比例(S)/X/Y/Z/旋转(R)]:_nea 到(用捕捉最近点方式取轮廓线上的点)

输入 X 比例因子,指定对角点,或[角点(C)/XYZ(XYZ)] < 1 >:0.5(根据图形大小选择恰当比例)

输入 Y 比例因子或 < 使用 X 比例因子 >:(Y 方向和 X 方向相同比例)

指定旋转角度 < 0 >:(选择插入块的旋转角度)

输入属性值

输入表面粗糙度值 < *Ra*3.2 >:*Ra*12.5(输入块的属性)

经过使用多次块插入可在机件的不同表面上绘制不同表面粗糙度值的表面粗糙度符号，最终结果如图 8-11 所示。

习题与上机训练

8-1. 简述定义普通块和带属性的块的方法和步骤。

8-2. 如何编辑块的属性？

8-3. 如何在其他图形中使用某个图形文件中已定义的块？

8-4. 简述设计中心的功能和使用方法。

8-5. 将表面粗糙度符号制作成图块、并定义属性，绘制图形，如图 8-15 所示。

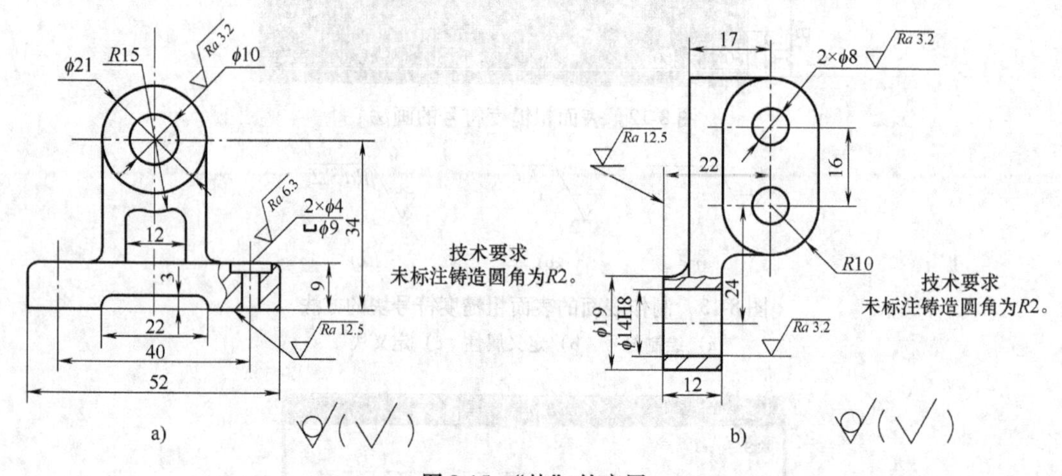

图 8-15 “块”的应用

第 9 章　绘制机械图样

9.1　绘制机械模板图

AutoCAD 每次创建新文件时，均默认打开 acadiso.dwt，绘制图形时，总要进行大量的设置工作，如绘图环境、常用的图层、线型、颜色设置等。为了提高工作效率，应创建一些标准图幅模板图供用户绘图时使用。下面以创建 A3 图幅的模板图为例介绍创建的方法和步骤，其他图幅模板方法相似。

1. 绘图环境设置

新建文件，打开 acadiso. dwt 模板。

设置单位，可以默认系统设置，若要进行其他设置，选择下拉菜单“格式”→“单位”，打开“单位”对话框设置。

设置绘图界限，A3 图幅模板可以默认系统设置（图形界限左下角为（0，0），右上角为（420，297））。若要进行其他设置，选择下拉菜单“格式”→“绘图界限”，将图形界限设置为左下角为（0，0），右上角输入图幅尺寸，并作满屏缩放。

2. 图层设置

选择下拉菜单“格式”→“图层”，打开“图层特性管理器”对话框，一般设置 4 个图层，在对话框中设置线型、线宽、颜色等，如图 9-1 所示。

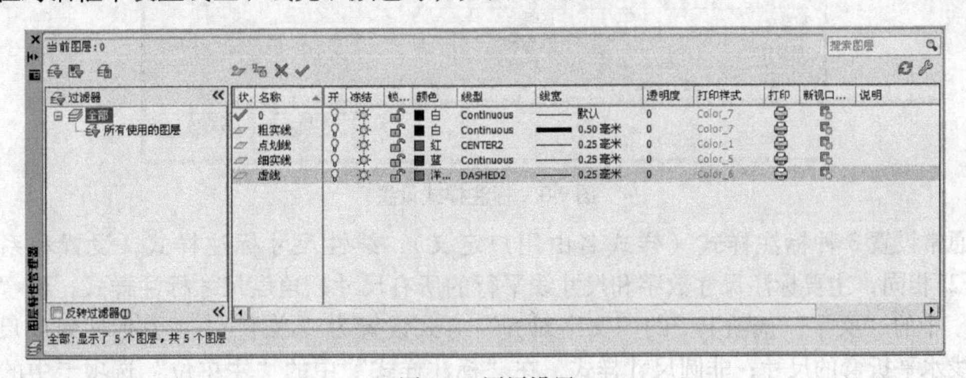

图 9-1　图层设置

3. 文本设置

为了方便标题栏内容的书写和满足图样上技术要求的标注，必须对文本进行设置。选择下拉菜单“格式”→“文字样式”，如图 9-2 所示，设置文字的样式、宽高比等。A3 模板可以默认系统设置。

4. 尺寸样式设置

在机械图样中尺寸标注必须符合国标，不同的图形有不同的标注形式，例如线性尺寸、圆、圆弧和角度等标注形式不同。要设置不同的标注样式，可选择下拉菜单“格式”→“标注样式”，如图 9-3 所示。

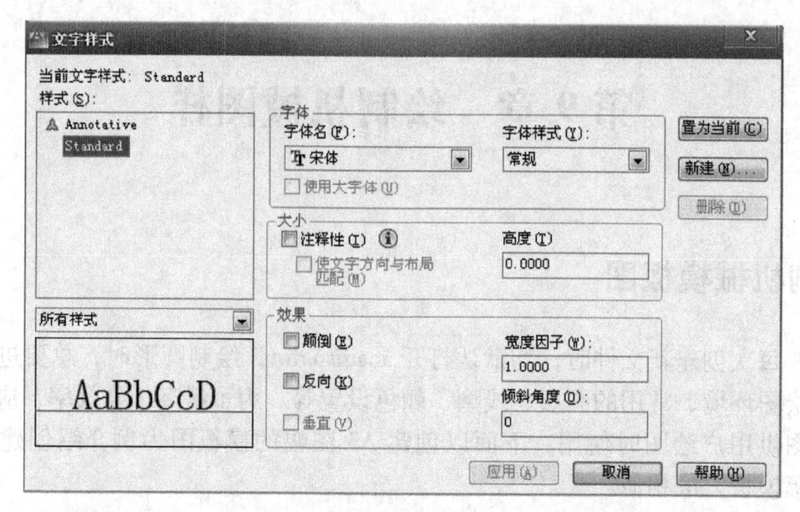

图 9-2　文本设置

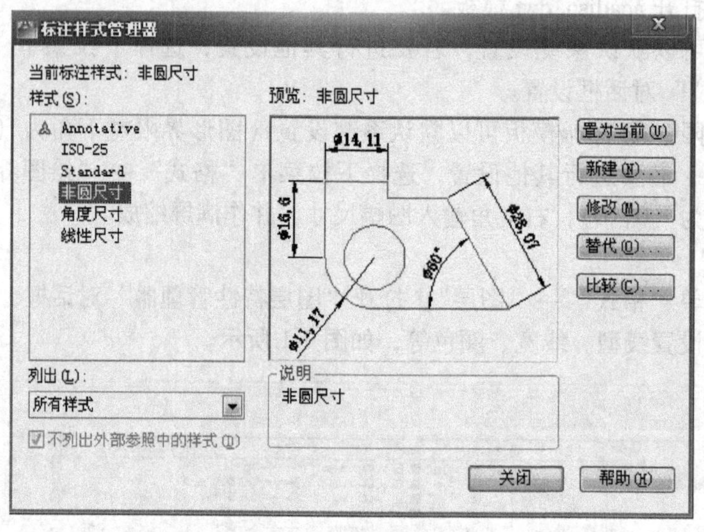

图 9-3　标注样式设置

通常设置 3 种标注样式（样式名由用户定义）：线性尺寸标注样式，设置和系统的 ISO－25相同，主要标注尺寸数字和尺寸线平行的所有尺寸；角度尺寸标注样式，将“标注样式”中的“文字”选项卡中的“文字对齐”方式设置为“水平”，主要标注角度尺寸和尺寸线水平折弯的尺寸；非圆尺寸样式，在“标注样式”中的“主单位”选项卡中的“前缀”文本框中输入“%%c”，主要在非圆图形上标注直径。其他设置根据具体的图形设置，比如尺寸数字的字高等。

5. 块的设置

零件图中的表面粗糙度符号有国标规定，且标注时有不同的方向、大小和数值，可以使用“块”命令。

设置方法如下（具体设置见第 8 章的综合实例）：

1）绘制表面粗糙度的基本符号。

2）定义图块的属性。

3）定义图块。

6. 绘制图框和标题栏

将粗实线图层置为当前，用“矩形”命令输入左下角点的坐标值（25，5），右上角点的坐标值（415，292），按标题栏的国标绘制标题栏，结果如图9-4所示。

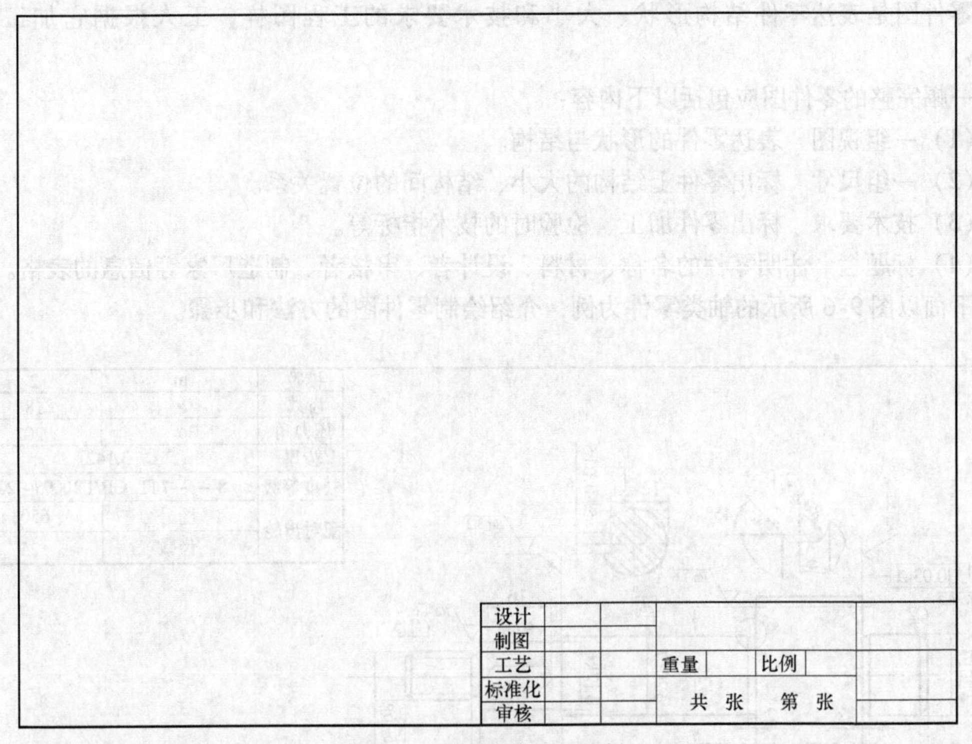

图9-4　绘制图框和标题栏

7. 保存模板

选择下拉菜单“文件”→“另存为”，出现“图形另存为”对话框，如图9-5所示。在“文件类型”下拉列表框中选择“AutoCAD 图形样板”，在“文件名”下拉列表框中输入“A3”，单击“保存”按钮，完成设置。

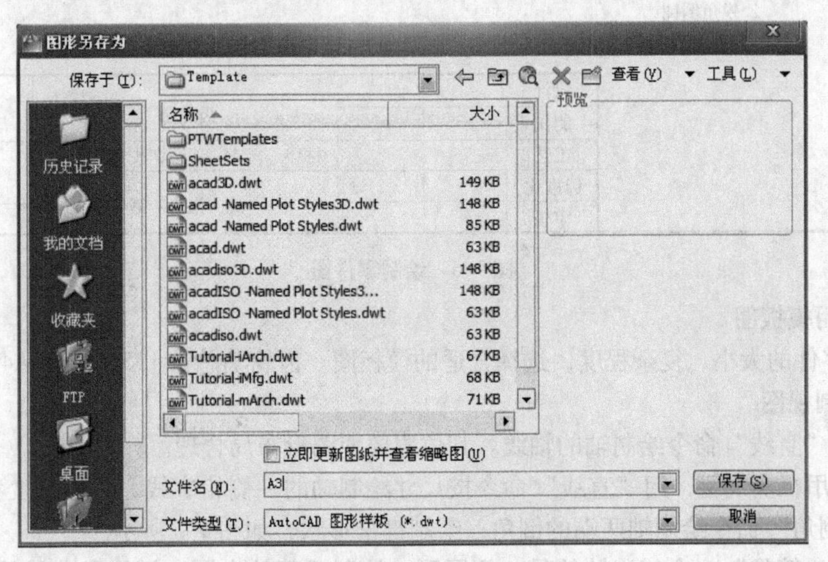

图9-5　“图形另存为”对话框

9.2 绘制零件图

零件图是表达零件结构形状、大小和技术要求的工程图样，工人根据它加工制造零件。

一幅完整的零件图应包括以下内容：

（1）一组视图　表达零件的形状与结构。

（2）一组尺寸　标出零件上结构的大小、结构间的位置关系。

（3）技术要求　标出零件加工、检验时的技术指标等。

（4）标题栏　注明零件的名称、材料、设计者、审核者、制造厂家等信息的表格。

下面以图 9-6 所示的轴类零件为例，介绍绘制零件图的方法和步骤。

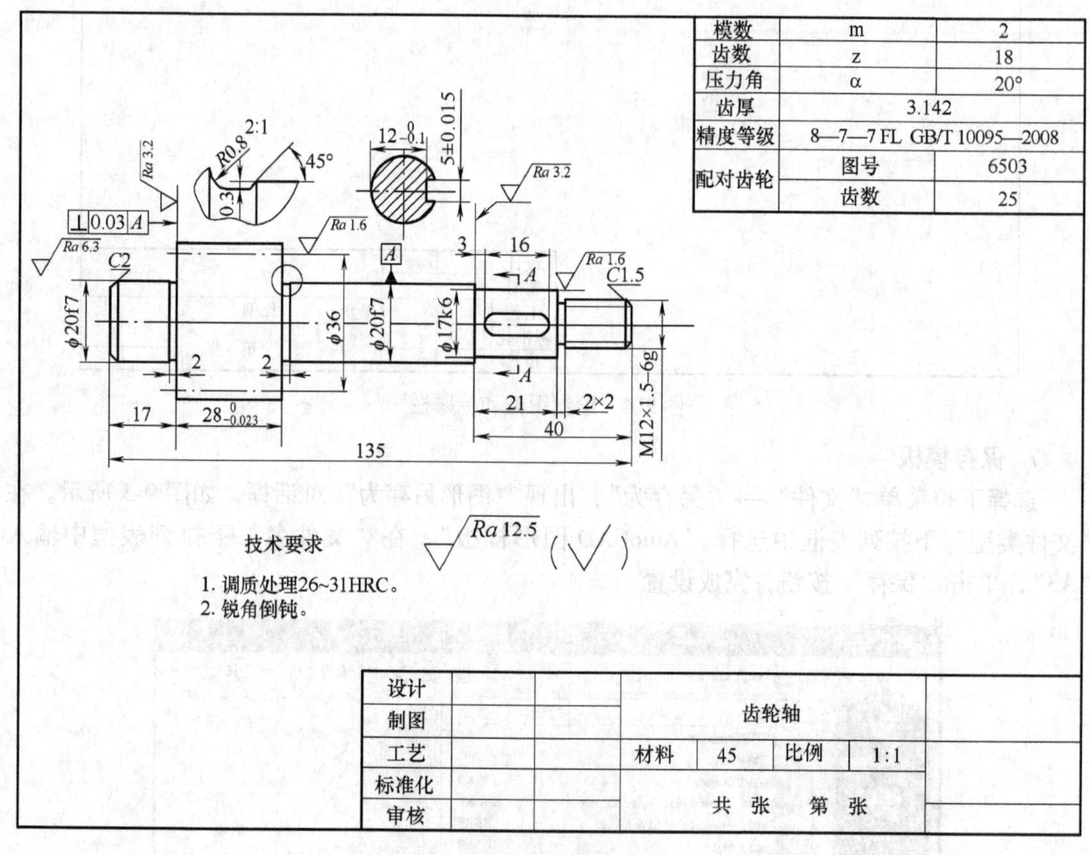

图 9-6　绘制零件图

1. 调用模板图

根据零件的大小、复杂程度，选择合适的模板图。齿轮轴总长 135，选择 A4 模板图。

2. 绘制视图

1）用“直线”命令绘制轴的轴线。其位置要使图形布局合理。

2）调用粗实线层，用“直线”命令按尺寸绘制轴的一侧轮廓线，并绘制变截面的端面线，用“倒角”命令绘制轴两端的倒角；绘制键槽形状，如图 9-7 所示。

3）用“镜像”命令绘制轴的另一侧图形；绘制局部放大图，用样条曲线绘制波浪线；

绘制移出断面图，用“图案填充”命令绘制剖面线；用“多行文本”命令写标注；波浪线和剖面线到细实线层绘制或用“特征匹配”命令修改线型，如图 9-8 所示。

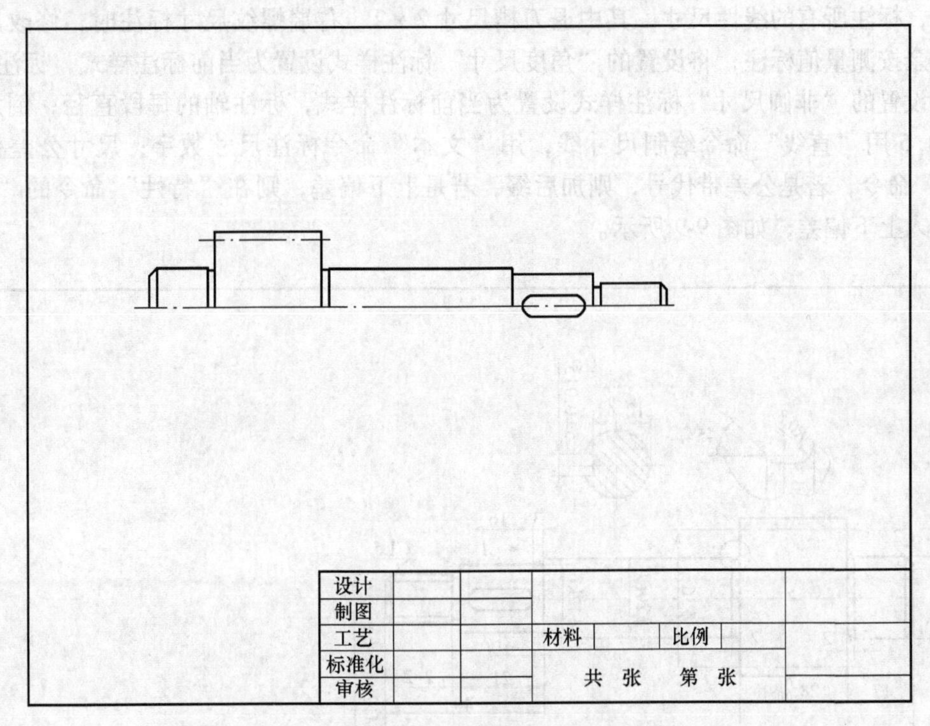

图 9-7　绘制视图（一）

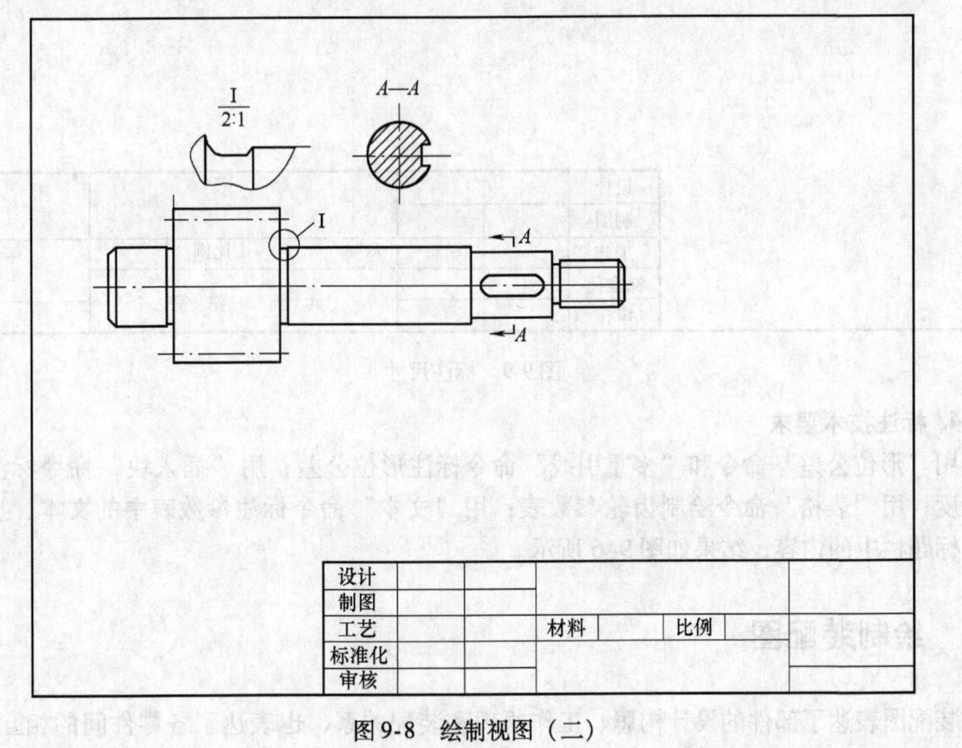

图 9-8　绘制视图（二）

3. 标注尺寸

调用细实线层，打开“标注”工具栏，将设置的“线性尺寸”标注样式设置为当前标注样式，标注所有的线性尺寸，其中退刀槽尺寸 2×2、右端螺纹尺寸标注时，修改尺寸数字，其余按测量值标注；将设置的“角度尺寸”标注样式设置为当前标注样式，标注 45°尺寸；将设置的“非圆尺寸”标注样式设置为当前标注样式，标注轴的每段直径；倒角尺寸 *C*2、*C*1.5 用“直线”命令绘制尺寸线，用“文本”命令标注尺寸数字；尺寸公差标注用“特性”命令，若是公差带代号，则加后缀，若是上下偏差，则在“特性”命令的“公差”区域输入上下偏差，如图 9-9 所示。

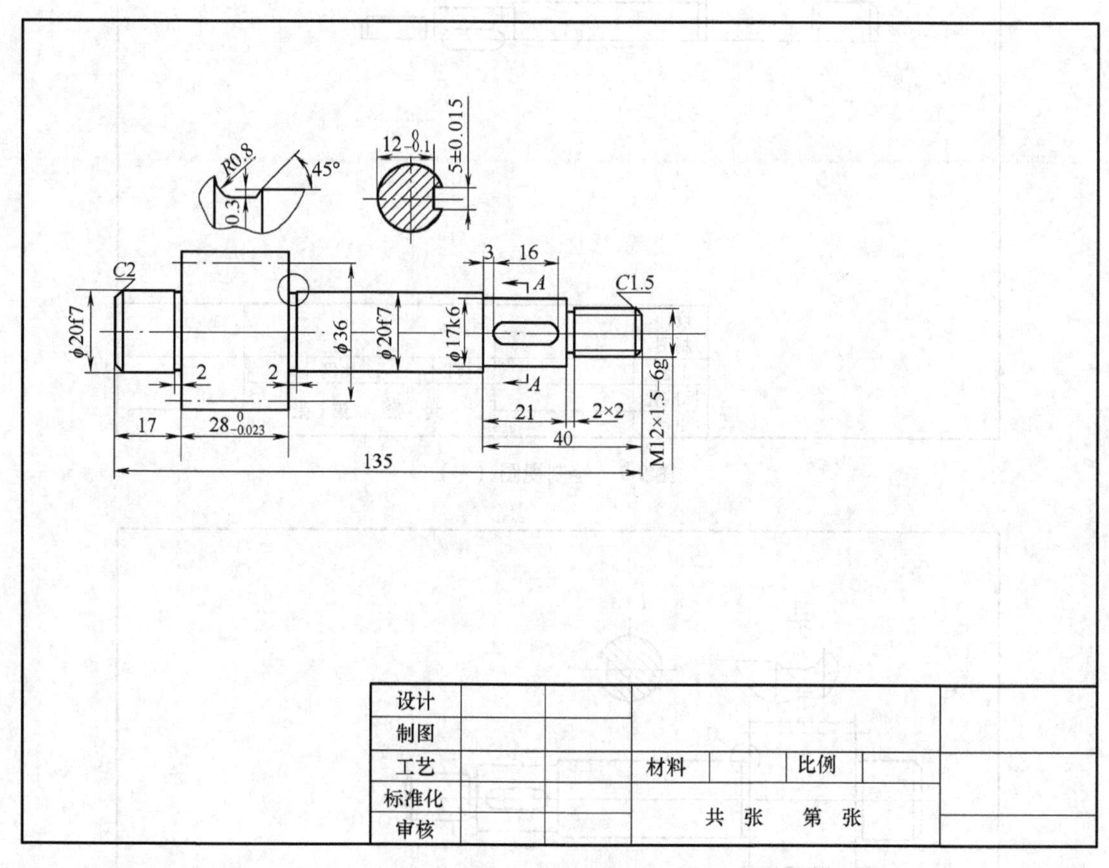

图 9-9　标注尺寸

4. 标注技术要求

用“形位公差”命令和“多重引线”命令标注形位公差；用“插入块”命令标注表面粗糙度；用“表格”命令绘制齿轮参数表；用“文本”命令标注参数表中的文本、技术要求和标题栏中的内容，结果如图 9-6 所示。

9.3　绘制装配图

装配图表达了部件的设计构思、工作原理和装配关系，也表达了各零件间的相互位置、尺寸关系及主要零件结构形状，是绘制零件图、部件组装、调试及维护等的技术依据。绘制装配图时，要综合考虑工作要求、材料、强度、刚度、磨损、加工、装拆、调整、润滑和维护以及经济等诸多因素，并使用足够的视图表达清楚。

装配图内容如下：

（1）一组图形　用一般表达方法和特殊表达方法，正确、完整、清晰和合理地表达装配体的工作原理、零件之间的装配关系、连接关系和主要零件的结构形状。

（2）必要的尺寸　在装配图上必须标注出装配体的性能、规格以及装配、检验、安装时所需的必要尺寸。

（3）技术要求　用文字或符号说明装配体在性能、装配、检验、调试和使用等方面的要求。

（4）标题栏、零件序号和明细表　按一定的格式，将零件、部件进行编号，并填写标题栏和明细表，以便读图。

绘制装配图有两种方法：一是运用绘图和编辑的命令，将每个零件根据装配关系和工作原理按由内到外或由外到内的顺序，在装配图中画出相应视图；二是由零件图拼画装配图，先完成零件图，然后将这些零件的视图拼到一起，再加以适当修改从而完成装配图的视图，这种绘制装配图的方法称为拼画装配图。

下面以千斤顶为例，介绍绘制装配图的方法和步骤。

千斤顶是简单的起重工具，工作时旋转铰杠带动螺旋杆在螺套中旋转，螺旋作用使螺旋杆上升，装在螺旋杆上部的顶垫顶起重物。M10 的骑缝螺钉阻止螺套旋转，M8 的螺钉防止顶垫脱落。千斤顶的结构示意图如图 9-10 所示。

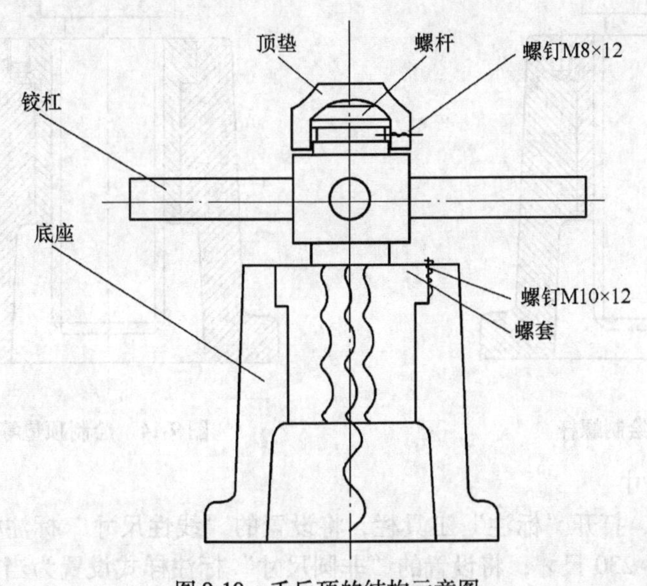

图 9-10　千斤顶的结构示意图

1. 调用模板图

根据装配体的大小、复杂程度，选择合适的模板图。千斤顶选择 A3 模板图。

2. 绘制视图

1）调用点画线层，用“直线”命令绘制千斤顶的轴线。注意其位置要使图形布局合理。

2）调用粗实线层，根据装配关系和工作原理按由外到内的顺序绘制，先根据尺寸绘制底座，如图 9-11 所示；绘制螺套，如图 9-12 所示，绘制螺杆，如图 9-13 所示，最后绘制顶垫、铰杠和两个螺钉，如图 9-14 所示。绘图时注意：一去掉被零件挡住的结构，二相邻两零件的表面的关系。

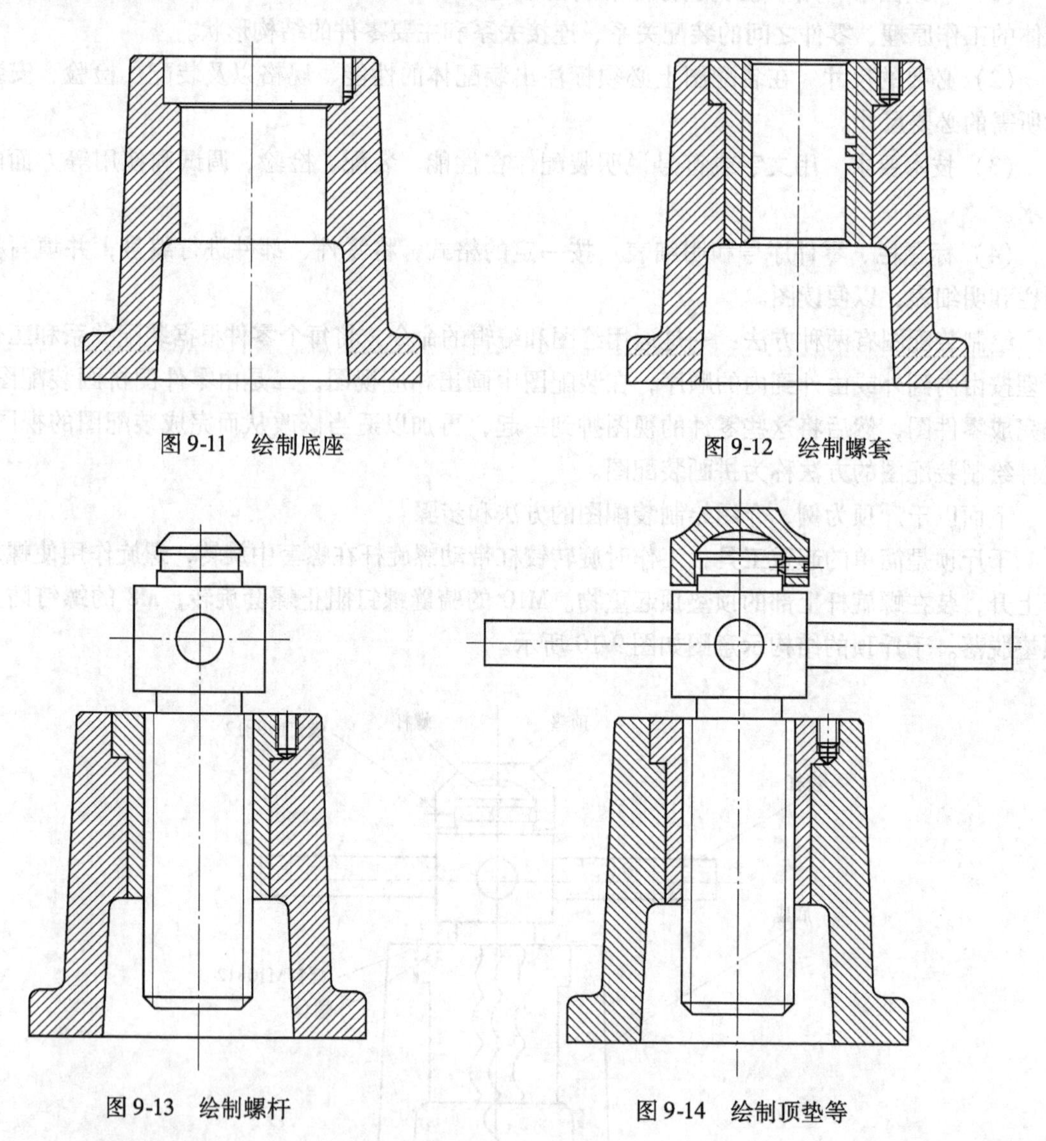

图 9-11　绘制底座

图 9-12　绘制螺套

图 9-13　绘制螺杆

图 9-14　绘制顶垫等

3. 标注必要尺寸

调用细实线层，打开“标注”工具栏，将设置的“线性尺寸”标注样式设置为当前标注样式，标注 220 ~ 230 尺寸；将设置的“非圆尺寸”标注样式设置为当前标注样式，标注 ϕ150、ϕ65 尺寸；配合尺寸标注用“特性”命令，加后缀，如图 9-15 所示。

4. 标注技术要求、序号、明细栏和标题栏

1）标注序号。使用“多重引线”命令，沿装配图外表面按顺时针方向依次为各个千斤顶零件进行编号。

2）绘制明细栏。使用“表格”命令，设置 5 列 7 行，按序号的顺序从下往上填写明细表内容。

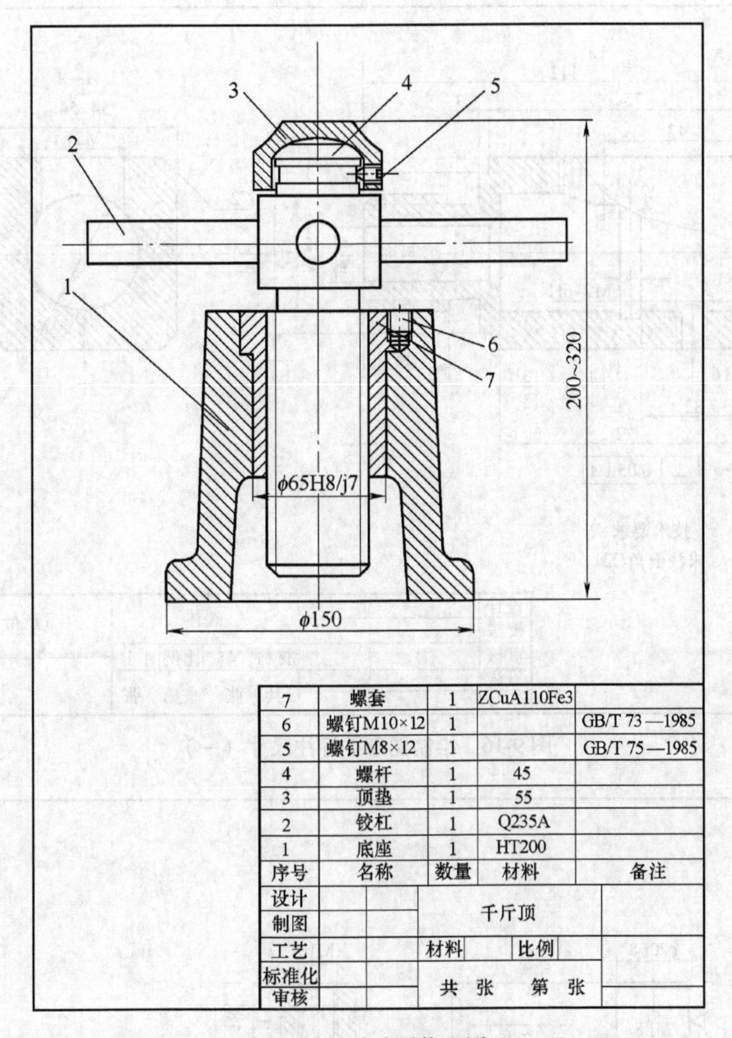

7	螺套	1	ZCuA110Fe3	
6	螺钉M10×12	1		GB/T 73—1985
5	螺钉M8×12	1		GB/T 75—1985
4	螺杆	1	45	
3	顶垫	1	55	
2	铰杠	1	Q235A	
1	底座	1	HT200	
序号	名称	数量	材料	备注

设计			千斤顶		
制图					
工艺			材料	比例	
标准化			共　张	第　张	
审核					

图 9-15　千斤顶装配图

3）填写标题栏和技术要求。使用“表格”命令，填写标题栏和书写技术要求，结果如图 9-15 所示。

若是拼画装配图，则使用下拉菜单“编辑”→“复制”复制各个零件图的视图；在调用 A3 模板新文件中，使用下拉菜单“编辑”→“粘贴”（或将各个零件的视图创建为块文件，在 A3 模板新文件中插入），将各个零件的视图调到同一个文件中；再按照零件的装配关系叠加同方向视图，将块“分解”后用编辑命令编辑；最后绘制装配图。

习题与上机训练

9-1. 绘制如图 9-16 所示的图形并标注尺寸。

9-2. 绘制如图 9-17 所示的图形并标注尺寸。

9-3. 将零件图拼画装配图，零件图如图 9-18 所示，结构示意图如图 9-10 所示。

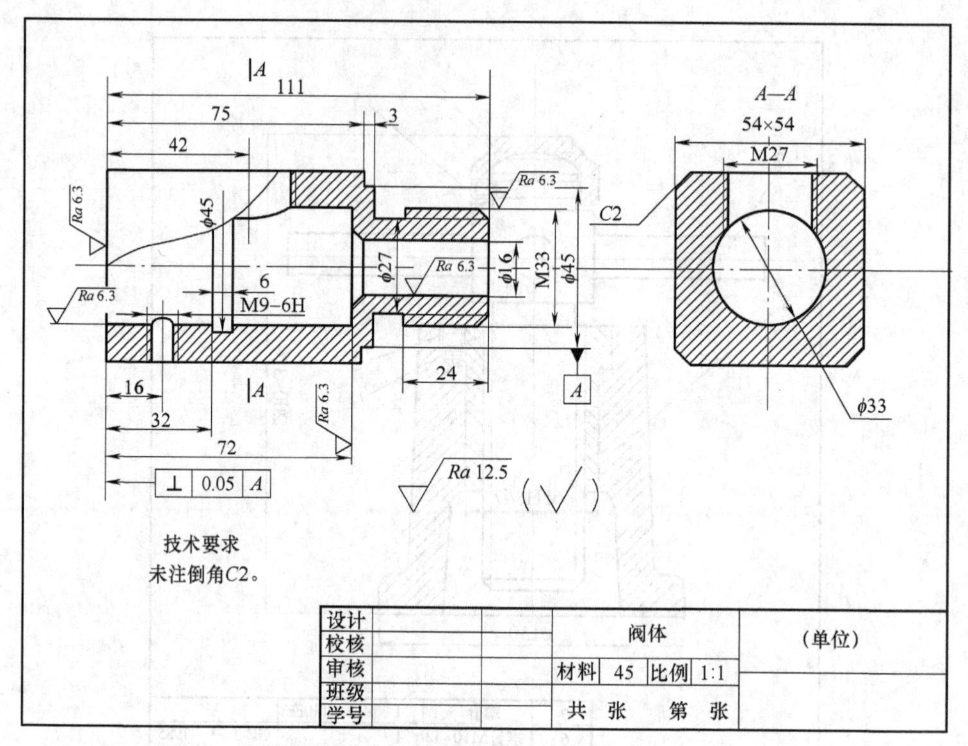

图 9-16　绘制图形并标注尺寸（一）

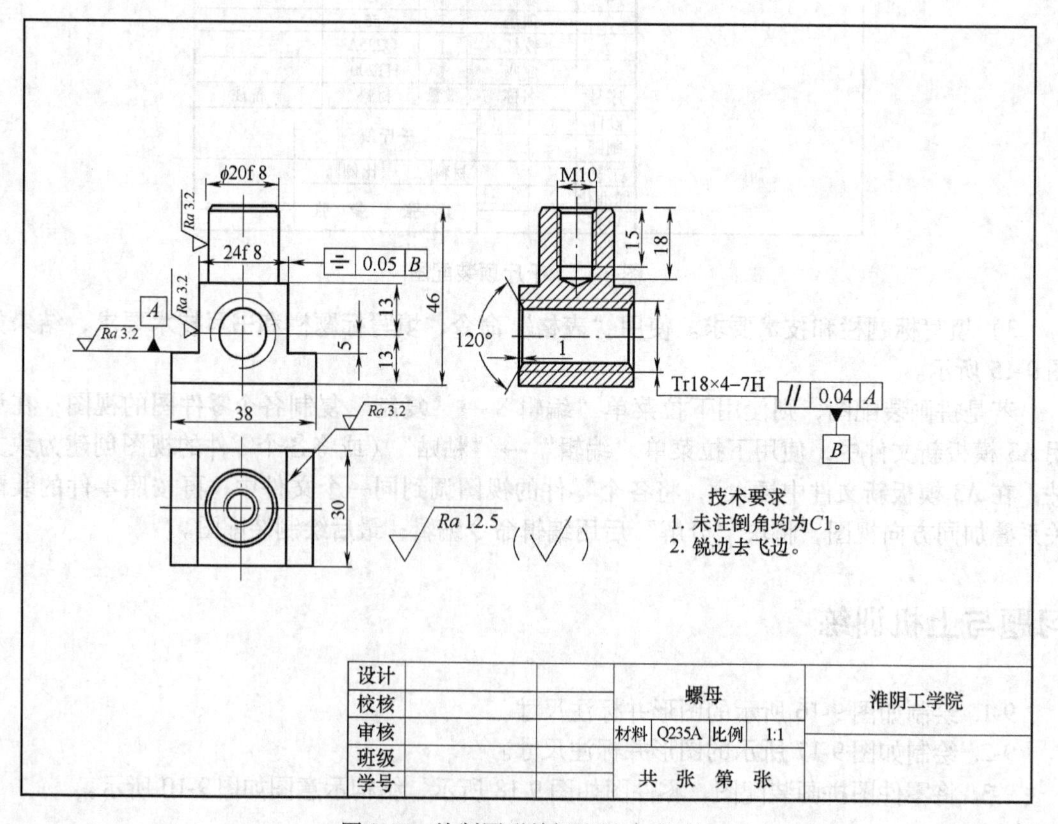

图 9-17　绘制图形并标注尺寸（二）

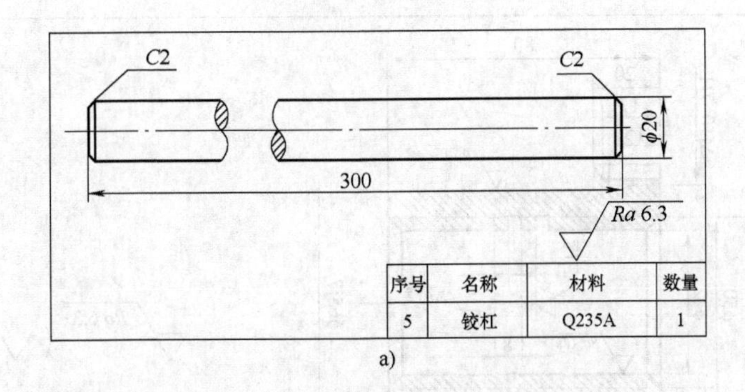

a)

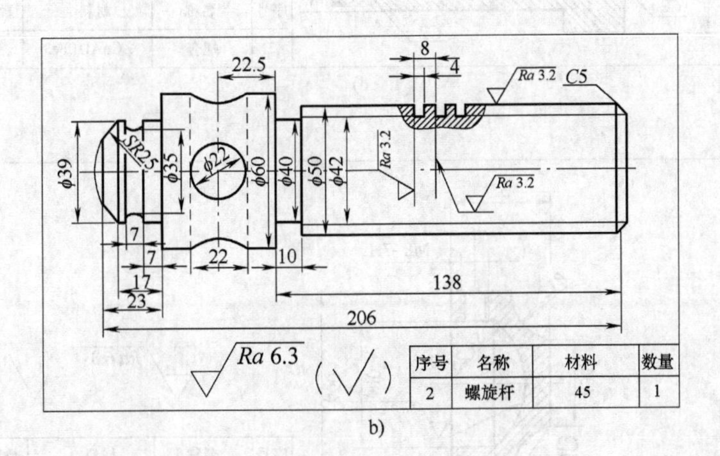

b)

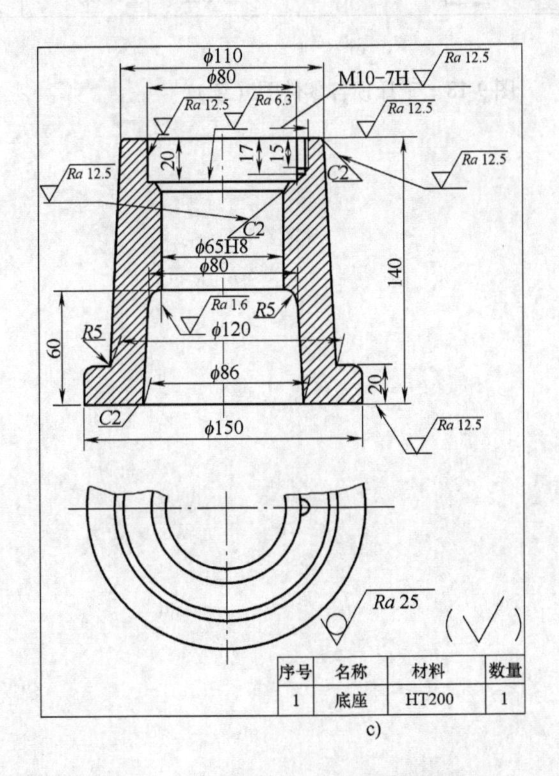

c)

图 9-18　千斤顶各零件图

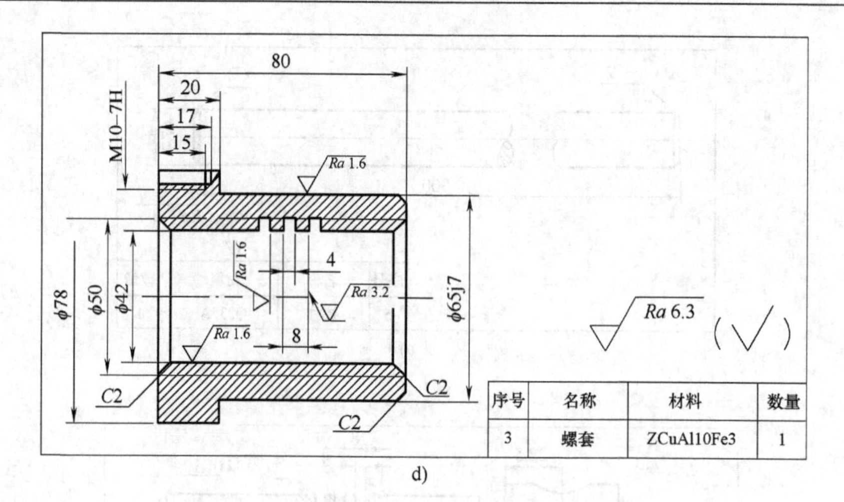

序号	名称	材料	数量
3	螺套	ZCuAl10Fe3	1

d)

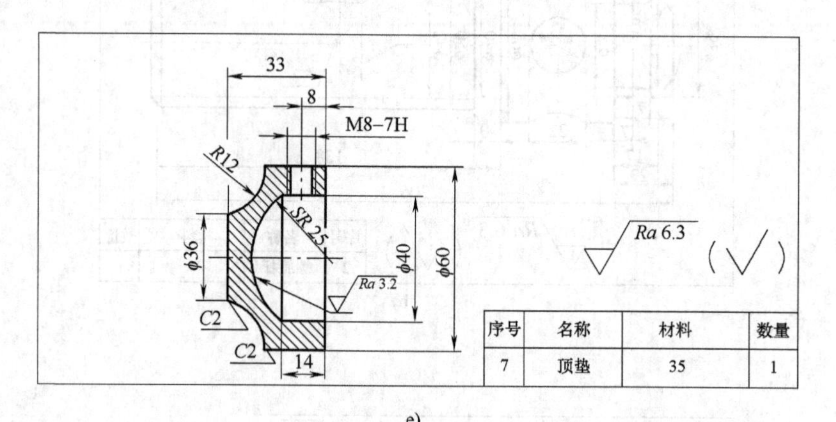

序号	名称	材料	数量
7	顶垫	35	1

e)

图 9-18　千斤顶各零件图（续）

第 10 章　图形的输出

图形绘制完成后，通常需要输出到图纸，用来指导工程施工、零件加工、部件装配以及进行设计者与用户之间的技术交流。常用的绘图设备主要有绘图机和打印机。

在输出图样之前必须在系统配置命令中按型号配置打印机或绘图机以及设置一些相关的配置参数，然后设置打印参数，以提高图形输出的效率和质量。

10.1　打印设备的设置

图形输出设备通常分为打印机和绘图机两大类。要输出图样，必须先添加和设置打印设备。主要步骤如下：

1）选择下拉菜单“文件”→“绘图仪管理器”，AutoCAD 打开已添加的绘图仪的目录，如图 10-1 所示。

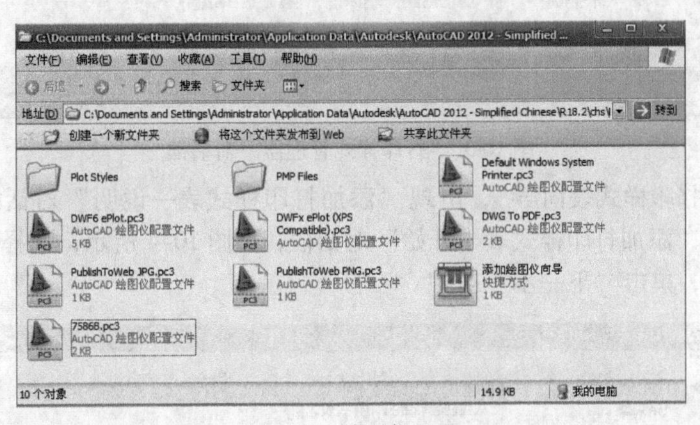

图 10-1　绘图仪目录

2）单击“添加绘图仪向导”，AutoCAD 将打开“添加绘图仪 - 简介”对话框，单击“下一步”按钮，依次按对话框提示选择相应的选项，直至完成打印机的配置，如图 10-2 所示。

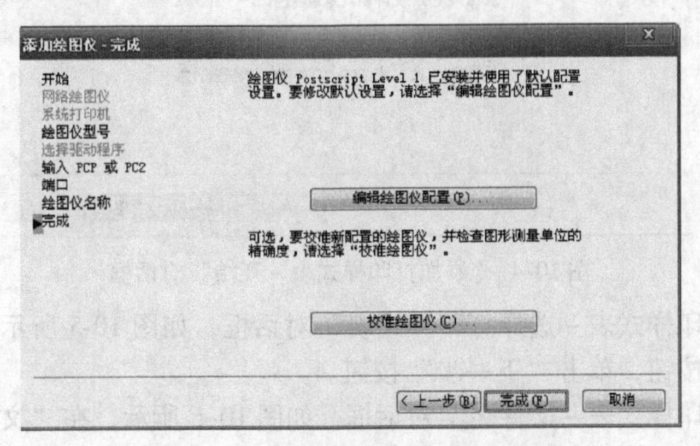

图 10-2 “添加绘图仪 - 完成”对话框

10.2　创建打印样式表

打印样式决定图形输出时图线的线宽、颜色、图线连接形式、图线清晰程度等参数。下面介绍图形输出的打印样式配置。

选择下拉菜单“文件”→“打印样式管理器”命令，AutoCAD 将打开“打印样式管理器”对话框，如图 10-3 所示。在该对话框中可以选择合适的打印样式，也可以添加打印样式表向导。

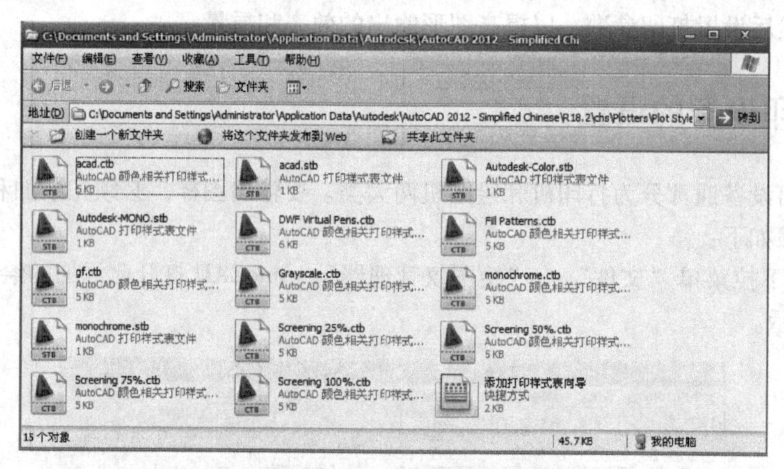

图 10-3 “打印样式管理器”对话框

双击“添加打印样式表向导”，出现“添加打印样式表—说明”对话框，单击“下一步”按钮，出现“添加打印样式表 - 开始”对话框，如图 10-4 所示，选择“创建新打印样式表”单选按钮，单击“下一步”按钮。

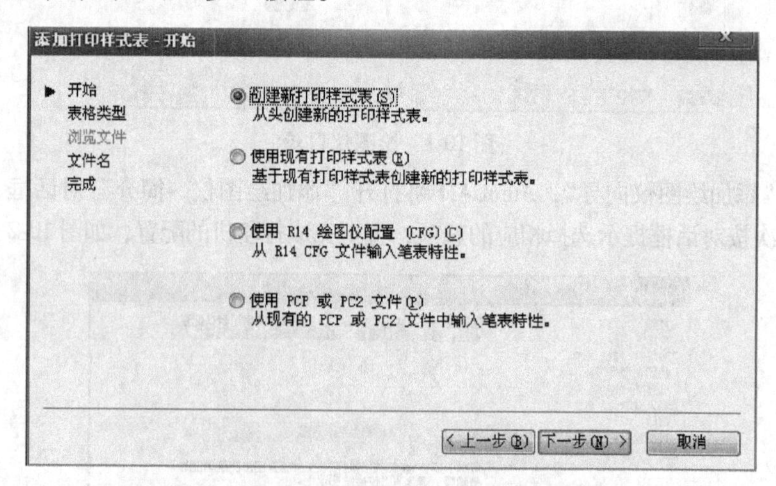

图 10-4 “添加打印样式表 - 开始”对话框

出现“添加打印样式表 - 选择打印样式表”对话框，如图 10-5 所示，选择“颜色相关打印样式表”单选按钮，单击“下一步”按钮。

出现“添加打印样式表 - 文件名”对话框，如图 10-6 所示，在“文件名”文本框中输入文件名，单击“下一步”按钮。

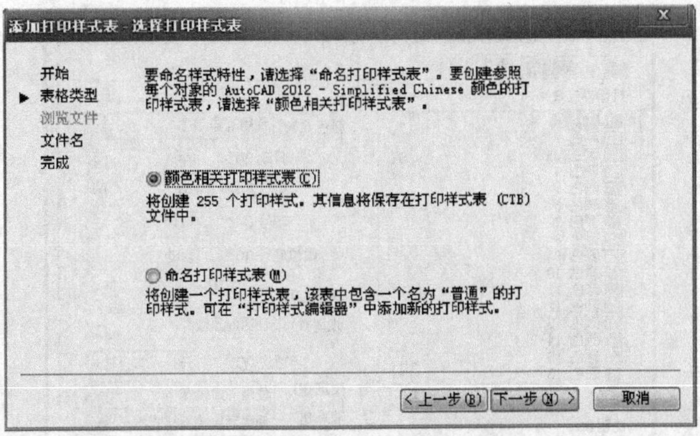

图 10-5 “添加打印样式表 - 选择打印样式表”对话框

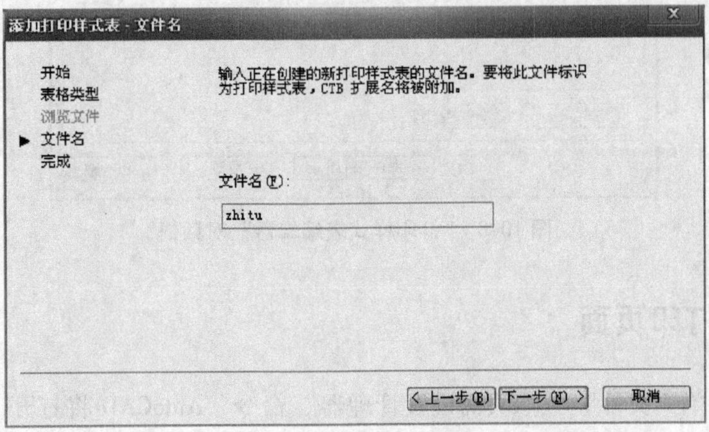

图 10-6 “添加打印样式表 - 文件名”对话框

出现“添加打印样式表 - 完成”对话框，如图 10-7 所示，此对话框提示建立的打印样式表中包含 255 个为 AutoCAD 默认值的打印样式。如果不接受默认值，而要对前者某些参数进行编辑修改，可以单击“打印样式表编辑器”按钮，打开“打印样式表编辑器”对话框，如图 10-8 所示，用户可对图线的颜色、线宽等特性进行编辑修改。

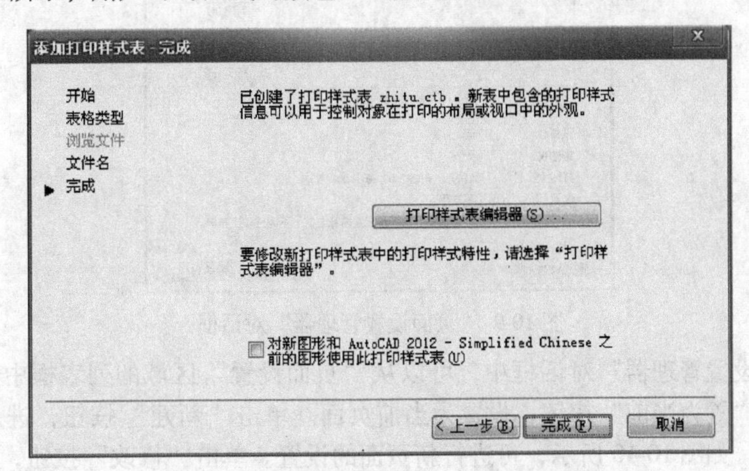

图 10-7 “添加打印样式表 - 完成”对话框

图 10-8 “打印样式表编辑器”对话框

10.3　设置打印页面

选择下拉菜单“文件”→“页面设置管理器”命令，AutoCAD 将打开“页面设置管理器”对话框，如图 10-9 所示。

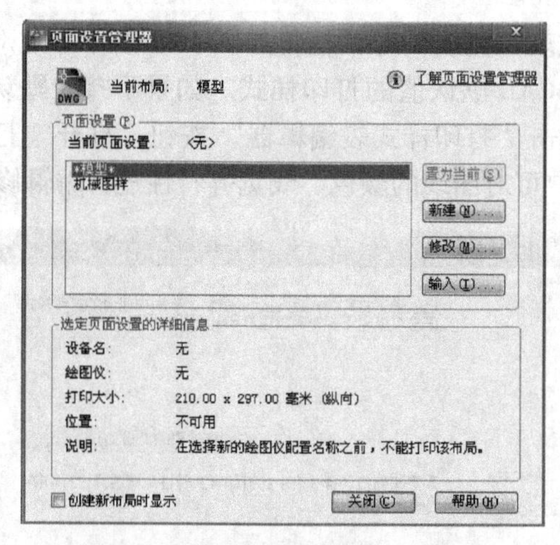

图 10-9 “页面设置管理器”对话框

在“页面设置管理器”对话框中，可以从“页面设置”区域的列表框中选择合适的页面设置，单击“置为当前”按钮，设置为当前页面。单击“新建”按钮，进入“新建页面设置”对话框，如图 10-10 所示，可进行新页面的设置。单击“修改”按钮，可以对已选择的页面设置进行必要的修改。单击“输入”按钮，可以从已有的文件中选择页面设置。

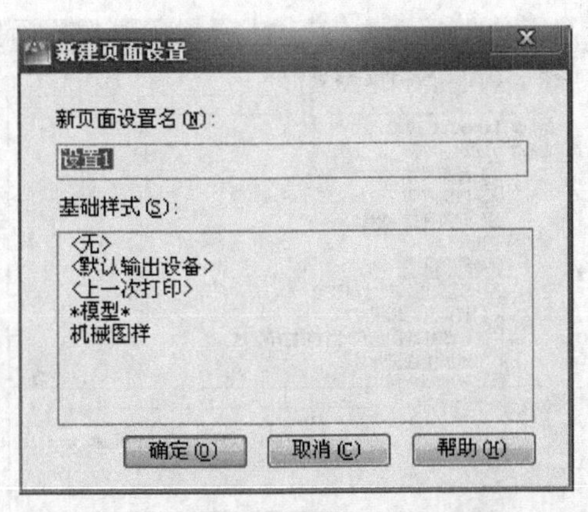

图 10-10 “新建页面设置”对话框

在“新建页面设置”对话框中，单击“确定”按钮，出现“页面设置—模型”对话框，如图 10-11 所示。

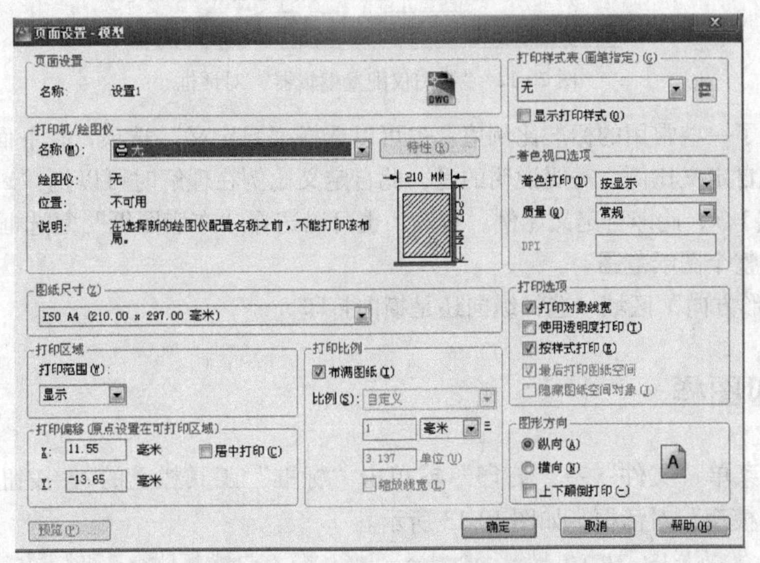

图 10-11 “页面设置—模型”对话框

（1）“页面设置”区域　显示新建的页面设置名称。

（2）“打印机/绘图仪”区域　“名称”下拉列表框用于选择配置的打印机或绘图仪。单击“特性”按钮，出现“绘图仪配置编辑器”对话框，如图 10-12 所示，在此可修改绘图仪的配置。

（3）“打印样式表”下拉列表框　选择设置的“打印样式表”，也可选择“新建”新建“打印样式表”。

（4）“图纸尺寸”下拉列表框　选择打印的图纸规格尺寸。

（5）“打印区域”区域　在“打印范围”下拉列表框中，可选择“窗口”、“图形界限”或“显示”。

（6）“打印偏移”区域　可设置打印偏移的 X、Y 坐标值，也可选择“居中打印”复选框进行居中打印。

（7）“打印比例”区域　可在“比例”下拉列表框中选择需要的打印比例，在该下拉

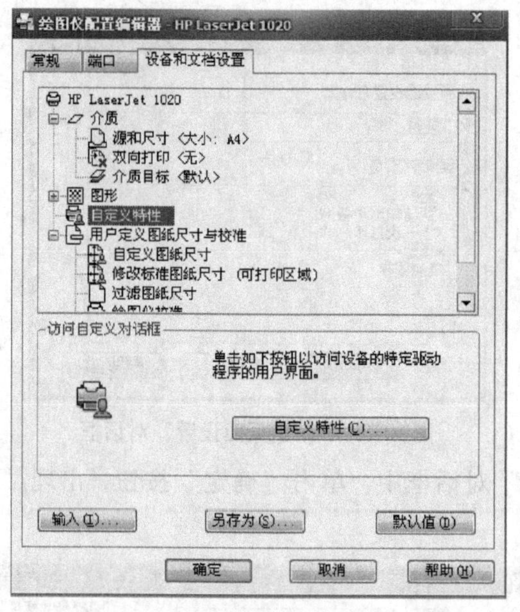

图 10-12 “绘图仪配置编辑器”对话框

列表框中列出了一些常用的标准比例值。也可以选择“自定义”选项，在下面的“自定义”文本框中输入自定义比例。需要说明的是，此自定义比例在理解时可以把“1 毫米 = X 个图形单位”看成 1/x，此即自定义比例。当然，也可以选择“布满图纸”复选框，该选项使图形输出时充满整个图纸范围。

（8）“图形方向”区域　选择纵向还是横向打印。

10.4　打印图样

选择下拉菜单“文件”→“打印”或单击“标准”工具栏上的按钮，AutoCAD 将打开“打印 - 模型”对话框，如图 10-13 所示。

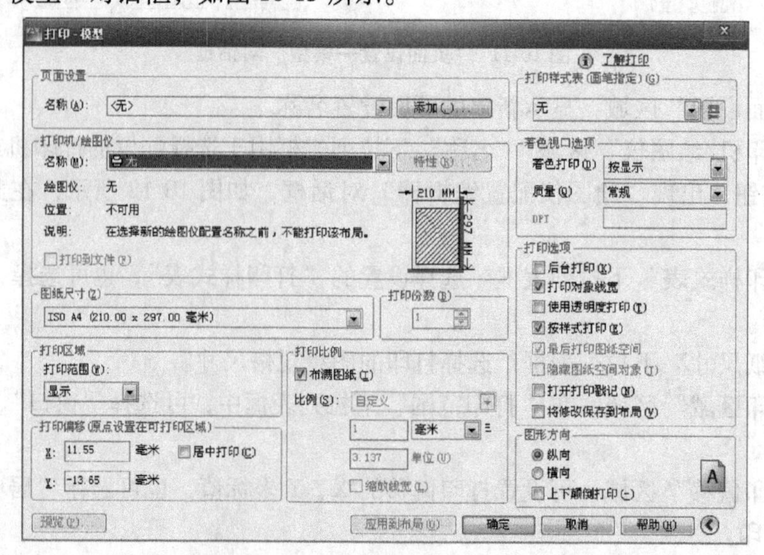

图 10-13 “打印 - 模型”对话框

"打印－模型"对话框的内容和"页面设置－模型"对话框的内容基本相同，不同之处如下：

（1）"页面设置"区域　选择页面设置。

（2）"打印份数"区域输入确定打印份数的数字。

由于图形输出会耗费油墨和纸张，也需要一定时间，所以为了减少浪费，节省时间，确保出图的正确性，可以在正式出图前对要输出的图形进行输出预览。单击"预览"按钮，可以进行输出图形的预览，图 10-14 所示为布满图纸输出预览。

完成上述各项工作后，单击"确定"按钮，通过打印机或绘图仪出图。

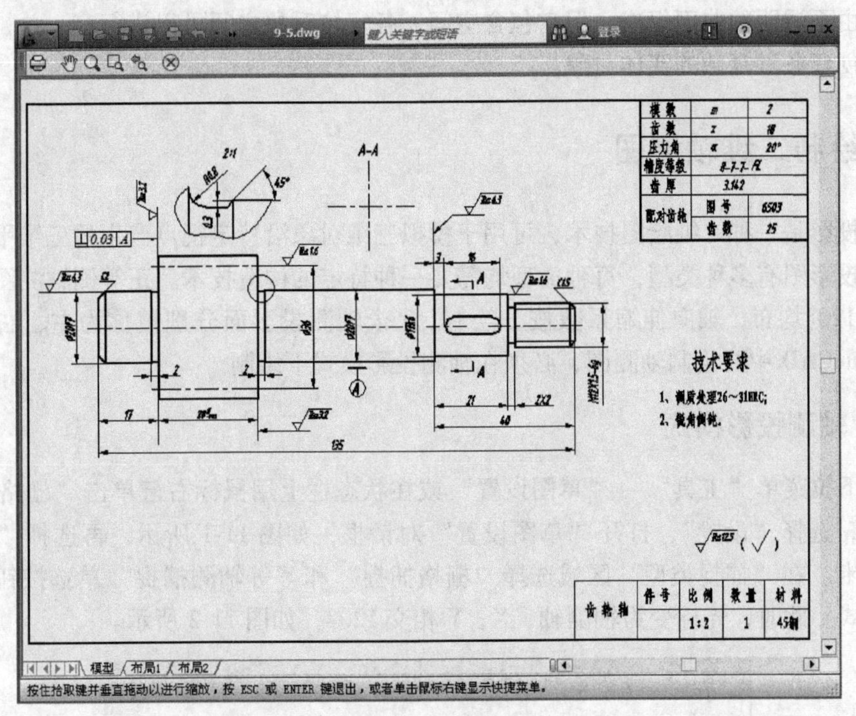

图 10-14　打印预览

习题与上机训练

10-1. 打印设置包括哪些内容？

10-2. 打印样式表中的打印线宽与绘图时设置的线宽是不是同一个概念？如果这两种线宽设置不一样，会出现什么情形？

10-3. 试输出一张简单的工程图样，体验一下从设置到出图的全过程。

第 11 章　绘制三维图形基础

AutoCAD 2012 不仅有强大的二维绘图功能，其三维绘图功能也很强大。在 AutoCAD 2012 中，用户可用 3 种方式创建三维图形：线框模型方式、曲面模型方式和实体模型方式。线框模型为轮廓模型，它由三维直线和曲线组成，不含面的信息；曲面模型由曲面组成；实体模型也由不透明的曲面组成，但它包含空间，各实体对象之间可以进行交、并、差运算操作，从而创建各种复杂的实体对象。

11.1　绘制二维轴测图

轴测投影是一种二维绘图技术，可用于模拟三维对象沿特定视点产生的三维平行投影视图。轴测投影图有多种类型，每种类型均需要一种特定的构造技术。正等侧轴测图三根轴的轴间角为 120°均布，轴向伸缩系数按 1 绘制，3 个轴测投影面分别被称为左、右和上轴测面。在 AutoCAD 中要绘制轴测图，必须在轴测投影模式下绘制。

11.1.1　轴测投影模式

选择下拉菜单“工具”→“草图设置”或在状态栏上用鼠标右键单击“栅格”或“捕捉”按钮，选择“设置”，打开“草图设置”对话框，如图 11-1 所示，再选择“捕捉和栅格”选项卡。在“捕捉类型”区域选择“栅格捕捉”和“等轴测捕捉”单选按钮，打开轴测投影模式。此时，光标变为轴测轴，X、Y 相交 120°，如图 11-2 所示。

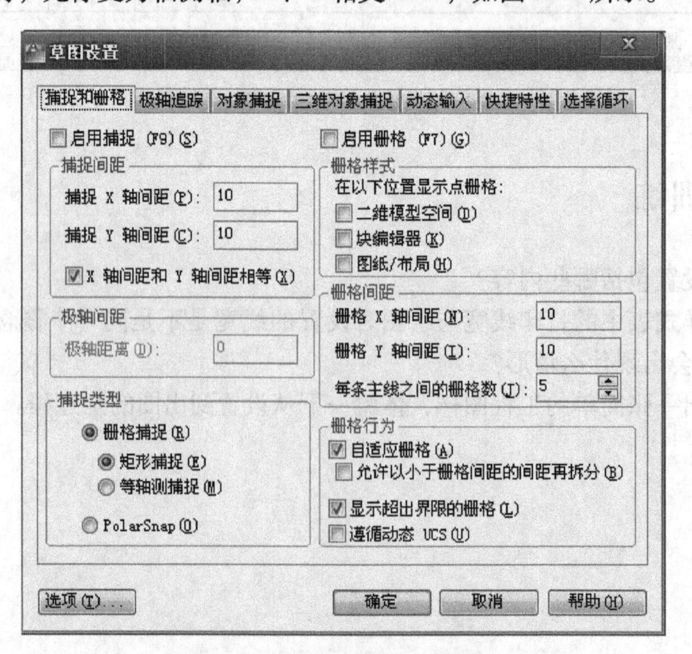

图 11-1　“草图设置”对话框

切换轴测投影面时，可以利用【F5】功能键和 ISOPLAN 命令或按【Ctrl + E】组合键在轴测面间进行切换。

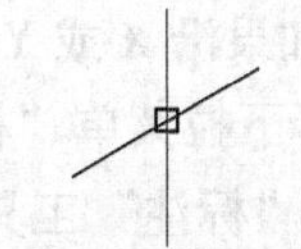

图 11-2　轴测投影下的光标

11.1.2　轴测投影模式下绘图

轴测投影是 3D 空间的模拟。实际上，绘图者仍在未改变的 XY 坐标系的二维环境中工作。在立方体轴测投影视图中可以看到，立方体的可见边是按相对于水平线 30°、90°、150°的角度排列的。任何平行于可见边的线都是轴测线，如图 11-3 所示。

在一个轴测投影图中，仅能沿轴测线的方向进行测量，任何沿非轴测线所进行的测量都将被歪曲。为了进一步产生三维工作环境的效果，十字线和捕捉以及栅格点都被调整以使它们看起来位于当前轴测面之中，是通过将十字线、捕捉和栅格点调整成平行于轴测线产生的。但是由于坐标系实际上未改变，所以结果是捕捉点在原来坐标系中由原来位置旋转了 30°或 150°。这就使得绘图者使用绝对坐标相当困难，而使用极坐标来拾取具体点则会非常简单。

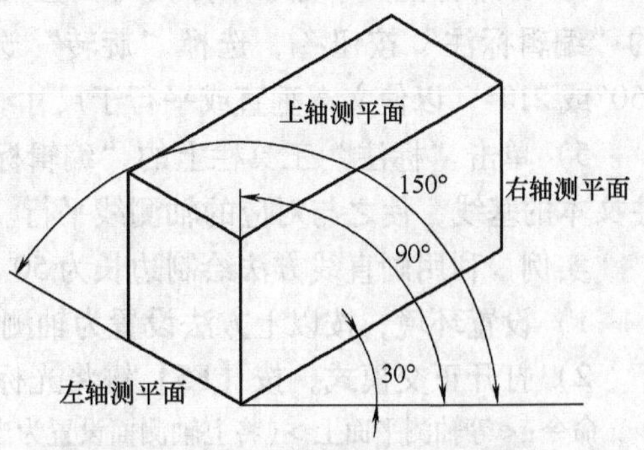

图 11-3　一个立方体的轴测投影视图

1. 绘制直线

在轴测投影模式下绘直线的最简单的方法就是使用捕捉点、对象捕捉模式及相对坐标。如果打算用相对坐标画一条平行于 X 轴的直线，则可用角度 30°或 120°。如果直线平行于 Y 轴，则用角度 150°或 –30°。如果直线平行于 Z 轴，则用 90°或 –90°。如果需要画一条不平行于三轴中任何一轴的直线，则必须回到使用对象捕捉模式、捕捉点绘图。

2. 画圆和圆弧

正交视图中的圆在轴测投影图中变为椭圆。因此，若要在一个轴测面内画圆，则必须画一个椭圆，并且椭圆的轴在此等轴面内。

为了画这样的圆，可用“椭圆”命令的“等轴测圆”选项。不过，仅当系统处于轴测投影模式时，“等轴测圆”选项才会出现在“椭圆”命令的提示中。在选择“等轴测圆”选项之后，系统提示输入圆心的位置、半径或直径。随后，椭圆就自动出现在当前轴测面内。圆心位置的确定有时需先绘制辅助线，不同轴测面内的椭圆可用功能键【F5】切换绘制。圆弧在轴测投影视图中以椭圆弧的形式出现，可以画一个整圆，然后裁剪或打断不需要的部分。

3. 写文本

为了使文本看起来像在当前轴测面中，必须使用倾斜角和旋转角来设置文本，且字符倾斜角和文字基线旋转角为 30°或 –30°。同理，可以使用倾斜角和旋转角为（30，30）、（–30，30）及（30，–30）在右轴测面及上轴测面放置文本。

4. 尺寸标注

当对一个轴测投影图进行尺寸标注时，绘图者自然希望让尺寸线看起来位于特定的轴测面中，但是尺寸标注并不能按当前轴测面进行自动调整，所以需自行调整。

对轴测投影图的尺寸标注一般包括如下步骤：

1）创建两种文本类型，其倾斜角分别为 30°和 –30°。

2）如果沿 X 或 Y 轴测投影轴画尺寸线，则可单击“标注”工具栏上的“对齐”按钮或选择下拉菜单“标注”→“对齐”画出最初的尺寸标注。如果沿 Z 投影轴画尺寸线，则可单击“标注”工具栏上的“对齐”按钮或“线性”按钮进行最初的标注。

3）单击“标注”工具栏上的“编辑标注”按钮，选择“倾斜”选项或下拉菜单“标注”→“倾斜”改变尺寸标注的角度。为了绘制看起来位于左轴测面的尺寸线，可以把尺寸界线设置为150°或 -30°。若想绘制看起来位于右轴测面的尺寸线，可设置尺寸界线为30°或210°。为了绘制上等轴测面的尺寸标注，需设尺寸界线为30°、-30°、150°或210°。

4）如果标注文本是水平方向（而且文本是平行尺寸线的），可单击“标注”工具栏上的“编辑标注”按钮，选择“旋转”选项，旋转标注文本到30°、-30°、90°、-90°、150°或210°，以使文本垂直或平行于尺寸线。

5）单击“标注”工具栏上的“编辑标注文字”按钮，选择“旋转”选项，旋转标注文本的基线，使之与对应的轴测线平行。

实例　利用画直线方法绘制边长为50的立方体，并在3个轴测面打3个 $\phi40$ 的圆孔。

1）设置环境，按以上方法设置为轴测投影模式。

2）打开正交模式，按【F5】键将光标设置为上轴测面，绘制立方体的上表面。

命令：<等轴测平面上>(将上轴测面设置为当前面)

命令：_line 指定第一点：(拾取点1)

指定下一点或[放弃(U)]：@50<30(拾取点2，用极坐标绘制直线12)

指定下一点或[放弃(U)]：@50<150(拾取点3，用极坐标绘制直线23)

指定下一点或[闭合(C)/放弃(U)]：@50<210(拾取点4，用极坐标绘制直线34)

指定下一点或[闭合(C)/放弃(U)]：c(封闭图形)

3）按【F5】键将光标分别设置为右轴测面和左轴测面，用同样的方法分别绘制立方体的右侧面和左侧面，结果如图11-4a所示。

4）将上轴测面设置为当前面，绘制立方体的上表面圆。

命令：<等轴测平面上>

命令：_ellipse

指定椭圆轴的端点或[圆弧(A)/中心点(C)/等轴测圆(I)]：i

指定等轴测圆的圆心：_from 基点：<偏移>：25

指定等轴测圆的半径或[直径(D)]：20

5）按【F5】键将光标分别设置为右轴测面和左轴测面，用同样的方法分别绘制立方体的右侧面上的圆和左侧面上的圆，结果如图11-4b所示。

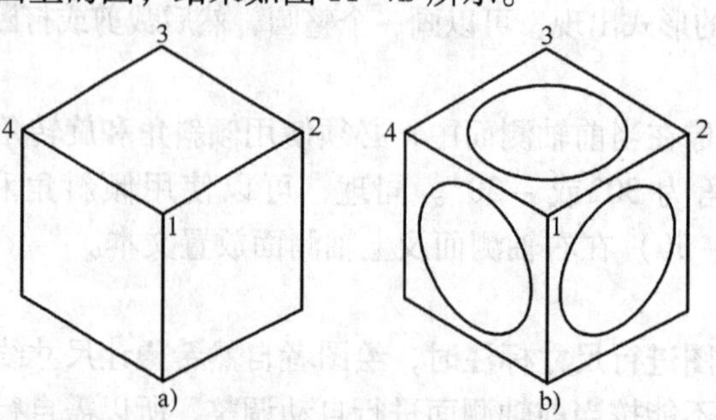

图11-4　立方体3个面上圆的轴测投影图

a）绘制立方体　b）绘制不同方向的圆孔

11.2　建模空间与模型显示

11.2.1　建模空间

三维实体模型要在三维坐标系中建立。因此，了解和掌握三维坐标系是学习三维图形绘制的基础。

1. 新建用户坐标系

系统默认的坐标系是世界坐标系。要建立用户坐标系，选择下拉菜单“工具”→“新建 UCS”或单击 UCS 工具栏上相应的按钮，如图 11-5 所示，或在命令行输入 UCS 命令，即可建立新坐标系。执行命令后，命令行提示以下信息：

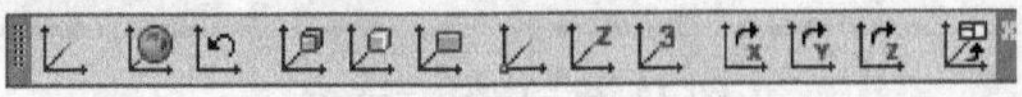

图 11-5　UCS 工具栏

命令:UCS

当前 UCS 名称: * 世界 *

指定 UCS 的原点或[面(F)/命名(NA)/对象(OB)/上一个(P)/视图(V)/世界(W)/X/Y/Z/Z 轴(ZA)] <世界>:

(1) 指定新 UCS 的原点　该选项需要输入三维坐标点，可在任意位置设置坐标原点，该坐标系将平行于原 UCS 坐标系，且 X、Y、Z 轴的方向不变。

(2) 面　该选项将 UCS 和实体对象的选定的面对齐。要选择一个面，可在此面的边界内或面的边上单击，被选中的面将显亮，UCS 的 X 轴将和找到的第一个面上的最近的边对齐。

(3) 对象　该选项根据选定对象调整 UCS，允许快速简单地建立当前的 UCS 坐标系，以便被选取对象位于新的 XY 平面，X 和 Y 轴的方向取决于选择对象的类型。

(4) 视图　该选项根据当前视图调整 UCS。使设置 UCS 平行于当前视图。在效果上，这将使新的 UCS 平行于屏幕，原点可任意设置。当要注释当前视图且要文本平面显示时，该选项十分有用。

(5) X/Y/Z　该选项通过指定 X、Y、Z 轴，旋转当前 UCS 轴建立新的 UCS。

(6) Z 轴　该选项修改 Z 轴方向，用户能通过定义 Z 轴的正向来设置当前 XY 平面。用户选择两点：拾取的第一点是新的坐标系原点，第二点决定 Z 轴的正向。XY 平面垂直于新的 Z 轴。

2. 选择正交 UCS

由于在大多数情况下，所使用的坐标都是比较规则的坐标系，因此 AutoCAD 系统提供了 6 种正交关系的 UCS。选择下拉菜单“工具”→“命名 UCS”，系统打开如图 11-6 所示的 UCS 对话框。

该对话框中列出了常用的 UCS，在选择某一 UCS 且单击“置为当前”按钮后，系统将根据“相对于”下拉列表框中的设置改变当前 UCS。

例如，要在立方体的 3 个相互垂直的面上绘制图形，用正交 UCS 设置坐标系，如图 11-7所示。

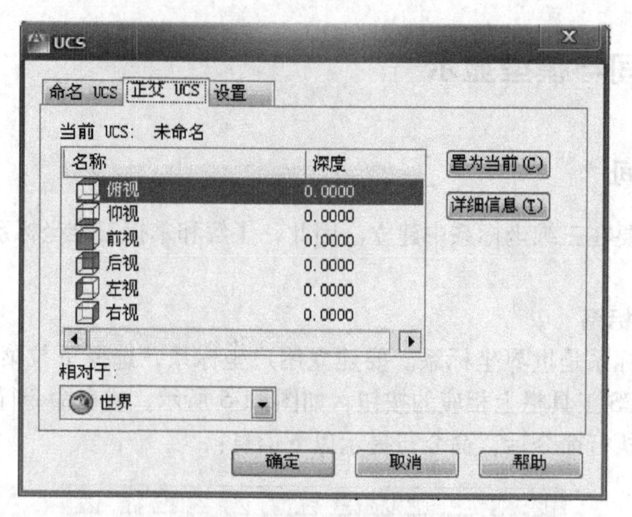

图 11-6　UCS 对话框

当选择“俯视”为当前坐标系时，鼠标和坐标系的 X、Y 轴确定的平面为上表面，如图 11-7a所示；当选择“主视”为当前坐标系时，鼠标和坐标系的 X、Y 轴确定的平面为前表面，鼠标和坐标系发生相应的变化，如图 11-7b 所示；当选择“左视”为当前坐标系时，鼠标和坐标系的 X、Y 轴确定的平面为侧表面，如图 11-7c 所示。

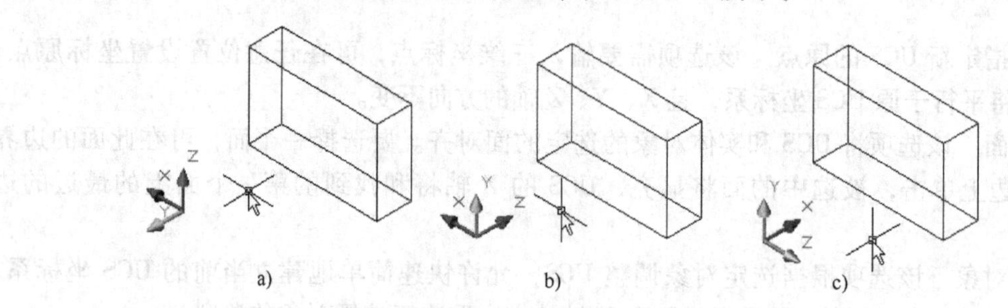

图 11-7　正交 UCS 的应用

a）选择“俯视”　b）选择“主视”　c）选择“左视”

3. 柱坐标和球坐标

前面曾经介绍过，在绘制平面图形时可利用直角坐标或极坐标方法（其中又分为相对坐标和绝对坐标）来定位点。在绘制三维图形时，仍然可以使用上述方法来定位点（即不指定 Z 值），但此时的 Z 坐标实际上采用的是设置的默认高度值。

此外，在绘制三维图形时除了可以直接使用（X、Y、Z）形式外，还可使用柱坐标和球坐标来定义点。

（1）柱坐标　柱坐标使用 XY 平面的角和沿 Z 轴的距离来表示，其格式如下：

XY 距离 <XY 平面角度，Z 坐标（绝对坐标）

或@ XY 距离 <XY 平面角度，Z 坐标（相对坐标）

（2）球坐标　球坐标系具有 3 个参数：点到原点的距离、在 XY 平面上的角度、和 XY 平面的夹角，其格式如下：

XYZ 距离 <XY 平面角度 <和 XY 平面的夹角（绝对坐标）

或@ XYZ 距离 <XY 平面角度 <和 XY 平面的夹角（相对坐标）

11.2.2　三维视图的观察方法

三维模型具有多个面，因此应根据具体情况选择恰当的观察方式。AutoCAD 允许设计者从三维空间的任何方向观察立体模型。

AutoCAD 提供的三维视图的观察方法有下拉菜单“视图”→“三维视图”（见图 11-8）和“视图”工具栏（见图 11-9）。

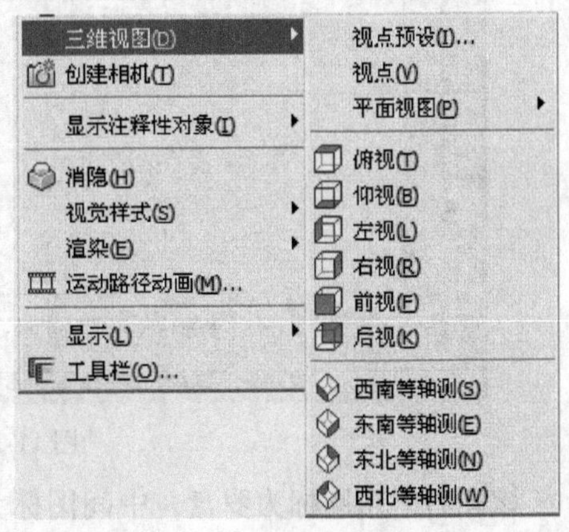

图 11-8　“三维视图”下拉菜单

所谓视点，是指观察图形的方向。例如，绘制一个立方体，当用户使用平面坐标系，即 Z 轴垂直于屏幕时，此时仅能看到立方体在 XY 平面上的投影，即为一个矩形，如图 11-10a 所示。此时如果调整视点至当前坐标左上方，则可看到三维立方体，如图 11-10b 所示。实际上，视点和绘制的图形对象之间没有任何关系，即使绘制的是一幅平面图形，也可进行视点设置，但这样做没有任何意义。

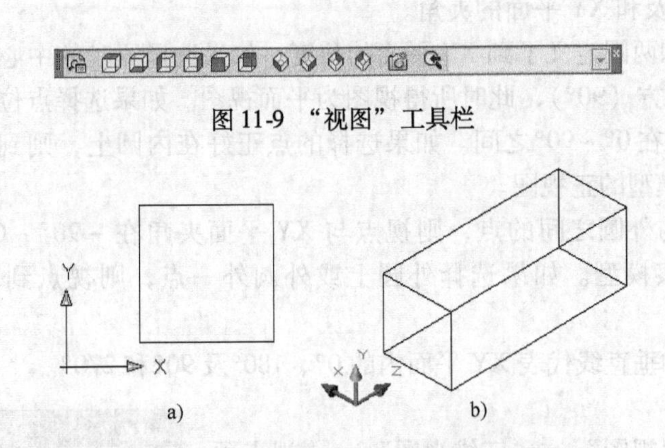

图 11-9　“视图”工具栏

图 11-10　不同视点下立方体显示的效果

a）平面坐标系中　b）三维视图中

1. 用 VPOINT 命令设置视点

选择下拉菜单“视图”→“三维视图”→“视点”或在命令行输入 Vpoint，执行命令后，命令行提示：

当前视图方向：　VIEWDIR = 1.9244, -3.1424, 1.9152

指定视点或[旋转(R)] <显示指南针和三轴架>:

“指定视点”选项：确定一点作为视点方向。确定视点位置后，AutoCAD 将该点和坐标原点的连线方向作为观察方向，并在屏幕上按该方向显示图形投影。

“旋转”选项：用于指定两个夹角，即视线在 XY 平面中与 X 轴的夹角以及视线与 XY 平面的夹角。也可在该命令提示下输入矢量，它定义了视点在 WCS 坐标系中的方向，例如（0，0，1）矢量表示视点在 XY 平面的正上方。

当直接在该命令提示下按【Enter】键后，屏幕上将显示如图 11-11 所示的罗盘和三角轴。

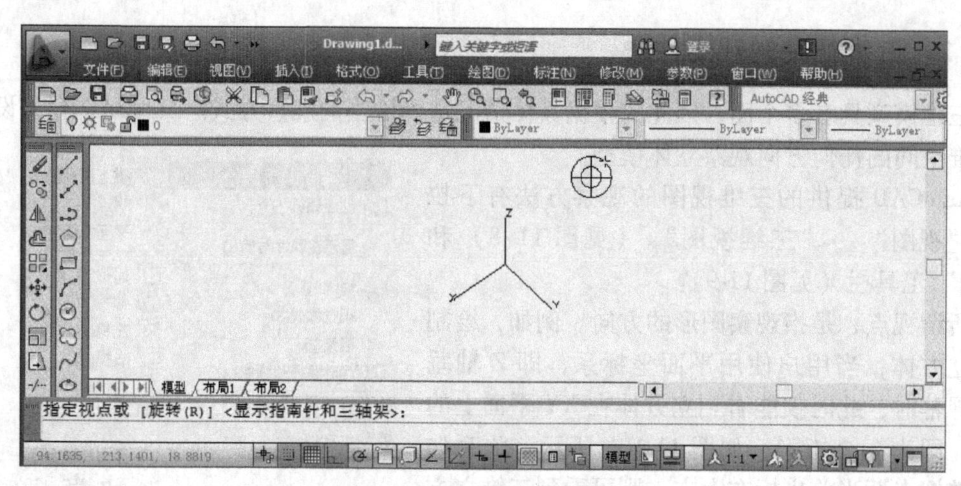

图 11-11　指南针和三架轴

该图右上角图标为罗盘，中间图标为三角轴，它代表 X、Y、Z 轴的正方向。当绘图者相对于罗盘移动十字线时，三角轴自动进行调整以显示 X、Y、Z 轴对应的方向。

罗盘是一个三维空间的二维表示。通过在罗盘上拾取点来设置视点，它同时定义视点在 XY 平面上的角度以及和 XY 平面的夹角。

罗盘的中心点和两圆定义了到 XY 平面的角度。如果选择罗盘的中心点，则观察者正好位于 XY 平面的正上方（90°），此时所得视图为平面视图。如果选择点位于内部圆内，则视点与 XY 平面的夹角在 0° ~90°之间。如果选择的点正好在内圆上，则到 XY 平面上的角度为 0°，所得视图为模型的正视图。

如果选择内圆与外圆之间的点，则视点与 XY 平面夹角在 -90° ~0°之间，绘图者在模型下面的一点观察模型。如果选择外圆上或外圆外一点，则视点到 XY 平面的角度为 -90°。

罗盘中的水平和垂直线代表 XY 平面内的 0°、180°及 90°和 270°。

2. 视点预设

选择下拉菜单“视图”→“三维视图”→“视点预设”或在命令行输入 ddvpoint，出现如图 11-12 所示的“视点预设”对话框。

如前所述，定义视点时需要两个角度：一个为 XY 平面上的角度，另一个为与 XY 平面的夹角，这两个角度组合决定了观察者相对于目标点的位置。

“视点预设”对话框中左边的图形代表视线在 XY 平面上的角度，右边的图形代表视线与 XY 平面的夹角。也可通过该对话框中的两个文本框来直接定义这两个参数，其初始值反映了当前视线的设置。如单击“设置为平面视图”按钮，则系统将相对于选定坐标系产生平面视图。

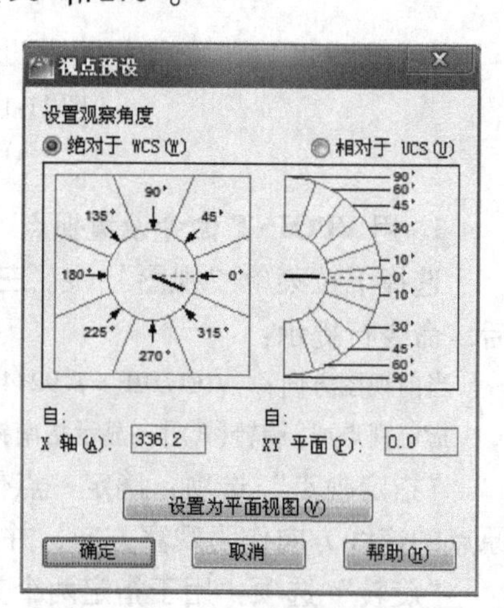

图 11-12 “视点预设”对话框

默认状态下，两个角度值都是绝对于 WCS 坐标系的，要想相对于 UCS 坐标系定义角度，必须在“视点预设”对话框的顶端选择“相对于 UCS”单选按钮。

3. 三维动态观察

选择下拉菜单“视图”→“动态观察”，有 3 种动态观察方式。

（1）受约束的动态观察　将动态观察约束到 XY 平面或 Z 方向。用户可以按住鼠标左键并拖动，以观察三维对象。

（2）自由动态观察　利用它可通过单击和拖动在三维空间任意操纵对象。打开三维动态观察器时，系统将显示一个观察球，一个大圆被 4 个小圆分成了 4 部分，观察球的中心为目标点。其中，目标保持不动，相机位置和观察点绕目标旋转，如图 11-13 所示。

移动光标到观察球的不同部分，光标形状将随之改变，以指示视图旋转方向。各种光标图案的意义如下：

1）当光标位于观察球中间时，通过单击和拖动可自由移动对象。

2）当光标位于观察球以外区域时，单击并拖动可使视图绕轴移动。其中，轴被定义为通过观察球中心且垂直于屏幕。

3）当光标移至观察球左、右小圆中时，单击并拖动可绕通过观察球中心的 Y 轴旋转视图。

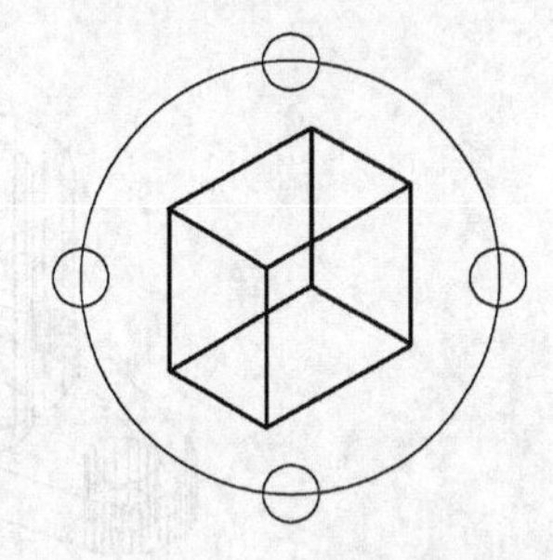

图 11-13　自由动态观察三维模型

4）当光标移至观察球上、下小圆中时，单击并拖动可绕通过观察球中心的 Z 轴旋转视图。

（3）连续动态观察　设置模型对象连续动作状态。在绘图区域中单击并拖动鼠标，使对象沿拖动方向开始移动，放开鼠标，对象将在指定的方向上连续运动。

4. 使用“平面视图”命令生成当前视框内模型的平面视图

选择下拉菜单“视图”→“三维视图”→“平面视图”→“当前 UCS”或“世界 UCS”或“命名 UCS”，该命令可用于产生相对于当前 UCS、WCS 或命名坐标系的平面视图，但不能用于图纸空间。

5. 设置特殊视点，产生标准视图

当产生三维模型视图时可发现，在大部分情况下使用的都是标准视图，即主视图、顶视图、右视图和轴测图等。

11.2.3　实体显示方式

利用 AutoCAD 2012 提供的消隐和着色功能，可以更形象地显示三维实体。

1. 消隐

对三维实体执行“消隐”命令，可删除被前面物体遮住的线段，使实体变得更符合人的视觉感觉。选择下拉菜单“视图”→“消隐”或在命令行输入 Hide 命令，消隐的效果如图 11-14 所示。

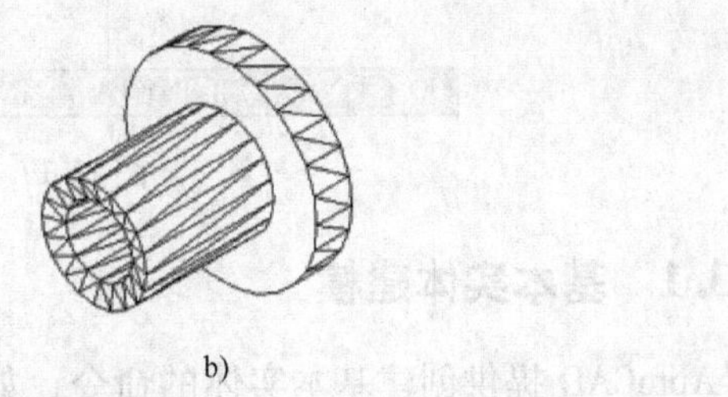

图 11-14　消隐对象

a）消隐前的实体　b）消隐后的实体

2. 着色对象

着色是对三维对象进行阴影处理，以生成逼真的图形。选择下拉菜单“视图”→“视觉样式”→“概念”，命令行提示以下信息：

命令：_vscurrent

输入选项[二维线框(2)/线框(W)/隐藏(H)/真实(R)/概念(C)/着色(S)/带边缘着色(E)/灰度(G)/勾画(SK)/X 射线(X)/其他(O)]<概念>:_C

着色三维对象时，有多种方法可供选择，用“概念”命令着色对象的效果如图 11-15 所示。

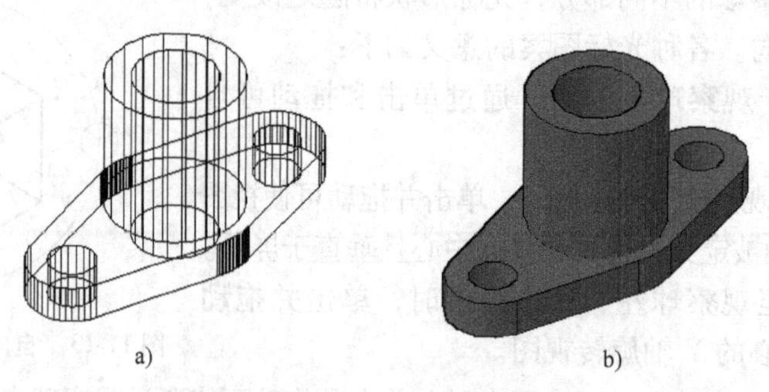

图 11-15　着色对象

a）着色前的实体　b）用“概念”命令着色后的实体

3. 渲染对象

渲染可以获得比着色更逼真、清晰的图像，经过渲染的图像更贴近现实。所谓渲染图像，是指运用几何图形、光源、材质把模型渲染为有较强真实感的图像。选择下拉菜单“视图”→“渲染”→“渲染”，生成渲染实体图。

为了使渲染效果逼真，还可设置渲染环境、光源、材质、贴图等。由于篇幅有限，这里不详尽说明，有兴趣的读者可再进一步了解。

11.3　三维实体建模

实体模型能够真实表达物体的结构，具有质量、体积和重心等特征。AutoCAD 可以创建各种复杂实体。

选择下拉菜单“绘图”→“建模”（见图 11-16）或单击“建模”工具栏上相应的按钮（见图 11-17），即可创建基本实体。

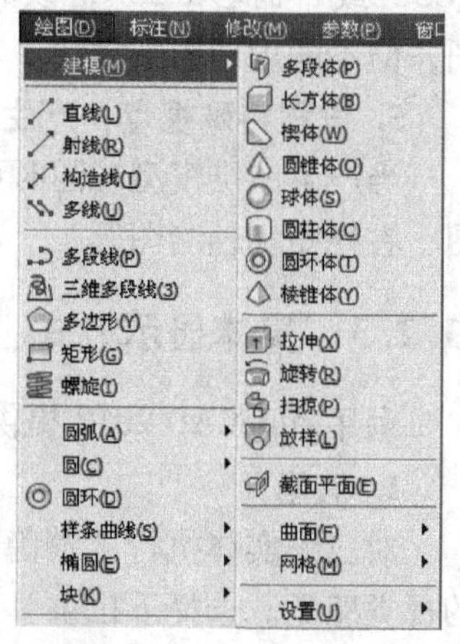

图 11-16　“建模”下拉菜单

图 11-17　“建模”工具栏

11.3.1　基本实体建模

AutoCAD 提供创建基本实体的命令，如多段体、圆柱、圆锥、球、长方体、棱锥体等，它们是构成复杂实体的基础。

1. 创建多段体

选择下拉菜单“绘图”→“建模”→“多段体”或在“建模”工具栏上单击“多段体”按钮或在命令行输入 Polysolid 命令，可以创建类似三维墙体的多段体。

命令:_polysolid 高度 = 80.0000,宽度 = 5.0000,对正 = 居中

指定起点或[对象(O)/高度(H)/宽度(W)/对正(J)] <对象>(取点 1)

指定下一个点或[圆弧(A)/放弃(U)]:(取点 2)

指定下一个点或[圆弧(A)/放弃(U)]:(取点 3)

指定下一个点或[圆弧(A)/闭合(C)/放弃(U)]:(取点 4)

指定下一个点或[圆弧(A)/闭合(C)/放弃(U)]:(选择结束,按空格键或【Enter】键,如图 11-18a 所示)

若选择圆弧，则命令行提示：

命令:_polysolid 高度 = 80.0000,宽度 = 5.0000,对正 = 居中

指定起点或[对象(O)/高度(H)/宽度(W)/对正(J)] <对象>:(取点 1)

指定下一个点或[圆弧(A)/放弃(U)]:(取点 2)

指定下一个点或[圆弧(A)/放弃(U)]:a(绘制圆弧)

指定圆弧的端点或[闭合(C)/方向(D)/直线(L)/第二个点(S)/放弃(U)]:(取点 3)

指定下一个点或[圆弧(A)/闭合(C)/放弃(U)]:指定圆弧的端点或[闭合(C)/方向(D)/直线(L)/第二个点(S)/放弃(U)]:(取点 4)

指定下一个点或[圆弧(A)/闭合(C)/放弃(U)]:指定圆弧的端点或[闭合(C)/方向(D)/直线(L)/第二个点(S)/放弃(U)]:(选择结束,按空格键或【Enter】键,如图 11-18b 所示)

“对象”选项：可以将圆、圆弧、直线、二维多段线转化为实体的对象。

“高度”选项：设置多段体的高度。

“宽度”选项：设置多段体的宽度。

“对正”选项：定义多段体的轮廓时的对正方式。

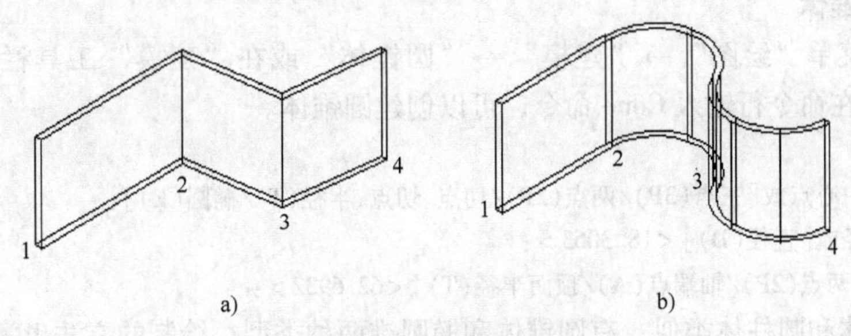

图 11-18　创建多段体

a）直线创建　b）圆弧创建

2. 创建长方体

选择下拉菜单“绘图”→“建模”→“长方体”或在“建模”工具栏上单击“长方体”按钮或在命令行输入 Box 命令，可以创建长方体。

命令:_box

指定第一个角点或[中心(C)]:

指定其他角点或[立方体(C)/长度(L)]:

指定高度或[两点(2P)] <100.0000>:

绘制长方体的方法有：确定底面两对角点，再指定高度，此项为默认项；或确定底面一

个角点后，选择立方体，输入立方体边的长度，生成立方体；或确定底面一个角点后，选择长度，则要输入长方体的长、宽、高，生成长方体；或确定长方体中心和底面一个对角点，再确定高度，生成长方体。

3. 创建楔体

选择下拉菜单“绘图”→“建模”→“楔体”或在“建模”工具栏上单击“楔体”按钮或在命令行输入 Wedge 命令，可以创建楔体。

命令:_wedge

指定第一个角点或[中心(C)]:

指定其他角点或[立方体(C)/长度(L)]:

指定高度或[两点(2P)]<86.2031>:

绘制楔体的方法和绘制长方体类似。

4. 创建圆柱体

选择下拉菜单“绘图”→“建模”→“圆柱体”或在“建模”工具栏上单击“圆柱体”按钮或在命令行输入 Cylinder 命令，可以创建圆柱体。

命令:_cylinder

指定底面的中心点或[三点(3P)/两点(2P)/切点、切点、半径(T)/椭圆(E)]:

指定底面半径或[直径(D)]<47.1286>:

指定高度或[两点(2P)/轴端点(A)]<106.7743>:

绘制圆柱体有两种类型：圆柱体和椭圆柱。绘制的方法：确定是绘制圆柱体还是椭圆体，若是圆柱体，则确定底圆的中心和半径，再确定圆柱体的高度；若是椭圆柱，确定底圆椭圆的形状，再确定高度。

注意：圆柱体的网格线的密度由变量 ISOLINES 控制，通过改变 ISOLINES 变量的值来控制圆柱体的显示密度。圆锥体、球体和圆环体也用此变量控制网格线的密度。

5. 创建圆锥体

选择下拉菜单“绘图”→“建模”→“圆锥体”或在“建模”工具栏上单击“圆锥体”按钮或在命令行输入 Cone 命令，可以创建圆锥体。

命令:_cone

指定底面的中心点或[三点(3P)/两点(2P)/切点、切点、半径(T)/椭圆(E)]:

指定底面半径或[直径(D)]<18.3063>:

指定高度或[两点(2P)/轴端点(A)/顶面半径(T)]<62.6932>:

绘制圆锥体和圆柱体类似，有圆锥体和椭圆锥两种类型；绘制的方法也类似。

6. 创建球体

选择下拉菜单“绘图”→“建模”→“球体”或在“建模”工具栏上单击“球体”按钮或在命令行输入 Sphere 命令，可以创建球体。

命令:_sphere

指定中心点或[三点(3P)/两点(2P)/切点、切点、半径(T)]:(确定球体球心)

指定半径或[直径(D)]<43.4590>:(确定球体的半径或直径)

7. 创建圆环体

选择下拉菜单“绘图”→“建模”→“圆环体”或在“建模”工具栏上单击“圆环体”按钮或在命令行输入 Torus 命令，可以创建圆环体。

命令:_torus

指定中心点或[三点(3P)/两点(2P)/切点、切点、半径(T)]:(确定圆环体的中心)
指定半径或[直径(D)]<35.2649>:50(确定圆环体的半径或直径)
指定圆管半径或[两点(2P)/直径(D)]:5(确定圆管的半径或直径)

8. 创建棱锥体

选择下拉菜单“绘图”→“建模”→“棱锥体”或在“建模”工具栏上单击“棱锥体”按钮或在命令行输入 Pyramid 命令，可以创建棱锥体。

命令:_pyramid
4 个侧面　外切(绘制四棱锥)
指定底面的中心点或[边(E)/侧面(S)]:(指定中心点,和绘制多边形命令类似)
指定底面半径或[内接(I)]<50.0000>:(确定外切圆的半径)
指定高度或[两点(2P)/轴端点(A)/顶面半径(T)]<77.3869>:(确定高度,命令结束)

“侧面”选项：确定棱锥的侧面个数。

“两点”选项：指定两点，两点距离为高度。

“轴端点”选项：指定棱锥垂直于底面轴线的端点。

“顶面半径”选项：按底面相同的方式绘制多边形。

9. 创建弹簧

选择下拉菜单“绘图”→“建模”→“螺旋”或在“建模”工具栏上单击“螺旋”按钮或在命令行输入 Helix 命令，可以创建二维螺旋线或三维弹簧。

命令:_helix
圈数 = 3.0000　　扭曲 = CCW
指定底面的中心点:
指定底面半径或[直径(D)]<1.0000>:
指定顶面半径或[直径(D)]<36.9583>:
指定螺旋高度或[轴端点(A)/圈数(T)/圈高(H)/扭曲(W)]<1.0000>

“高度”选项：设置螺旋高度。

“轴端点”选项：设置螺旋线轴线的端点。

“圈数”选项：设置螺旋线圈数。

“圈高”选项：设置螺旋线节距，即相邻两圈的距离。

“扭曲”选项：设置螺旋线旋向。

11.3.2　复杂实体建模

在 AutoCAD 中除了可以直接绘制基本实体外，还可以通过拉伸、旋转、扫描和放样等方法，将二维对象创建成三维实体。

1. 拉伸实体

用户可以将任意的二维封闭的多段线、圆、椭圆、封闭的样条曲线以及封闭的区域沿某个方向拉伸创建成三维实体。

选择下拉菜单“绘图”→“建模”→“拉伸”或在“建模”工具栏上单击“拉伸”按钮或在命令行输入 Extrude 命令，可以创建三维实体。

命令:_extrude
当前线框密度:ISOLINES = 4,闭合轮廓创建模式 = 实体
选择要拉伸的对象或[模式(MO)]:_MO 闭合轮廓创建模式[实体(SO)/曲面(SU)]<实体>:_SO(根

据选择的对象，自动控制拉伸对象是实体还是曲面，要拉伸实体，先将二维封闭图形建成面域）

选择要拉伸的对象或［模式（MO）］：找到 1 个（选择对象）

选择要拉伸的对象或［模式（MO）］：（选择结束，按空格键或【Enter】键）

指定拉伸的高度或［方向（D）/路径（P）/倾斜角（T）/表达式（E）］<56. 2968>：80（确定拉伸的高度或其他选项选择，确定高度，结果如图 11-19b 所示）

“倾斜角”选项：指定拉伸的倾斜角，再确定拉伸的高度，可以拉伸圆台或圆锥，如图 11-19所示。

“路径”选项：指定基于选定对象的拉伸路径。路径将移动到轮廓的质心，沿选定路径拉伸选定对象的轮廓以创建实体或曲面，如图 11-20 所示。注意，路径和二维图形不能共面。

“方向”选项：用两个指定点指定拉伸的长度和方向。

注意：方向不能与拉伸创建的扫掠曲线所在的平面平行。

“表达式”选项：输入公式或方程式以指定拉伸高度。

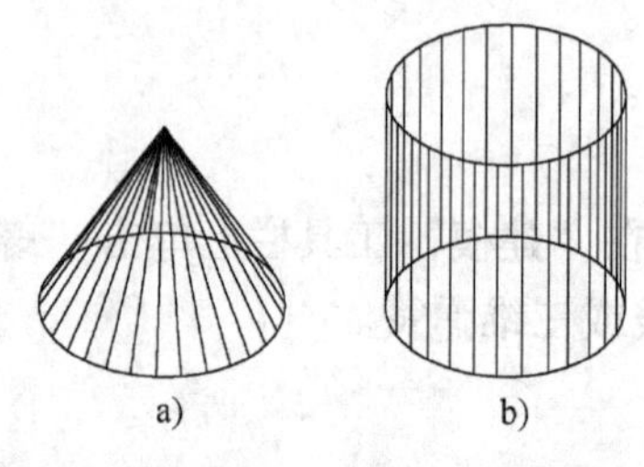

图 11-19　选择高度拉伸二维图形

a）倾斜角度为 30°　b）倾斜角度为 0°

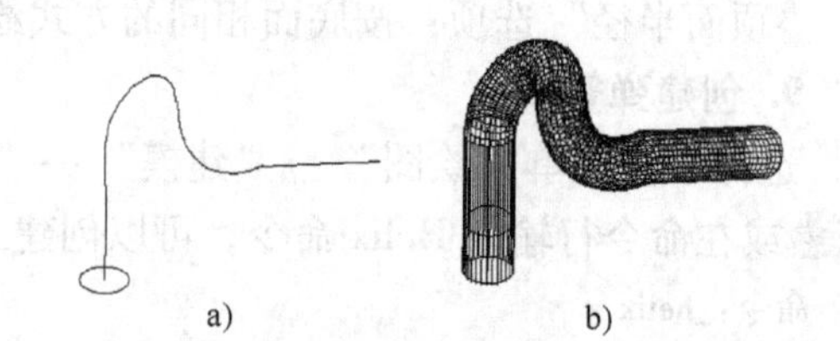

图 11-20　选择路径拉伸二维图形

a）二维图形和拉伸路径　b）拉伸后的效果

2. 旋转实体

用户可以将一个闭合的对象绕当前 UCS 的 X 轴或 Y 轴或指定直线、多段线旋转一定角度创建三维实体。

选择下拉菜单“绘图”→“建模”→“旋转”或在“建模”工具栏上单击“旋转”按钮或在命令行输入 Revolve 命令，可以创建三维实体。

命令：_revolve

当前线框密度：ISOLINES = 4，闭合轮廓创建模式 = 实体

选择要旋转的对象或［模式（MO）］：_MO 闭合轮廓创建模式［实体（SO）/曲面（SU）］<实体>：_SO（根据选择的对象，自动控制对象是实体还是曲面，要旋转实体，先将二维封闭图形建成面域）

选择要旋转的对象或［模式（MO）］：指定对角点：找到 1 个（选择对象）

选择要旋转的对象或［模式（MO）］：（选择结束，按空格键或【Enter】键）

指定轴起点或根据以下选项之一定义轴［对象（O）/X/Y/Z］<对象>：（确定两点定义旋转轴）

指定轴端点：

指定旋转角度或［起点角度（ST）/反转（R）/表达式（EX）］<360>：（选择角度，结束命令，结果如图 11-21所示）

3. 扫掠实体

通过沿路径扫掠二维对象或者三维对象或子对象来创建三维实体或曲面。

选择下拉菜单“绘图”→“建模”→“扫掠”或在“建模”工具栏上单击“扫掠”按钮或在命令行输入 Sweep 命令，可以创建三维实体。

命令：_sweep

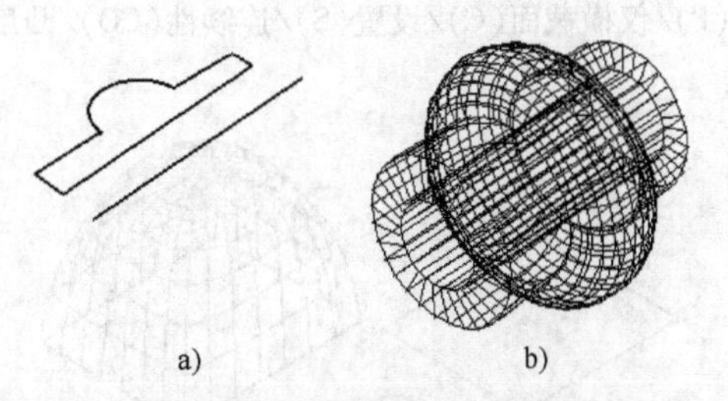

图 11-21　通过旋转创建实体

a）旋转的截面图形和旋转轴　b）通过旋转创建的实体

当前线框密度:ISOLINES = 4,闭合轮廓创建模式 = 实体

选择要扫掠的对象或[模式(MO)]:_MO 闭合轮廓创建模式[实体(SO)/曲面(SU)] <实体>:_SO(根据选择的对象,自动控制旋转对象是实体还是曲面,要旋转实体,先将二维封闭图形建成面域)

选择要扫掠的对象或[模式(MO)]:找到 1 个(取点 1,选择扫掠的对象)

选择要扫掠的对象或[模式(MO)]:(选择结束,按空格键或【Enter】键)

选择扫掠路径或[对齐(A)/基点(B)/比例(S)/扭曲(T)]:(取点 2,选择扫掠路径,命令结束,如图 11-22 所示)

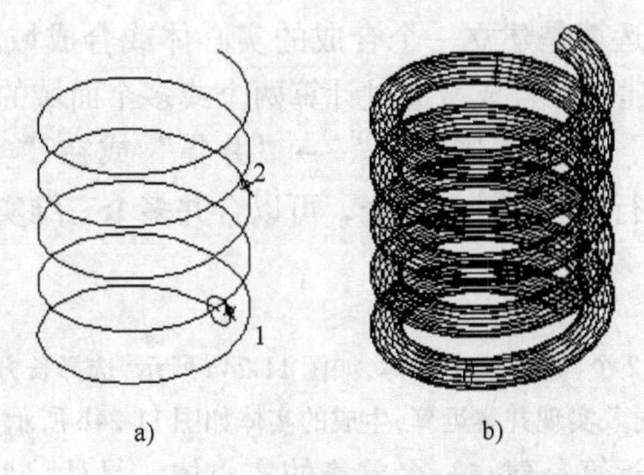

图 11-22　通过扫掠创建实体

a）扫掠的截面图形和路径　b）通过扫掠创建的实体

4. 放样实体

通过在包含两个或更多横截面轮廓的一组轮廓中对轮廓进行放样来创建三维实体或曲面。

选择下拉菜单“绘图”→“建模”→“放样”或在“建模”工具栏上单击“放样”按钮或在命令行输入 Loft 命令，可以创建三维实体。

命令:_loft

当前线框密度:ISOLINES = 20,闭合轮廓创建模式 = 实体

按放样次序选择横截面或[点(PO)/合并多条边(J)/模式(MO)]:_mo 闭合轮廓创建模式[实体(SO)/曲面(SU)] <实体>:_su(确定放样模式,选择曲面)

按放样次序选择横截面或[点(PO)/合并多条边(J)/模式(MO)]:po(选择点,必须选择闭合曲线)

指定放样起点:(选择放样起点,如图 11-23a 中点 1)

按放样次序选择横截面或[点(PO)/合并多条边(J)/模式(MO)]:找到 1 个(选择横截面,选择圆)

按放样次序选择横截面或[点(PO)/合并多条边(J)/模式(MO)]:找到 1 个,总计 2 个(选择横截面,选择矩形)

按放样次序选择横截面或[点(PO)/合并多条边(J)/模式(MO)]:

选中了 3 个横截面

输入选项[导向(G)/路径(P)/仅横截面(C)/设置(S)/连续性(CO)/凸度幅值(B)] <仅横截面>:(横截面放样,如图 11-23b 所示)

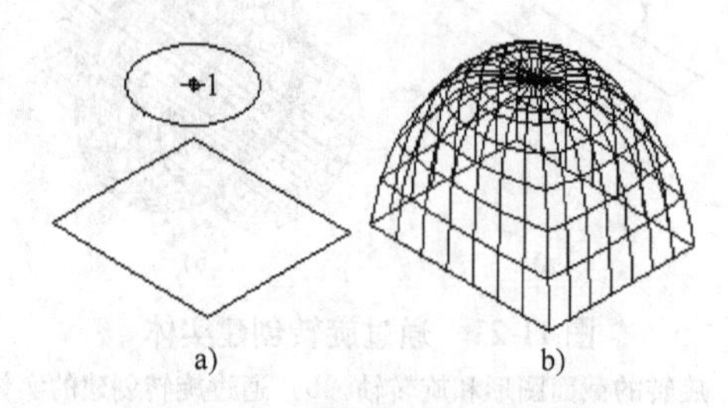

图 11-23　通过放样创建实体

a）放样前的截面图形　b）通过放样创建的实体

11.3.3　编辑三维实体

1. 运用布尔运算编辑复杂实体

布尔运算用于两个或两个以上的实心体，通过布尔运算可以完成并集运算、差集运算和交集运算。通过布尔运算可以生成复杂实体。

（1）并集运算　并集运算是建立一个合成的实心体或合成域。合成实心体通过计算两个或多个实心体的总体积建立；合成域通过计算两个或多个面域的总面积建立。

选择下拉菜单“修改”→“实体编辑”→“并集”或在“实体编辑”工具栏上单击“并集”按钮或在命令行输入 Union 命令，可以合并多个三维实体。

命令:_union

选择对象:找到 1 个

选择对象:找到 1 个,总计 2 个(选择两个实体,如图 11-24a 所示,选择长方体和圆柱体)

选择对象:(结束选择,两对象实现并集运算,生成的实体如图 11-24b 所示)

（2）差集运算　差集运算是建立一个差集的实心体，是从一些实体中减去另一些实体，从而得到新的实体。

选择下拉菜单“修改”→“实体编辑”→“差集”或在“实体编辑”工具栏上单击“差集”按钮或在命令行输入 Subtract 命令，可以在大的实体中减去小的实体。

命令:_subtract 选择要从中减去的实体或面域...

命令:_subtract 选择要从中减去的实体、曲面和面域...

选择对象:找到 1 个(选择图 11-24a 中的长方体)

选择对象:(结束选择)

选择要减去的实体、曲面和面域...(选择图 11-24a 中的圆柱体)

选择对象:找到 1 个

选择对象:(结束选择,生成的新实体如图 11-24c 所示)

（3）交集运算　交集运算是将几个实体中的公共部分生成新的实体。

选择下拉菜单“修改”→“实体编辑”→“交集”或在“实体编辑”工具栏上单击“交集”按钮或在命令行输入 Intersect 命令，可以得到几个实体的公共部分实体。

命令:intersect

选择对象:找到 1 个

选择对象:找到 1 个,总计 2 个(选择交集运算的实体,选择图 11-24a 中的长方体和圆柱体)

选择对象:(结束选择,生成新的实体,如图 11-24d 所示)

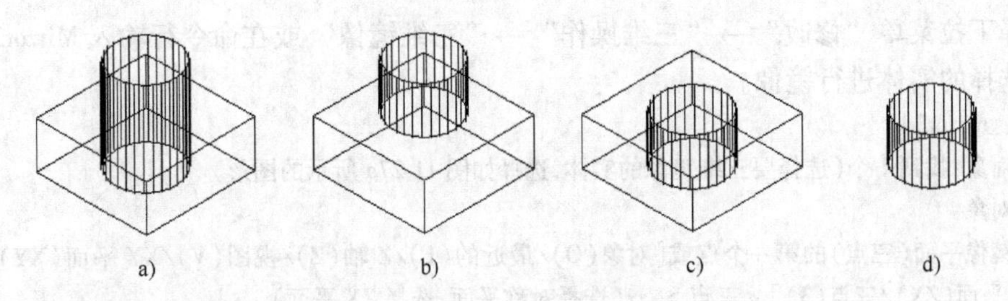

图 11-24　布尔运算

a）布尔运算前的实体　b）并集运算　c）差集运算　d）交集运算

2. 三维对象阵列

三维阵列可以在三维空间创建对象的矩形阵列和环形阵列。三维阵列和二维阵列的操作基本相同，唯一不同的是用户除了指定行数和列数外，还要指定阵列的层数。

选择下拉菜单“修改”→“三维操作”→“三维阵列”或在“建模”工具栏上单击“三维阵列”按钮或在命令行输入 3darray 命令，可以对选择的实体进行阵列。

命令:_3darray

选择对象:找到 1 个

选择对象:(选择圆柱体对象,如图 11-25a 所示)

输入阵列类型[矩形(R)/环形(P)]<矩形>:(选择矩形阵列)

输入行数(---)<1>:2

输入列数(|||)<1>:3

输入层数(…)<1>:

指定行间距(---):-60(输入行距时注意坐标的正方向,相同时用正值,不同时用负值)

指定列间距(|||):-25(生成的矩形阵列效果如图 11-25b 所示)

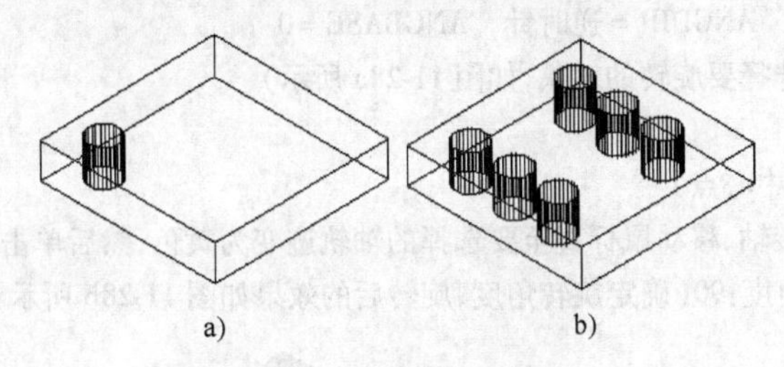

图 11-25　三维对象矩形阵列

a）阵列前的图形　b）矩形阵列后的效果

三维对象的环形阵列的效果如图 11-26 所示。

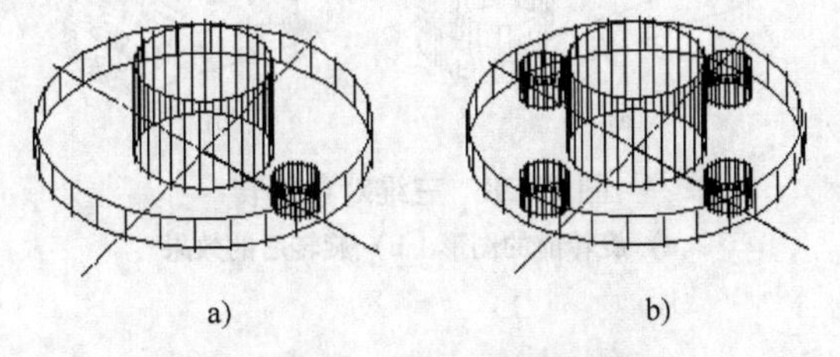

图 11-26　三维对象环形阵列

a）阵列前的图形　b）环形阵列后的效果

3. 三维对象镜像

三维对象的镜像是对象在三维空间对于某一平面的镜像。

选择下拉菜单“修改”→“三维操作”→“三维镜像”或在命令行输入 Mirror3d 命令，可以对选择的实体进行镜像。

命令:_mirror3d

选择对象:找到 1 个(选择要三维镜像的实体,选择如图 11-27a 所示的图形)

选择对象:

指定镜像平面(三点)的第一个点或[对象(O)/最近的(L)/Z 轴(Z)/视图(V)/XY 平面(XY)/YZ 平面(YZ)/ZX 平面(ZX)/三点(3)] <三点>:zx(选择对称平面,选择 ZX 平面)

指定 ZX 平面上的点 <0,0,0>:(在 ZX 平面上确定一点)

是否删除源对象? [是(Y)/否(N)] <否>:(生成的效果如图 11-27b 所示)

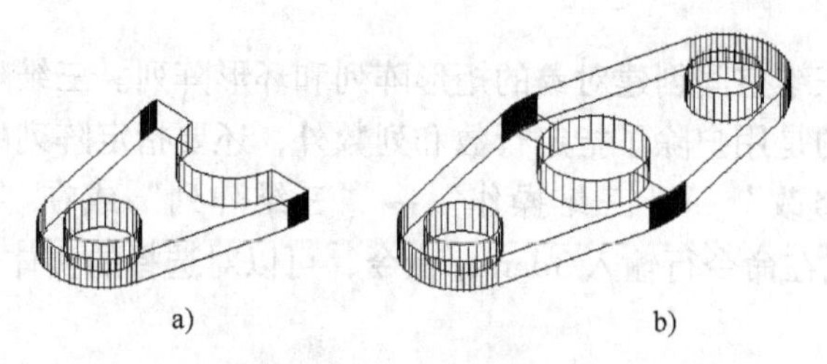

图 11-27 三维对象镜像

a) 镜像前的图形 b) 镜像后的效果

4. 三维对象旋转

三维对象旋转是指将实体沿指定的轴旋转。

选择下拉菜单“修改”→“三维操作”→“三维旋转”或在“建模”工具栏上单击“三维旋转”按钮或在命令行输入 3drotate 命令，可以对选择的实体进行旋转。

命令:_3drotate

UCS 当前的正角方向: ANGDIR = 逆时针 ANGBASE = 0

选择对象:找到 1 个(选择要旋转的对象,如图 11-28a 所示)

选择对象:

指定基点(设定旋转的中心点)

拾取旋转轴:(指定旋转轴,移动鼠标直至要选择的轴轨迹变为黄色,然后单击以选择此轨迹)

指定角的起点或键入角度:90(确定旋转角度,旋转后的效果如图 11-28b 所示)。

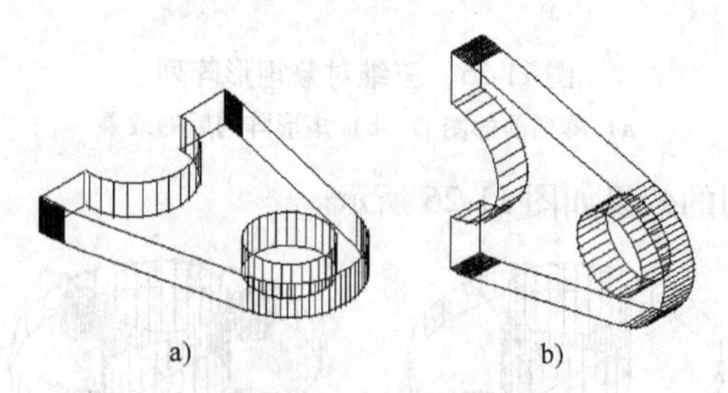

图 11-28 三维对象旋转

a) 旋转前的图形 b) 旋转后的效果

5. 三维对象移动

三维对象移动是指将实体移动一定的位移。

选择下拉菜单“修改”→“三维操作”→“三维移动”或在“建模”工具栏上单击“三维移动”按钮或在命令行输入 3dmove 命令，可以对选择的实体进行移动。

命令:_3dmove

选择对象:找到 1 个(选择对象)

选择对象:(结束选择,出现移动控件,如图 11-29 所示)

指定基点或[位移(D)]<位移>:

指定第二个点或<使用第一个点作为位移>:正在重生成模型。

注意：当出现三维移动控件时，单击轴以将移动约束到该轴上，沿轴移动；单击轴之间的区域以将移动约束到该平面上，沿平面移动。

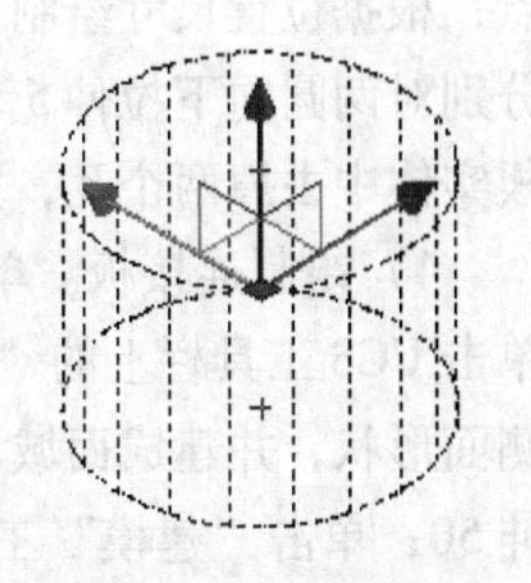

图 11-29　三维对象移动

AutoCAD 提供多种实体编辑方法，激活命令在下拉菜单“修改”→“实体编辑”及“实体编辑”工具栏中，如图 11-30 所示，由于篇幅有限，不作详细讲解。

图 11-30 “实体编辑”工具栏

11.4　综合实例——绘制三维模型

实例　绘制如图 11-31 所示的实体模型。

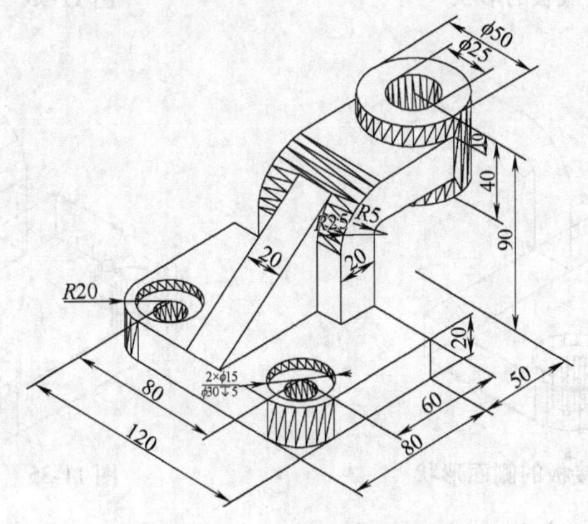

图 11-31　绘制实体模型

1. 设置绘图环境

根据图形的大小及复杂程度，设置图幅、单位精度及图层（包括线型、颜色、线宽）。本例设置图幅为 297×210；图层分为 5 层，粗实线层为白色 Continue 线用于画可见轮廓线，中心线层为红色 Center 线用于画对称线、中心线，尺寸层为蓝色 Continue 线用于标注尺寸，细实线层为黄色 Continue 线用于画其他细实线（如剖面线等），0 层为原有层保持不变以备用。

2. 创建底板

1）单击“视图”工具栏上的“东南等轴测轴”按钮。

2）绘制底板的形状。将底板形状创建面域，单击“建模”工具栏上的“拉伸”按钮，形成底板形状，如图 11-32 所示。

3）绘制两个圆孔。单击 UCS 工具栏上的“原点”按钮，取底板上表面的前边的中点；根据位置尺寸绘制 $\phi30$ 和 $\phi15$ 的同心圆，单击“建模”工具栏上的“拉伸”按钮，分别对两圆向下拉伸 5 和 20；单击“实体编辑”工具栏上的“差集”按钮，分别从底板实体中去掉两个孔，如图 11-33 所示。

4）绘制连接板。单击 UCS 工具栏上的“原点”按钮，取底板上表面的后边的中点；单击 UCS 工具栏上的“绕 Y 轴旋转”按钮，将 XY 平面放置在铅垂位置，绘制连接板的侧面形状，并建成面域，如图 11-34 所示；单击“建模”工具栏上的“拉伸”按钮，拉伸 50；单击“建模”工具栏上的“三维移动”按钮，将连接板移动到底板的中间，如图 11-35所示。

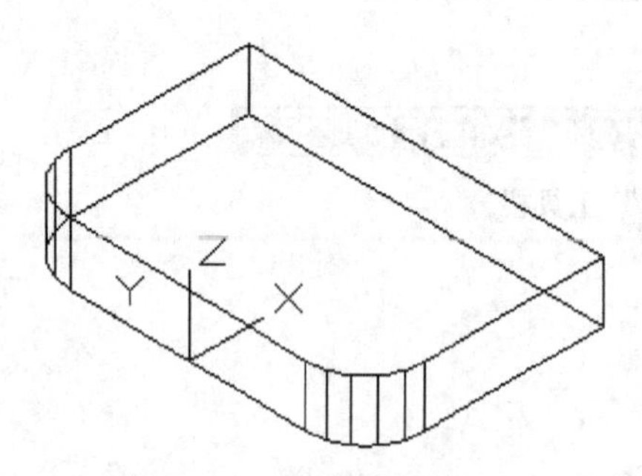

图 11-32　绘制底板的形状

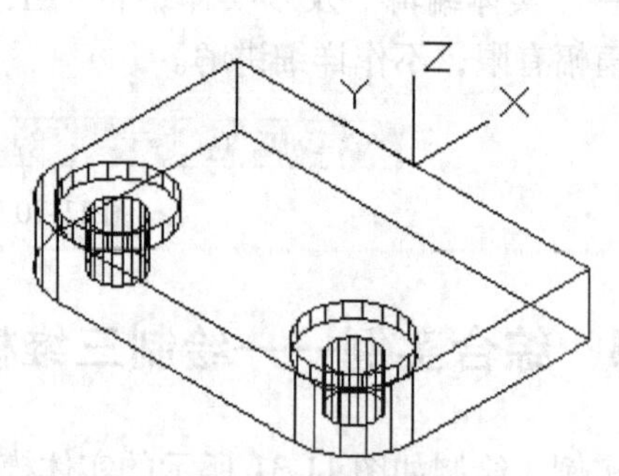

图 11-33　绘制底板孔

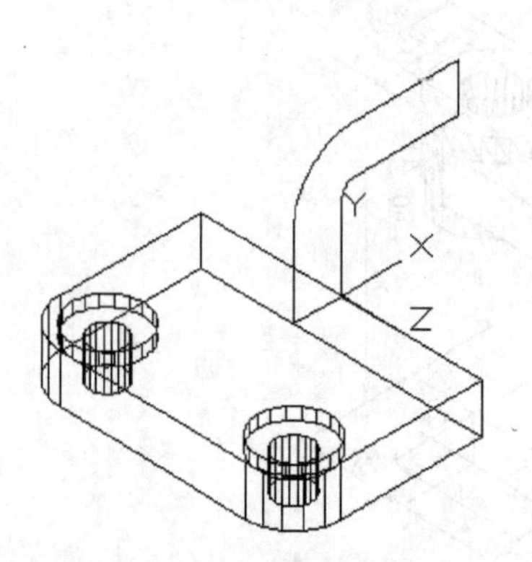

图 11-34　绘制连接板的侧面形状

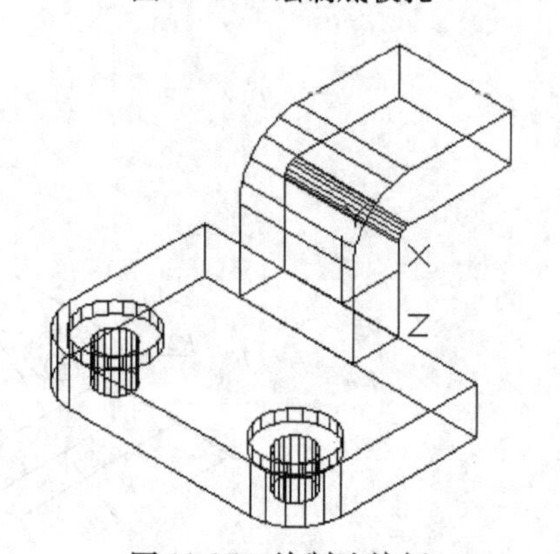

图 11-35　绘制连接板

5）绘制空心圆柱。单击 UCS 工具栏上的“原点”按钮，取连接板上表面的右边的中点；单击 UCS 工具栏上的“绕 X 轴旋转”按钮，将 XY 平面放置在水平位置，绘制两个 $\phi50$ 和 $\phi25$ 的同心圆，单击“建模”工具栏上的“拉伸”按钮，拉伸 40；单击“建模”工具栏上的“三维移动”按钮，将两个圆柱向上移动 10，如图 11-36 所示。

6）绘制加强筋板。单击 UCS 工具栏上的“原点”按钮，取连接板下表面的左对角点；单击 UCS 工具栏上的“绕 X 轴旋转”按钮，将 XY 平面放置在铅垂位置，绘制筋板的侧面形状，并创建面域，如图 11-37 所示；单击“建模”工具栏上的“拉伸”按钮，拉伸 20；单击“建模”工具栏上的“三维移动”按钮，将筋板移动 15。

7）运用“并集”和“差集”形成一个实体。单击“实体编辑”工具栏上的“并集”按钮，并底板、连接板、大圆柱和筋板；单击“实体编辑”工具栏上的“差集”按钮，从整个实体中切去小圆柱孔，生成如图 11-31 所示的实体模型。

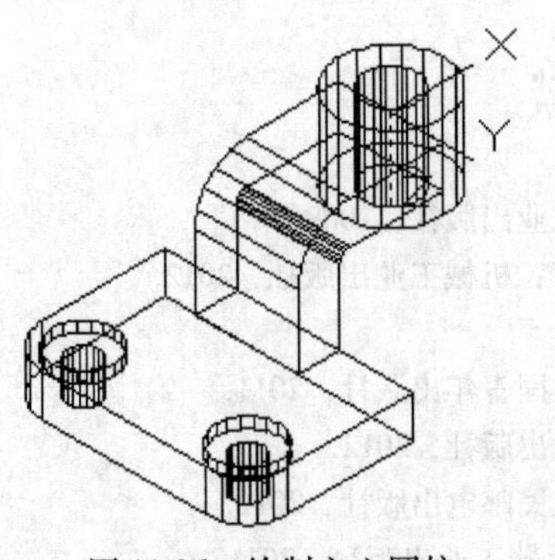

图 11-36　绘制空心圆柱

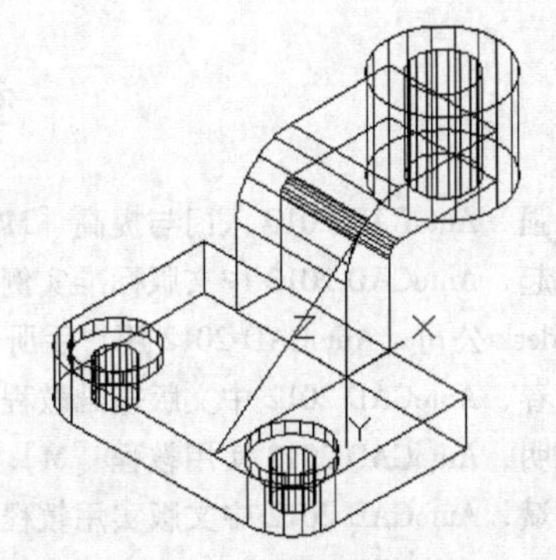

图 11-37　绘制筋板的侧面形状

习题与上机训练

11-1. 完成如图 11-38 所示三维立体的实体造型。

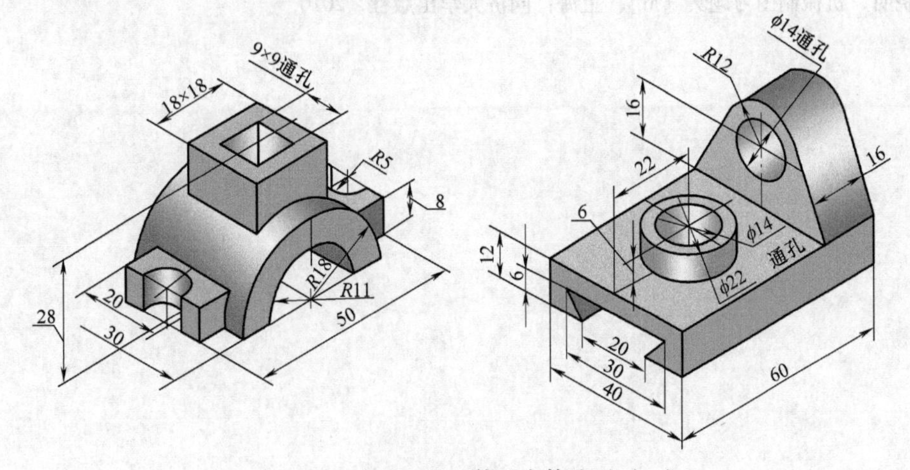

图 11-38　完成三维立体的实体造型（一）

11-2. 完成如图 11-39 所示三维立体的实体造型。

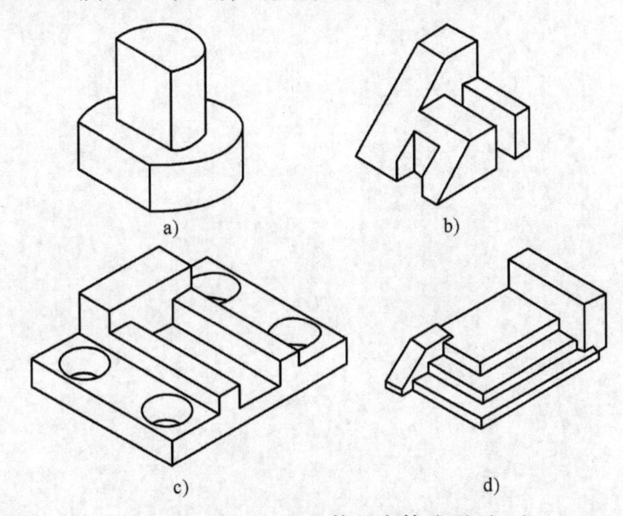

图 11-39　完成三维立体的实体造型（二）

参 考 文 献

[1] 耿国强．AutoCAD 2010 入门与提高［M］．北京：化学工业出版社，2009.
[2] 韩凤起．AutoCAD 2012 中文版标准实例教程［M］．北京：机械工业出版社，2012.
[3] Autodesk 公司．AutoCAD 2012 用户手册．
[4] 张景春．AutoCAD 2012 中文版基础教程［M］．北京：中国青年出版社，2011.
[5] 陈志明．AutoCAD 2012 实用教程［M］．北京：机械工业出版社，2012.
[6] 崔洪斌．AutoCAD 2012 中文版实用教程［M］．北京：人民邮电出版社，2011.
[7] 史宇宏．中文版 AutoCAD 2012 标准教程［M］．北京：兵器工业出版社，2011.
[8] 际志民．AutoCAD 2012 中文版机械绘图实例教程［M］．北京：机械工业出版社，2011.
[9] 李善锋．AutoCAD 2012 中文版完全自学教程［M］．北京：机械工业出版社，2012.
[10] 鲁屏宇．工程图学［M］．2 版．北京：机械工业出版社，2010.
[11] 左晓明．机械制图［M］．上海：同济大学出版社，2010.
[12] 左晓明．机械制图习题集［M］．上海：同济大学出版社，2010.

《AutoCAD 2012 实用教程》

顾　锋　左晓明　编著

读者信息反馈表

尊敬的老师：

您好！感谢您多年来对机械工业出版社的支持和厚爱！为了进一步提高我社教材的出版质量，更好地为我国高等教育发展服务，欢迎您对我社的教材多提宝贵意见和建议。另外，如果您在教学中选用了本书，欢迎您对本书提出修改建议和意见。

机械工业出版社教育服务网网址：http://www.cmpedu.com

一、基本信息

姓名：__________性别：________职称：________职务：______________________

邮编：__________地址：____

任教课程：____

电话：____—___________（H）___________（O）________________________

电子邮件：____手机：________________

二、您对本书的意见和建议

（欢迎您指出本书的疏误之处）

三、您对我们的其他意见和建议

请与我们联系：

100037　机械工业出版社·高等教育分社　舒恬　收

Tel：010 - 8837 9217，010 - 6899 7455（Fax）

E-mail：shutianCMP@gmail.com